ÉLÉMENS

DE
CHYMIE-PRATIQUE,

CONTENANT

La Description des Opérations fondamentales de la Chymie, avec des Explications & des Remarques sur chaque Opération.

Par M. MACQUER, de l'Académie Royale des Sciences, & Docteur-Régent de la Faculté de Médecine en l'Université de Paris.

SECONDE EDITION, revûe & corrigée.

TOME SECOND.

A PARIS,

Chez JEAN-THOMAS HÉRISSANT, rue Saint Jacques, à S. Paul, & à S. Hilaire.

M. DCC. LVI.

Avec Approbations & Privilége du Roi.

TABLE
DES CHAPITRES.

Tome I.   a

TABLE

TABLE

DES CHAPITRES.

TABLE

Fin de la Table des Chapitres.

EXTRAIT des Regiſtres de l'Académie Royale des Sciences.

Du 29. Août 1749.

MEſſieurs HELLOT & MALOUIN, qui avoient été nommés pour examiner un Livre de M. MACQUER, intitulé : *Elémens de Chymie-Pratique*, en ayant fait leur rapport, l'Académie a jugé cet Ouvrage digne de l'impreſſion. En foi de quoi j'ai ſigné le préſent Certificat. A Paris, ce 21. Novembre 1750.

GRANDJEAN DE FOUCHY, *Secr. perp. de l'Acad. Royale des Sciences.*

PRIVILEGE DU ROI.

LOUIS, par la grace de Dieu, Roi de France & de Navarre, à nos amés & féaux Conſeillers, les Gens tenans nos Cours de Parlement, Maîtres des Requêtes ordinaires de notre Hôtel, Grand-Conſeil, Prevôt de Paris, Baillifs, Sénéchaux, leurs Lieutenans Civils, & autres nos Juſticiers qu'il appartiendra, SALUT. Nos bien-amés LES MEMBRES DE L'ACADÉMIE ROYALE DES SCIENCES de notre bonne Ville de Paris, Nous ont fait expoſer qu'ils auroient beſoin de nos Lettres de Privilége pour l'impreſſion de leurs Ouvrages : A CES CAUSES, voulant favorablement traiter les Expoſans, Nous leur avons permis & permettons par ces Préfentes, de faire imprimer, par tel Imprimeur qu'ils voudront choifir, toutes les Recherches ou Obfervations journalieres, ou Relations annuelles de tout ce qui aura été fait dans les Aſſemblées de ladite Académie Royale des Sciences, les Ouvrages, Mémoires ou Traités de chacun des Particuliers qui la compofent, & généralement tout ce que ladite Académie voudra faire paroître, après avoir fait examiner lefdits Ouvrages, & jugé qu'ils font dignes de l'impreſſion, en tels volumes, forme, marge, caractères, conjointement ou féparément, & autant de fois que bon leur femblera, & de les faire vendre & débiter par tout notre Royaume, pendant le temps de vingt années confécutives, à compter du jour de la date des Préfentes ; fans toutefois qu'à l'occafion des Ouvrages ci-deſſus fpécifiés, il puiſſe en être imprimé d'autres qui ne foient pas de ladite Académie : faifons défenfes à toutes fortes de perfonnes, de quelque qualité & condition qu'elles foient, d'en introduire d'impreſſion étrangere dans aucun lieu de notre obéiſſance ; comme auſſi à tous Libraires & Imprimeurs d'imprimer ou faire imprimer, vendre, faire vendre & débiter lefdits Ouvrages, en tout ou en partie, & d'en faire aucunes traductions ou extraits, fous quelque prétexte que ce puiſſe être, fans la permiſſion expreſſe & par écrit defdits Expofans, ou de ceux qui auront droit d'eux, à peine de confifcation des Exemplaires contrefaits, de trois mille livres d'amende contre chacun des contrevenans, dont un tiers à Nous, un tiers à l'Hôtel-Dieu de Paris, & l'autre tiers aufdits Expofans, ou à celui qui aura droit d'eux, &

de tous dépens , dommages & intérêts ; à la charge que ces Préfentes feront enregiftrées tout au long fur le Regiftre de la Communauté des Libraires & Imprimeurs de Paris , dans trois mois de la date d'icelles ; que l'impreffion defdits Ouvrages fera faite dans notre Royaume , & non ailleurs , en bon papier , & beaux caractères , conformément aux Réglemens de la Librairie ; qu'avant de les expofer en vente , les Manufcrits ou Imprimés qui auront fervi de copie à l'impreffion defdits Ouvrages , feront remis ès mains de notre très-cher & féal Chevalier le Sieur Daguesseau, Chancelier de France, Commandeur de nos Ordres , & qu'il en fera enfuite remis deux Exemplaires dans notre Bibliothéque publique , un en celle de notre Château du Louvre, & un en celle de notredit très-cher & féal Chevalier le Sieur Daguesseau, Chancelier de France ; le tout à peine de nullité defdites Préfentes : du contenu defquelles vous mandons & enjoignons de faire jouir lefdits Expofans , & leurs ayans caufe , pleinement & paifiblement , fans fouffrir qu'il leur foit fait aucun trouble ou empêchement. Voulons que la copie des Préfentes qui fera imprimée tout au long , au commencement ou à la fin defdits Ouvrages , foit tenue pour dûment fignifiée , & qu'aux copies collationnées par l'un de nos amés , féaux Confeillers & Secretaires , foi foit ajoutée comme à l'Original. Commandons au premier notre Huiffier où Sergent fur ce requis , de faire pour l'exécution d'icelles tous actes requis & néceffaires , fans demander autre permiffion , & nonobftant clameur de Haro , Charte Normande , & Lettres à ce contraires : Car tel eft

notre plaifir. DONNÉ à Paris le dix-neuvieme jour du mois de Mars, l'an de grace mil fept cens cinquante, & de notre Regne le trente-cinquieme. Par le Roi en fon Confeil.
MOL.

Regiftré fur le Regiftre XII. de la Chambre Royale & Syndicale des Imprimeurs & Libraires de Paris, num. 430. fol. 309. conformément au Réglement de 1723. qui fait défenfes, Art. IV. a toutes perfonnes, de quelque qualité & condition qu'elles foient, autres que les Imprimeurs & Libraires, de vendre, débiter, & faire afficher aucuns Livres pour les vendre en leurs noms, foit qu'ils s'en difent les Auteurs ou autrement; a la charge de fournir à la fufdite Chambre huit Exemplaires de chacun, prefcrits par l'Art. CVIII. du même Réglement. A Paris, le 5. Juin 1750. Signé, LE GRAS, Syndic.

CESSION.

JE fouffigné reconnois avoir cédé à M. Hériffant, Libraire à Paris, rue S. Jacques, mon droit au préfent Privilége, pour un Ouvrage de ma compofition, intitulé : *Elémens de Chymie-Pratique, contenant la defcription des Opérations fondamentales de la Chymie, &c.* pour en jouir en mon lieu & place, fuivant les conventions faites entre Nous. A Paris le 26. Novembre 1750. MACQUER.

ÉLÉMENS

ÉLÉMENS
DE CHYMIE PRATIQUE.

SECONDE PARTIE.

DES VÉGÉTAUX.

SECTION PREMIERE.

*Des Opérations qui se font sur les substan-
ces végétales qui n'ont pas subi
la fermentation.*

CHAPITRE PREMIER.

DES SUBSTANCES QU'ON RETIRE DES VÉGÉTAUX PAR LA SEULE EXPRESSION.

PREMIER PROCÉDÉ.

*Exprimer & dépurer le suc des Plantes, qui con-
tient leur Sel essentiel. Cristalisation de ce Sel.*

Ueillez avant le lever du
soleil une bonne quantité de
la plante dont vous voudrez
exprimer le suc, & retirer le
Sel. Lavez-la exactement dans une eau

courante, pour en féparer la terre, les infectes, & autres matieres étrangeres. Pilez-la dans un mortier de marbre. Mettez-la dans un fac de toile neuve, forte & ferrée : fermez-bien le fac, & le mettez fous un preffoir. Vous en ferez fortir, en la preffant fortement, une grande quantité d'un fuc verd épais, & qui aura la même faveur que la plante dont vous l'aurez tiré. Mêlez ce fuc avec fix fois autant d'eau de pluie bien claire, & le filtrez dans une chauffe d'étoffe à plufieurs reprifes, jufqu'à ce qu'il paffe clair & limpide. Faites évaporer à une douce chaleur le fuc filtré, jufqu'à ce qu'il ait repris une confiftence un peu moins épaiffe que celle qu'il avoit avant qu'il eût été mêlé avec l'eau. Mettez ce fuc épaiffi dans une cruche ou dans quelqu'autre vafe de terre ou de verre : couvrez-en la fuperficie à la hauteur d'une ligne, avec de l'huile d'olives, & le portez à la cave. Sept ou huit mois après, verfez doucement la liqueur contenue dans ce vaiffeau : vous en trouverez les parois intérieurs tapiffés d'un Sel qui s'y fera criftalifé. Détachez doucement ces criftaux : lavez-les promptement avec un peu d'eau pure & froide, & les faites fécher : c'eſt le Sel eſſentiel dela plante

REMARQUES.

Toutes les plantes ne ſont pas également propres à fournir leur Sel eſſentiel, par la méthode que nous venons de donner. Il n'y a que celles qui ſont ſucculentes, aqueuſes, & dont le ſuc n'eſt point trop viſqueux, comme ſont l'Oſeille, la *Bacabunga*, la Chicorée, la Fumetere, le Creſſon de fontaine, le Plantin, &c. Celles qui fourniſſent des mucilages épais & viſqueux, comme la ſemence de *Pſyllium*, ne ſont point propres à donner un Sel eſſentiel, à moins que la fermentation n'ait d'abord atténué leur ſuc, & n'ait détruit la viſquoſité, qui met obſtacle à la criſtaliſation de ce Sel.

On ne peut guères non plus retirer du Sel eſſentiel des matieres végétales fort abondantes en huile. La plupart des graines & des ſemences ſont de cette eſpece : elles contiennent toutes une grande quantité d'huile graſſe, qui lie & embarraſſe le Sel, de façon qu'il ne peut ſe ſéparer de leur ſuc par la criſtaliſation.

On peut dire la même choſe des plantes ſéches & aromatiques, parcequ'elles ſont pourvûes de beaucoup d'huile eſ fentielle , ou de matieres réfineufes qui produifent le même effet. Le Sel effentiel contient lui-même, à la vérité, une certaine portion d'huile ; car il n'eft autre chofe que l'Acide de la plante, qui a pris corps, & qui s'eft criftalifé en fe combinant avec une partie de l'huile & de la terre de la même plante ; mais il ne faut pas que l'huile foit trop abondante, parcequ'elle émouffe l'Acide, l'empâte en quelque forte, & l'empêche de fe dégager comme il convient , pour qu'il puiffe manifefter fes propriétés, & paroître fous la forme de Sel.

Il eft bon de cueillir le matin, avant le lever du foleil, les plantes dont on veut retirer le Sel , parceque c'eft le temps où n'étant point fanées ni defféchées par l'ardeur du foleil , elles font plus fucculentes.

Le fuc des plantes qu'on retire par le moyen du preffoir, eft fort épais, parcequ'il contient une grande quantité de petites parcelles de la plante même', qu'il a emportées avec lui. C'eft pour le débarraffer de toutes ces parties fuperflues, qu'il convient de le filtrer ; mais comme la filtration ne pourroit point fe faire commodément , attendu qu'il eft épais,

il eſt à propos de le dégager, & de l'é-
tendre dans une quantité d'eau ſuffiſante
pour lui donner le degré de fluidité convenable.

On pourroit broyer d'abord la plante
avec de l'eau, avant de la mettre ſous le
preſſoir, au lieu de délayer ainſi le ſuc
qu'on en a tiré : elle fourniroit de cette
maniere un ſuc plus fluide, qui pourroit
être filtré. Ce moyen peut être employé
utilement, pour les plantes ſéches & peu
ſucculentes.

L'eau de pluie doit être préférée pour
cette opération, à toute autre, parcequ'elle eſt la plus pure, toutes les eaux
qui ont coulé pendant quelque temps
dans la terre ou à ſa ſurface, pouvant
être ſoupçonnées de contenir quelque
matiere ſaline ou ſelinitique, qui ſe mêleroit avec le Sel eſſentiel, & en altéreroit la pureté.

Le ſuc de la plante délayé par la quantité d'eau ſuffiſante pour ſa filtration, eſt
trop aqueux pour laiſſer criſtaliſer le Sel
qu'il contient : c'eſt pourquoi on le fait
évaporer juſqu'à ce qu'il ait repris une
conſiſtence un peu épaiſſe. Il faut que la
chaleur ſoit douce, de peur que les parties acides & huileuſes qui entrent dans

A iij

la compofition du Sel, ne foient altérées
ou diffipées, parcequ'elles ne font pas
bien fixes. La chaleur du foleil en été
eft fuffifante pour faire cette évaporation: mais fi on fe fert de ce moyen, il
faut mettre le fuc qu'on veut évaporer
dans plufieurs vaiffeaux plats & évafés,
afin que préfentant une grande furface à
l'action de l'air & du foleil, l'évaporation fe faffe promptement; car s'il éprouvoit trop long-temps le degré de chaleur convenable pour l'évaporation, il
pourroit commencer à fermenter: ce qui
feroit un grand inconvénient.

L'huile avec laquelle on couvre cette
liqueur empêche qu'elle ne fermente,
qu'elle ne fe pourriffe, & qu'il ne fe forme de la moififfure à fa furface, pendant
le long efpace de temps que demande la
criftalifation du Sel effentiel.

Ces fortes de Sels font de très-bons
remédes, & ont les mêmes vertus que
les plantes dont ils font retirés.

On ne peut les retirer des plantes par
la diftilation, quoiqu'ils foient compofés en grande partie de principes volatils, ni par aucun autre procédé qui demande beaucoup de chaleur, parcequ'ils
fe décompofent facilement, & que le feu

les fait changer entierement de nature. Les Acides huileux qu'on retire des plantes par la diftilation, ne fe criftalifent point, & ont toujours une âcreté empyreumatique, qui les fait différer beaucoup des Sels effentiels, lefquels font doux & favoneux.

II. PROCÉDÉ.

Tirer par expreffion les Huiles graffes des graines & des fruits.

PILEZ dans un mortier de marbre, ou écrafez par le moyen d'un moulin, les graines ou fruits dont vous voudrez exprimer l'Huile. Si ces matieres font maigres, & fe réduifent en farine, expofez cette farine à la vapeur de l'eau bouillante pour l'humecter un peu, & faites-la fécher enfuite.

Enfermez dans un fac de toile forte, neuve & ferrée, la matiere ainfi préparée, & la mettez fous un preffoir, entre deux plaques de fer que vous aurez dabord échauffées dans de l'eau bouillante : preffez fortement ; vous verrez couler l'Huile abondamment dans le vaiſſeau que vous aurez préparé pour la recevoir.

REMARQUES.

L'Huile graſſe des plantes ſe trouve particulierement dans les graines, dans les ſemences & dans quelques fruits. Il y a des Amandes qui en contiennent une ſi grande quantité, qu'à peine les a-t-on pilées dans un mortier, que l'Huile en ſort avec abondance. Les Amandes douces & ameres, les Noix, la graine du Chanvre ſont de cette eſpece : toutes ces matieres n'ont beſoin que d'être broyées & portées ſous le preſſoir pour fournir une grande quantité d'Huile. Mais il y en a d'autres qui ſont plus maigres, & qui ſe réduiſent en farine preſque ſéche. Il faut, pour faciliter l'extraction de l'huile de ces graines, les expoſer à la vapeur de l'eau bouillante après qu'elles ont été broyées. On peut mettre la farine qu'elles ont produite dans un tamis ſerré, avec lequel on couvrira une terrine à moitié pleine d'eau, & faire bouillir cette eau. La fumée qui s'élevera humectera cette farine, la rendra plus onctueuſe, & facilitera l'extraction de l'Huile.

On la fait un peu fécher avant de la mettre à la preffe, afin qu'elle ne fourniffe point d'eau lorfqu'on exprime l'huile. Nonobftant cela il arrive quelquefois qu'il y refte encore affés d'eau, pour qu'il en forte auffi avec l'Huile de deffous la preffe ; mais comme l'huile & l'eau ne fe mêlent point enfemble, on les fépare facilement lorfque l'opération eft achevée.

La chaleur qu'on donne aux plaques entre lefquelles on preffe les matieres huileufes, facilite auffi beaucoup l'extraction de l'Huile ; mais il eft effentiel de ne point les chauffer trop, lorfqu'on veut avoir une Huile bien douce, qui eft deftinée à fervir dans les alimens ou dans les médicamens, comme font les Huiles d'olives & d'amandes douces. C'eft pour cette raifon qu'il ne faut chauffer les plaques qu'avec l'eau bouillante : fi on les chauffoit davantage, on courroit rifque de donner de l'âcreté aux Huiles qu'on exprimeroit. Mais lorfque ce font des Huiles deftinées à d'autres ufages, on peut chauffer davantage les plaques, parceque cette chaleur augmente la quantité de l'Huile qu'on retire.

Il eft remarquable, que toutes les Huiles tirées par expreſſion avec les précautions que nous avons recommandées, ſont toujours très-douces, quand même les matieres dont on les retireroit ſeroient d'ailleurs extrêmement âcres.

La graine de Moutarde, qui eſt âcre juſqu'à être cauſtique, fournit par l'expreſſion une Huile auſſi douce, que celle des Amandes douces : mais il faut pour cela que les graines & fruits dont on retire l'Huile ne ſoient point vieux, parceque cette eſpece d'Huile qui eſt d'une douceur parfaite lorſqu'elle eſt nouvelle, acquiert une âcreté inſupportable, quand elle vieillit, & qu'elle prend cette âcreté dans le fruit même : auſſi remarque-t-on que ces fruits deviennent rances en vieilliſſant.

Les Huiles graſſes tirées par expreſſion ſont employées en Médecine, tant intérieurement qu'extérieurement, comme des adouciſſans & des émolliens. Tout le monde connoît le grand uſage de l'Huile d'Amandes douces dans les maladies inflammatoires de la poitrine & des viſceres du bas ventre. Mais il faut bien remarquer que ces Huiles ne peuvent procurer de bons effets, que lorſqu'elles ſont nouvellement exprimées, & que les fruits ou graines dont on les a retirées ne font pas vieux ; car ces fortes d'Huiles non-feulement perdent leur vertu adouciffante en vieilliffant , mais même elles acquiérent une qualité oppofée , & contractent une fi grande âcreté , qu'elles font capables d'irriter & d'enflammer des parties faines bien loin de procurer un relâchement & un adouciffement falutaires à celles qui font enflammées.

Ainfi il eft de la derniere importance, de ne les employer que lorfqu'elles font toutes nouvelles : il ne faut pas qu'elles foient anciennes de plus de deux ou trois jours. Celles qui font vieilles ont ordinairement plus de limpidité & de tranfparence que les nouvelles, qui ont un œil un peu louche. La meilleure maniere de les connoître , c'eft d'en goûter , & d'examiner fi elles ne laiffent point une impreffion de rancidité au palais , & dans le gofier.

III. PROCÉDÉ.

Tirer par expreſſion les Huiles eſſentielles de certains fruits.

PRENEZ des écorces de Citrons, Limons, Oranges, Bergamotes & autres fruits de cette eſpece : coupez - les par bandes, & preſſez ces bandes pliées entre vos doigts, vis-à-vis d'une glace polie poſée verticalement, & dont la partie inférieure ſoit reçue dans un vaſe de verre ou de porcelaine. Il ſortira de l'écorce, à chaque fois que vous la preſſerez dans un nouveau pli, pluſieurs petits jets de liqueur, qui arrêtés par la ſurface de la glace, s'y condenſeront en gouttes, leſquelles couleront par petits ruiſſeaux juſque dans le récipient. Cette liqueur eſt l'Huile eſſentielle de ces fruits.

REMARQUES.

Il n'y a que les fruits de l'eſpece de ceux dont nous venons de parler, dont on puiſſe retirer l'Huile eſſentielle par expreſſion. L'écorce de ces fruits eſt le réſervoir de cette Huile : elle la contient

dans de petites véficules placées à fa fuperficie, que l'on peut voir à la vûe fimple, & qui venant à fe crever lorfqu'on
la preffe entre les doigts, la laiffe échapper en forme de petits jets fort deliés.
Tout le monde fçait que fi on fait paffer
ces petits jets huileux à travers la flamme d'une bougie, ils s'enflamment fubitement: l'Huile fe confume pour lors entierement.

L'Huile effentielle tirée ainfi par expreffion, a une odeur très-douce & très-
fuave : elle eft abfolument la même que
lorfqu'elle faifoit partie du fruit dont on
l'a retirée, puifqu'elle n'a pas éprouvé
l'action du feu. Cette méthode, quelque bonne qu'elle foit , ne peut guères
cependant être mife en pratique que dans
les pays où ces fruits font fort abondans,
parcequ'on ne retire pas de cette maniere, à beaucoup près , toute l'Huile
qu'ils contiennent.

On peut remédier à cet inconvénient,
en frottant les écorces qui contiennent
l'Huile effentielle fur la furface d'un pain
de Sucre. Les inégalités de cette furface
font l'effet d'une rape , qui déchire toutes les véficules huileufes. L'Huile qui en
fort en abondance s'imbibe dans le fucre

& le mouille. Quand il en eſt ſuffiſamment impregné, on le râcle avec un cou-
teau, & on le met dans des bouteilles
bien bouchées. Le ſucre n'altére point
la nature de l'Huile : elle peut être con-
ſervée de cette ſorte pendant des années
entieres, & ſervir, quoique mêlée avec
le ſucre, à preſque tous les mêmes uſa-
ges, que lorſqu'elle eſt en liqueur ; c'eſt-
à-dire, aromatiſer les différentes matieres avec leſquelles on la mêle. Ces obſervations ſont dues à M. Geoffroy.

L'expérience par laquelle on retire
d'une ſubſtance végétale l'Huile eſſentielle par la ſeule expreſſion, & ſans le
ſecours du feu, nous prouve que ces ſortes d'Huiles exiſtent naturellement dans
les Végétaux, & que celle qu'on en retire par la diſtillation, comme nous le
verrons dans ſon lieu, ne ſont point l'ouvrage du feu. Les Huiles eſſentielles, tirées par l'expreſſion ou par la diſtillation, ne différent pas bien ſenſiblement
les unes des autres.

CHAPITRE II.

DES SUBSTANCES QU'ON RETIRE DES VÉGÉTAUX PAR LA TRITURATION.

PREMIER PROCÉDÉ.

Faire les extraits des Plantes par la trituration.

PILEZ les substances végétales dont vous voudrez faire l'extrait, ou réduisez-les en poudre, si elles sont dures & séches : mettez la matiere ainsi préparée, avec sept ou huit fois autant d'eau de pluie, dans un vaisseau de terre, dans lequel sera ajusté un moussoir à ailerons, qui puisse avoir un mouvement continuel de rotation, par le moyen d'une corde, d'une roue, & d'une manivelle. Faites marcher cette machine pendant dix ou douze heures : filtrez ensuite la liqueur à travers deux toiles mises sur un tamis de crin. Laissez reposer pendant douze heures votre liqueur filtrée ; & après ce temps décantez-la de dessus le dépôt qui se sera formé au fond : fil-

trez une feconde fois à travers une chauffe d'étoffe.

Reverfez de nouvelle eau, mais en
moindre quantité, fur le mard qui fera
refté après la trituration. Triturez encore
re pendant quatre à cinq heures. Trai-
tez la liqueur de cette feconde trituration, comme celle de la premiere, & les
mêlez toutes deux enfemble. Diftribuez
fur un nombre fuffifant d'affiettes de faïen-
ce tout ce que vous aurez de liqueur,
& faites évaporer à une chaleur douce,
comme celle du foleil ou d'un bain de
vapeur, jufqu'à confiftence d'extrait, ou
même jufqu'à ficcité, fi vous le jugez à
propos.

REMARQUES.

L'eau fe charge par la trituration, non-
feulement des Sels des plantes, mais
d'une quantité affés confidérable de leurs
parties huileufes & terreufes, que ces
mêmes Sels y ont rendu diffolubles, en
leur donnant un caractere favoneux &
mucilagineux. Il ne refte donc après la
trituration, que les parties huileufes &
terreufes les plus groffieres. On voit par-
là, que l'eau dans laquelle on a trituré
les plantes, contient à peu près les mêmes principes, que les fucs des plantes

tirés par expreſſion, & qu'elle eſt chargée de même de leurs Sels eſſentiels :
ainſi, en la faiſant évaporer juſqu'à une
conſiſtence convenable, on a un extrait
bien fait de la plante qu'on a triturée.

M. le Comte de la Garaye, qui a cul-
tivé long-temps, avec beaucoup de zèle,
la partie de la Chymie qui peut fournir
des ſecours à la Medecine, a fait un fort
grand nombre d'expériences pour tirer
des plantes, par la trituration avec l'eau,
les matieres dans leſquelles réſide principalement leur vertu, & a publié un ouvrage intitulé, *Chymie hydraulique**, dans
lequel il rapporte en détail tous les procédés, pour faire les extraits des principales ſubſtances minérales, végétales &
animales, dont on ſe ſert le plus ſouvent
dans le traitement des maladies. Sa méthode, de faire évaporer à une chaleur
douce la liqueur qui contient l'extrait
des ſubſtances qu'il a triturées, eſt très-
bonne, parcequ'on ſçait qu'une chaleur
un peu trop forte peut changer la nature
des corps compoſés, en déſuniſſant leurs
principes, & en en faiſant évaporer quelques-uns.

Si toutes les matieres végétales étoient

* Ce livre ſe vend chez le même Libraire.

graffes & fucculentes, comme la plupart des plantes potageres, il ne feroit pas néceffaire, pour en faire l'extrait, même fans le fecours du feu, d'avoir recours à la trituration ; il ne faudroit pour cela qu'en exprimer le fuc, comme nous l'avons dit, le claréfier, & le faire évaporer à une douce chaleur jufqu'à confiftence d'extrait. Mais il y a beaucoup de ces fubftances, comme les bois, les écorces, les racines, &c. qui font féches, dures & compactes. Ces matieres ne peuvent donner leur extrait que quand elles font traitées avec l'eau, qui diffout leurs parties falines, favoneufes & mucilagineufes. Mais cela ne fe peut faire fans le fecours de la trituration, ou de la chaleur. La trituration a l'avantage de fournir des extraits dont les principes ne font en aucune maniere altérés, & font refpectivement les uns aux autres en même proportion que dans la plante ; mais cette méthode a l'inconvénient d'être longue, embarraffante & difpendieufe. Nous verrons, quand nous donnerons les moyens de faire les extraits par l'ébullition ou l'infufion, quels font les avantages & les inconvéniens de cette feconde méthode.

Les matieres dont on veut faire l'extrait par la trituration, doivent être d'abord broyées & réduites en petites parties, pour faciliter l'action de l'eau sur elles. Les différentes filtrations & décantations servent à séparer les parties les plus grossieres de la plante, qui n'étoient suspendues dans la liqueur qu'à la faveur de l'agitation & du mouvement, & qui n'étoient pas véritablement dissoutes : ainsi, plus on laisse déposer la liqueur, plus l'extrait est pur.

La plante, par une premiere trituration, quoique faite avec beaucoup d'eau, & pendant un temps considérable, n'est cependant point encore entierement épuisée. C'est pourquoi M. de la Garaye prescrit de triturer une seconde fois ce qui reste avec de nouvelle eau. Mais il en faut la moitié moins que la premiere fois, & triturer aussi moitié moins long-temps, parceque la plante est déja ouverte par la premiere trituration, & qu'elle a moins de parties à fournir. Il vaut mieux ajoûter de nouvelle eau, & faire une seconde trituration, que de ne triturer qu'une seule fois, & plus long-temps, parceque quand l'eau est chargée des principes de la plante jusqu'à un certain point, elle eſt moins en état d'agir & de diſſoudre, que lorſqu'elle eſt pure.

Comme l'eau chargée, par la trituration, des principes de la plante, doit être preſqu'entierement évaporée, afin que ces principes ſe rapprochent, & forment un tout qui occupe le moins de volume qu'il eſt poſſible, & que d'ailleurs on ne doit employer pour cette évaporation, que la chaleur la plus douce, on eſt obligé d'étendre beaucoup la liqueur, & de la réduire preſque toute en ſurface, en la diſtribuant ſur un grand nombre d'aſ-ſiettes. On peut, par ce moyen, évaporer l'extrait juſqu'à ſiccité. C'eſt ce que fait M. de la Garaye. Comme ces extraits évaporés ainſi juſqu'à ſiccité, ne ſe peuvent détacher que par petites écailles, dont la ſurface inférieure adhérente à l'émail de l'aſſiette, y eſt devenue brillante & polie; elles ont quelque reſſemblance avec un Sel criſtaliſé; ce qui a trompé M. de la Garaye, & l'a engagé à donner aux extraits préparés de cette maniere, le nom de *Sels eſſentiels*. Il eſt bien vrai que le Sel eſſentiel y eſt contenu; mais ce ne ſont cependant que des extraits, comme l'a fait remarquer M. Geoffroy dans un Mémoire qu'il a donné ſur cette matiere à l'Académie ; puifqu'outre le Sel effentiel, ils contiennent encore, ainfi que nous l'avons déja dit, une grande partie de l'Huile & de la terre des matieres dont on les a retirés, ce qui dans le fond n'eft point un inconvénient, mais plûtot un avantage, attendu que ces fortes d'extraits falins n'en font que plus femblables, fur-tout pour leurs propriétés médicinales, aux fubftances dont on les a retirés.

II. PROCÉDÉ.

Retirer des graines & amandes, par la trituration, la matiere des Emulfions.

METTEZ dans un mortier de marbre, les amandes dont vous voudrez faire une émulfion, après en avoir ôté la peau. Pilez-les avec un pilon de bois, en y ajoûtant d'abord fort peu d'eau. Continuez à piler & à triturer : la matiere deviendra femblable à une pâte blanche. Verfez deffus de nouvelle eau un peu chaude, en petite quantité, & à différentes reprifes, en triturant toujours : la pâte deviendra plus liquide. Continuez ainfi, jufqu'à ce que toutes

les parties de vos amandes foient écra-
fées. Ajoûtez alors, en agitant toujours
le mêlange, affés d'eau pour que le tout
devienne bien fluide. Vous aurez une
liqueur d'un blanc mat, reffemblante à
du lait. Paffez cette liqueur à travers un
linge clair : il reftera fur le filtre des parties groffieres, qu'il faut ajoûter avec
celles qui feront reftées dans le mortier.
Recommencez à triturer & à broyer ce
refte des amandes, en y ajoûtant de l'eau
comme la premiere fois. Cette feconde
liqueur fera un peu moins blanche &
moins nourrie que la premiere : filtrez-
la de même, & broyez encore avec de
nouvelle eau, ce qui fera refté de matiere folide. Continuez ainfi à broyer
fucceffivement, en ajoûtant de nouvelle
eau, jufqu'à ce qu'elle demeure claire,
& ne devienne plus laiteufe. Ces eaux
blanches que vous aurez retirées font ce
que l'on nomme *Emulfion*.

REMARQUES.

Toutes les matieres defquelles on peut
retirer de l'Huile graffe par expreffion,
étant triturées avec de l'eau, forment des
Emulfions.

L'Emulfion eft compofée principale-

ment de deux substances. La premiere
est mucilagineuse & dissoluble dans l'eau.
Si cette substance étoit seule, l'Emulsion
feroit limpide, & n'auroit point d'apparence laiteuse. La seconde, est une Huile grasse, indissoluble par elle-même
dans l'eau ; mais qui à la faveur de la
trituration, qui la réduit en très-petits
globules, se trouve dispersée dans toute
la liqueur, & suspendue, par le moyen
de la partie mucilagineuse. C'est cette
partie huileuse qui donne à l'Emulsion le
blanc mat laiteux, à cause qu'elle n'est
point vraiment dissoute dans l'eau ; mais
qu'elle n'y est que dispersée.

Si on mêle ensemble de l'Huile avec
de l'eau dans une fiole, & qu'on agite
fortement ce mélange, par un mouvement rapide, & continué pendant un
certain temps, l'Huile se divisera en une
infinité de petits globules, qui interpo-
fés entre les parties de l'eau, en trouble-
ront la transparence, & lui donneront
un blanc mat semblable à celui de nos
Emulsions. Mais la division de l'Huile
n'étant point si intime dans cette occasion, que quand elle se fait par la trituration des matieres mêmes qui la contiennent, & d'ailleurs, cette liqueur n'é-

tant point pourvûe de mucilage , comme les Emulfions, l'Huile fe fépare bientôt d'avec l'eau à la faveur du repos, & fe réunit en maffes arrondies, qui fe joignant enfemble , s'élevent à la furface de la liqueur qui reprend pour lors fa tranfparence.

Cela ne fe fait point précifément de même dans les Emulfions ; mais il arrive quelque chofe de femblable. Si on les laiffe en repos dans une bouteille longue , la liqueur qui paroiffoit d'abord homogène , fe fépare en deux parties manifeftement différentes. La partie fupérieure conferve fon blanc mat , & devient plus épaiffe & plus opaque , tandis que la partie inférieure devient tout-à-fait tranfparente. Il fe fait pour lors un commencement de féparation des parties huileufes , d'avec les aqueufes. Les premieres étant plus légeres, s'élevent & gagnent le deffus de la liqueur, qui étant débarraffée de ce qui troubloit fa tranfparence , redevient limpide ; mais les parties huileufes ne fe réuniffent point en maffes affés confidérables pour former un tout homogène , & avoir l'apparence & la limpidité de l'Huile : leur grande divifion , & le mucilage dans lequel elles

font

elles font diſtribuées, les en empêchent.

La premiere altération qu'éprouvent les Emulſions en vieilliſſant, n'eſt pas de devenir rances & âcres, comme les Huiles graſſes tirées par expreſſion; mais elles commencent par s'aigrir; ce qui vient de la grande quantité de mucilage qu'elles contiennent. Comme l'Huile graſſe entre dans leur compoſition, elles ont les mêmes vertus que cette eſpece d'Huile; mais elles ſont outre cela incraſſantes, rafraîchiſſantes, émollientes: ce qui les rend très-utiles dans les maladies aiguës & inflammatoires. Elles s'aigriſſent en très-peu de temps, ſur-tout pendant l'été lorſqu'il fait chaud: il ne leur faut quelquefois pas plus de deux heures; c'eſt pourquoi elles doivent être préparées à meſure qu'on veut les employer.

La matiere qui reſte lorſqu'on a tiré toute la ſubſtance de l'Emulſion, & de deſſus laquelle on retire l'eau claire & limpide, n'eſt preſque plus que la partie terreuſe des graines ou amandes qu'on a employées, qui retient cependant encore une portion d'Huile tenace & groſſiere qui lui eſt fort adhérente, & ne ſe laiſſe point emporter par l'eau.

Tom. II. B

Le chyle & le lait des animaux reſſemblent aux Emulſions à pluſieurs égards,
& particulierement par leur blanc mat ;
qui vient auſſi de ce que ces liqueurs
contiennent des parties huileuſes très-di-
viſées, & diſtribuées dans une liqueur
aqueuſe ou gélatineuſe, mais qui n'y ſont
point diſſoutes. En général toutes les
fois qu'une Huile quelconque ſe trouve
interpoſée de cette maniere entre les parties d'une liqueur aqueuſe, il en réſulte
toujours un tout d'un blanc opaque : &
l'Huile ne peut être mêlée avec l'eau de
maniere qu'il en réſulte une liqueur qui
paroiſſe homogène & tranſparente, à
moins que cette Huile n'y ſoit intimement diſſoute ; ce qui ne ſe peut faire,
que par l'union qu'elle aura contractée
avant avec quelque matiere ſaline, comme cela arrive dans les mucilages, dans
certaines matieres ſavoneuſes, & dans
quelques autres combinaiſons dont nous
aurons occaſion de parler dans la ſuite.

Les moyens dont nous avons parlé
juſqu'à préſent pour tirer des ſubſtances
végétales tout ce qu'elles peuvent fournir ſans le ſecours du feu, ne ſont pas
capables, comme on a pu s'en convaincre, de faire une analyſe exacte de ces

subſtances, puiſque, par l'expreſſion &
par la trituration on ne retire guères que
des liqueurs chargées de preſque tous les
principes des plantes, encore combinés
enſemble, & ſeulement ſéparés des parties terreuſes & huileuſes les plus groſſieres. Il eſt donc néceſſaire d'avoir recours à un moyen plus efficace, pour
pouſſer plus loin cette analyſe. Ce moyen conſiſte à leur faire éprouver l'action
du feu gradué ſucceſſivement, depuis la
plus douce juſqu'à la plus forte chaleur.

Mais avant que d'entrer dans cette
analyſe des Végétaux, il eſt à propos que
nous donnions la deſcription des différentes opérations qu'on peut faire ſur les
Huiles, qui ſont le ſeul principe pur que
nous ayons pu retirer ſans le ſecours du
feu. Comme nous aurons occaſion, lorſque nous traiterons de l'analyſe des plantes par le feu, de parler encore beaucoup des Huiles eſſentielles, nous réſer-
vons pour ce temps ce que nous avons
à dire des opérations qu'on peut faire
ſur ces ſortes d'Huiles. Nous ne parlerons à préſent que de celles qu'on fait
ſur les Huiles graſſes.

B ij

CHAPITRE III.

DES OPÉRATIONS QUI SE FONT SUR LES HUILES GRASSES.

PREMIER PROCEDÉ.

*Atténuer les Huiles grasses , & en chan-
ger la nature, en leur faisant éprouver
l'action du feu , & en les distillant*

MEslez exactement trois ou quatre
livres d'une Huile grasse quelconque, avec le double de son poids de
chaux éteinte à l'air. Mettez ce mêlange
dans une grande cornue de terre, dont
le tiers demeure vuide. Placez - la dans
un fourneau de réverbere, & luttez - y
un récipient. Echauffez les vaisseaux par
un feu très-doux. Il sortira d'abord un
peu de phlegme, qui sera bientôt suivi
de gouttes d'Huile qui tomberont du
bec de la cornue. Continuez à distiller
avec beaucoup de lenteur, jusqu'à ce
que vous vous apperceviez que l'Huile
qui sort de la cornue commence à être
moins fluide, & à devenir un peu plus
épaisse.

Déluttez alors votre récipient, & fub-ftituez-en un autre à fa place. Continuez la diftillation, en augmentant le feu par degrés : l'Huile qui paffera deviendra de plus en plus épaiffe, fa fluidité diminue-ra, & elle prendra une couleur rouffe, qui à la fin deviendra noirâtre. L'Huile fera pour lors fort épaiffe. Pouffez vo-tre diftillation, jufqu'à ce que la cornue étant entierement rouge, il n'en forte plus rien. Il fort pendant tout le temps que dure cette diftillation, une quantité d'eau affés confidérable, qui accompa-gne l'Huile. Gardez féparément cette fe-conde Huile épaiffe.

Remêlez la premiere Huile que vous aura fourni la diftillation, avec partie égale de nouvelle chaux éteinte à l'air. Mettez le mêlange dans une cornue de terre ou de verre, d'une grandeur pro-portionnée à la quantité que vous en au-rez, dont le tiers demeure vuide. Dif-tillez comme la premiere fois. Les mê-mes phénomènes paroîtront : il paffera d'abord une Huile claire, à laquelle en fuccedera une un peu plus epaiffe. Chan-gez alors de récipient, & retirez tout le refte de l'Huile, par la diftillation, en augmentant le feu. La premiere Huile

que vous retirerez à cette seconde diftillation sera plus claire, & plus tenue
que celle de la premiere distillation; & la
seconde Huile sera moins épaisse , &
d'une couleur moins foncée.

Redistillez de même l'Huile tenue de
cette seconde distillation, & continuez
ainsi à redistiller de nouveau, jusqu'à ce
que vous vous apperceviez que la premiere Huile claire qui monte dans la diftillation, s'éleve à un degré de chaleur,
qui n'excéde point celui de l'eau bouillante. Alors, au lieu de mêler votre Huile avec de la chaux , mettez-la avec de
l'eau, dans une cornue de verre, ou dans
une cucurbite garnie de son chapiteau,
& distillez en entretenant un petit bouillon dans l'eau. Votre Huile s'atténuera
de plus en plus ; & après l'avoir ainsi diftillée deux ou trois fois avec l'eau, elle
sera si limpide, si tenue, & si blanche,
que vous aurez de la peine à la distinguer
d'avec l'eau même.

REMARQUES

Les Huiles grasses qui sont naturellement douces, onctueuses , sans odeur,
ou du moins qui n'en ont qu'une extrêmement légere, & semblable à celle du

fruit ou de l'amande dont on les a retirées, changent totalement de nature lorsqu'elles éprouvent l'action du feu. En les échauffant simplement affés pour les faire bouillir, elles deviennent âcres, perdent beaucoup de leur onctuofité, & acquiérent une odeur fort pénétrante. J'ai fait voir par plufieurs analogies & plufieurs expériences rapportées dans un Mémoire que j'ai lu à l'Académie fur les Huiles, que ces changemens arrivent aux Huiles graffes, parceque le feu développe en elles un Acide qui y étoit comme caché & dans l'inaction. On peut voir ce que j'ai dit fur cette matiere, dans les Mémoires de l'Académie, année 1745, & dans mes Élémens de Chymie théorique : je vais avoir occafion d'en dire encore quelque chofe dans le procédé fuivant, où il s'agira de la combinaifon de ces Huiles avec les Acides. Je me contente, pour le préfent, d'examiner ce qui fe paffe dans les diftillations réitérées qu'on leur fait éprouver.

Les Huiles graffes ne s'élevent dans la diftillation, qu'à un degré de chaleur fupérieure à celui de l'eau bouillante : c'eft pourquoi il faut les diftiller au bain de fable ou à feu nud. Nous préférons ce dernier moyen, par les raisons que nous en avons données ailleurs, & principalement, parcequ'on est plus le maître du feu, & qu'il est essentiel dans cette distillation de pouvoir le supprimer dans un instant lorsqu'il est trop fort, attendu que dans ce cas il fait sortir avec impétuosité l'Huile tenue, mêlée avec l'épaisse; & même que le tout est comme brulé & charboneux, pour le peu que le degré trop fort du feu soit soutenu pendant quelques momens. Cet accident, lorsqu'il arrive, est annoncé par une grande quantité de vapeurs blanches qui sortent avec impétuosité de la cornue, & des gouttes d'Huile qui se succèdent fréquemment les unes aux autres, dont la limpidité diminue beaucoup, & dont la couleur devient foncée. On le prévient, en distillant très-lentement & avec beaucoup de patience.

On pourroit distiller les Huiles grasses, & les atténuer sans se servir d'aucun interméde; mais l'opération, qui est déja longue & laborieuse, en se servant de la chaux, comme on a pu le voir par la description du procédé, le deviendroit encore beaucoup davantage, si on distilloit l'Huile seule, & sans la mêler avec aucune matiere qui puisse l'étendre, la divifer, & multiplier fa furface.

La chaux eft un des meilleurs intermédes qu'on puisse employer dans cette occafion, parcequ'elle procure non-feulement les avantages dont nous venons de parler; mais encore, parcequ'étant un abforbant des matieres graffes, elle s'unit aux parties les plus groffieres de l'Huile, les retient; & donne le moyen d'en féparer d'abord les parties les plus tenues & les plus légeres. Elle abrége donc beaucoup le travail; & plus la quantité qu'on en met eft grande par rapport à celle de l'Huile, plutôt on retire une quantité confidérable d'Huile tenue & limpide : c'eft pour cette raifon que nous avons prefcrit, de mêler l'Huile dans la premiere diftillation avec le double de fon poids de chaux.

On employe la chaux éteinte à l'air; par préférence à la chaux vive, parcequ'elle eft naturellement divifée en poudre très-fubtile, & capable de fe mêler parfaitement avec toutes fortes de matieres.

L'eau que l'on voit d'abord paroître dans la diftillation, eft celle que fournit la chaux : c'eft une partie de l'humidité

B v

dont elle s'eſt chargée à l'air. Cette eau continue à ſortir avec l'huile pendant le cours de la diſtillation, à meſure qu'on augmente le degré de chaleur ; & lorſ-que la diſtillation eſt achevée , & qu'on a tenu la cornue rouge pendant quelque temps ſans qu'il ſorte plus rien , la chaux qui ſe trouve dedans a un œil grisâtre , & s'échauffe preſqu'autant que la chaux vive , ſi on verſe de l'eau deſſus.

Il eſt néceſſaire , quand on veut pouſ-ſer ces diſtillations de l'Huile graſſe juſ-qu'à ce qu'elle ſoit devenue auſſi légere que l'Huile eſſentielle, d'en employer d'abord une quantité aſſés conſidérable , comme de trois ou quatre livres , parce-que la quantité de l'Huile diminue beau-coup à chaque diſtillation , non - ſeule-ment à cauſe qu'on en ſépare à chaque fois la partie la plus épaiſſe & la plus groſſiere ; mais encore, parcequ'une por-tion de cette Huile demeure ſi forte-ment unie avec la chaux , que la violen-ce du feu n'eſt point capable de l'en ſé-parer. De plus , il y a lieu de croire , qu'il s'en décompoſe une partie toutes les fois qu'on la diſtille.

Lorſqu'on diſtille l'Huile pure , la par-tie la plus épaiſſe & la plus lourde demeure dans la cornue, s'y brûle en quelque maniere, & y forme un enduit charboneux qui eſt de la derniere fixité : ainſi cela fait toujours une diminution.

Une Huile graſſe a beſoin d'être diſtillée huit ou neuf fois, même avec la chaux, pour devenir auſſi légere qu'une Huile eſſentielle, & pouvoir s'élever en entier au degré de chaleur de l'eau bouillante : ainſi elle ſe trouve diminuée conſidérablement ; & ſi on n'en avoit pas d'abord mis au moins la quantité que nous avons demandée, à peine en reſteroit-il quelques onces qui pourroient être diſtillées avec l'eau.

La portion d'Huile épaiſſe & lourde qu'on retire à chaque diſtillation, peut être employée, ſi l'on veut, à de nouvelles rectifications. Il faut pour cela la mêler avec de nouvelle chaux, & la diſtiller de même que l'Huile claire. Il y en a une portion qui s'atténue auſſi, & qui monte la premiere. Ainſi toute l'Huile graſſe peut être ſubtiliſée par l'action du feu, à l'exception d'une partie abſolument épaiſſe & charboneuſe, qui demeure fixe, & qui ne paroît ſuſceptible de recevoir aucun changement, que par la combuſtion qui la réduit en cendres,

defquelles on retire un peu d'Alkali fixe.
Cette partie fixe de l'Huile , eft celle
dans laquelle les parties acides & terreufes fe font réunies en plus grande proportion qu'elles ne doivent être dans la
mixtion huileufe pure.

La portion de l'Huile qui eft devenue
légere & tenue, n'eft autre chofe que la
partie huileufe la plus pure , féparée d'a-
vec les Acides groffiers & une certaine
quantité de terre qui l'épaiffiffoient &
l'appefantiffoient. Cette Huile reffemble
aux Huiles effentielles par fa légereté ,
fa fluidité, fon odeur qui eft pénétrante
& agréable : elle eft diffoluble dans l'Efprit-de-vin. Nous aurons occafion, dans
la fuite , de nous étendre davantage fur
la nature des différentes efpeces d'Huile , & fur leur diffolubilité dans l'Efprit-
de-vin , lorfque nous parlerons des Ef-
prits ardens & de l'Æther.

II. PROCÉDÉ.

Combiner les Huiles graſſes avec les Acides. Décompoſition de cette combinaiſon.

METTEZ ſur un bain de ſable, d'une chaleur fort modérée, une capſule de verre, dans laquelle vous aurez d'abord mis une Huile graſſe quelconque. Verſez ſur cette Huile, partie égale d'Huile de Vitriol concentrée. L'Acide vitriolique la diſſoudra auſſitôt avec violence, il s'excitera une ébullition & une efferveſcence conſidérables, accompagnées d'une grande chaleur, & d'une quantité prodigieuſe de vapeurs noires & épaiſſes, dans leſquelles on diſtinguera aiſément une odeur d'huile brulée, & celle de l'Acide ſulphureux. Le mêlange deviendra d'une couleur rouge foncé, noir & épais : remuez-le avec un petit bâton, juſqu'à ce que vous voyez qu'il ne ſe faſſe plus aucun mouvement.

REMARQUES.

Les Acides vitriolique & nitreux s'uniſſent avec les Huiles graſſes, & les

diſſolvent avec violence ; mais il faut
qu'ils ſoient forts & concentrés juſqu'à
un certain point, ſans quoi ils ne les attaquent pas. L'Acide vitriolique ſur-tout
les diſſout aſſés intimement. Si on verſe
de l'eau chaude ſur le mêlange dont il
eſt parlé dans le procédé, cette eau devient louche & laiteuſe, & en diſſout
une partie. Ainſi les Huiles peuvent être
rendues diſſolubles dans l'eau, par le
moyen d'un Acide. L'Eſprit-de-vin qui
n'attaque point les Huiles graſſes dans
leur état naturel, s'y unit parfaitement,
& en fait une diſſolution claire & limpide, lorſquelles ſont ainſi combinées avec
des Acides.

Les Acides ſouffrent auſſi une altération conſidérable par l'union qu'ils contractent avec les Huiles. Ils adouciſſent
beaucoup, & perdent preſque toute leur
force. Si on ſoumet à la diſtillation le mêlange dont nous avons parlé dans le
procédé, on en retire beaucoup de
phlegme empyreumatique & acidulé qui
a une forte odeur d'Eſprit ſulphureux,
une huile moins épaiſſe que le mêlange
ſavoneux, un Acide foible & huileux,
& une huile noire fort épaiſſe. Si on
pouſſe le feu fortement, lorſqu'il ne

fort plus d'Huile, il arrive quelquefois qu'il se sublime un peu de Soufre au col de la cornue.

On voit, par cette analyse, qu'on ne retrouve plus l'Acide fort & concentré qu'on avoit fait entrer dans la combinaison. L'Acide vitriolique a changé de nature, & s'est affoibli considérablement par l'union qu'il a contractée avec les principes de l'Huile. La partie aqueuse de cette substance le rend foible & chargé de phlegme : sa partie phlogistique le rend sulphureux, & le convertit même en Soufre.

Il résulte de-là, qu'une partie de l'Huile se décompose, par l'union qu'elle contracte avec l'Acide vitriolique ; car son phlogistique & son principe aqueux ne peuvent se désunir pour former de l'Esprit sulphureux, ou du Soufre & un Acide aqueux, sans qu'une portion de l'Huile, proportionnée à la quantité de ces deux principes désunis, ne se décompose. Une autre portion de l'Huile reste unie avec l'Acide vitriolique, sans avoir souffert de décomposition, & donne à la portion d'Acide avec laquelle elle s'est ainsi combinée, un caractère un peu savo-

neux, qui le fait reſſembler aux Acides
végétaux.

Ainſi, nous voyons que l'Acide vitriolique, & l'Huile qu'on combine enſemble, ſouffrent tous les deux des changemens conſidérables ; l'Acide, par les
nouvelles unions qu'il contracte, &
l'Huile, par la décompoſition qu'elle
ſouffre. On retire, par conſéquent, par
la décompoſition de cette combinaiſon,
une quantité d'Huile beaucoup moindre
que celle qu'on y fait entrer.

Si on recombinoit avec de nouvel
Acide concentré, l'Huile qu'on retire
par la diſtillation, il en réſulteroit les
mêmes produits, & on parviendroit par
ce moyen à décompoſer entierement telle quantité d'Huile qu'on voudroit. Cette ſeule expérience fournit, comme on
voit, la preuve de beaucoup de vérités
importantes que nous avons avancées
dans nos Élémens de Théorie.

L'Eſprit de Nitre diſſout auſſi les Huiles par expreſſion. Il forme avec l'Huile d'olives un compoſé de couleur blanche, qui reſſemble à une belle pomade.
Ce compoſé eſt très-diſſoluble dans l'Eſprit-de-vin. Il faut que l'Acide ſoit fort,

& bien fumant, pour s'unir avec cette Huile, ainſi qu'avec les autres Huiles graſſes : mais il y en a qu'il diſſout avec plus de violence que les autres ; l'Huile de Noix eſt de ce nombre : il agit ſur ces Huiles d'une maniere ſi efficace, qu'il les brûle en quelque maniere, & les rend noires & épaiſſes.

III. PROCÉDÉ.

Combiner les Huiles graſſes avec les Alkalis fixes. Savons blanc & noir. Décompoſition du Savon.

PRENEZ une leſſive de ſoude, rendue plus cauſtique par la chaux, comme noùs le dirons lorſque nous parlerons des Alkalis. Evaporez cette leſſive, juſqu'à ce qu'elle ſoit en état de ſoutenir un œuf frais. Partagez-la en deux parties, dans l'une deſquelles vous ajoûterez de l'eau, pour l'affoiblir juſqu'au point qu'un œuf frais que vous mettrez dedans n'y ſoit point ſoutenu, & tombe au fond. Mêlez avec la leſſive ainſi affoiblie, partie égale d'Huile d'olives nouvellement faite. Remuez & agitez bien le mêlange, enſorte qu'il devienne

très-blanc. Mettez-le fur un feu doux ;
en continuant de remuer fans ceffe, pour
que les deux fubftances dont il eft compofé puiffent fe combiner enfemble, à
mefure qu'une partie de l'eau s'évapore-
ra. Quand vous verrez qu'elles commenceront à s'unir, verfez dans le mêlange
trois fois autant de la premiere leffive
forte, que vous aurez employé d'Huile.
Continuez la coction à feu doux, en agitant toujours la matiere, jufqu'à ce qu'elle foit épaiffie au point qu'en en faifant
refroidir une goutte, elle fe fige & ac-
quiére la confiftence que doit avoir le
favon.

On reconnoît que le Savon ne contient pas plus d'Huile qu'il n'en doit entrer dans fa combinaifon, en en faifant
diffoudre un peu dans l'eau. S'il s'y diffout en entier parfaitement, & qu'on ne
voie nâger fur l'eau aucune gouttelette
d'Huile, c'eft une marque qu'il ne contient point trop d'Huile. Si au contraire
on en apperçoit quelques-unes, il faut
ajoûter dans le vaiffeau qui contient la
matiere, un peu de la leffive, pour abforber l'excédent de l'Huile.

L'excès d'Alkali fe reconnoît par la
déguftation. Si le Savon fait fur la langue

l'impreſſion d'un Sel Alkali, & develop-
pe une ſaveur urineuſe, c'eſt une marque qu'il y a trop de Sel par rapport à
l'Huile. Il faut dans ce cas ajoûter un peu
d'Huile dans le mêlange , pour ſaouler
l'Alkali ſurabondant. La trop grande
quantité d'Alkali ſe manifeſte auſſi dans
le Savon, en ce que ce compoſé s'humecte
à l'air au bout d'un certain temps.

REMARQUES.

Les Alkalis fixes , même réſous en liqueur , c'eſt-à-dire , chargés d'une aſſés
grande quantité d'eau , s'uniſſent facilement avec les Huiles graſſes , comme on
le vøit par l'expérience que nous venons
de rapporter , & n'ont beſoin pour cela
que d'une chaleur modérée. En employant même un temps ſuffiſant , on
peut parvenir à faire très-bien cette combinaiſon ſans le ſecours du feu , & à la
ſeule chaleur du ſoleil. M. Geoffroy en a
fait l'expérience. Il ne faut pour cela ,
que cinq ou ſix jours de digeſtion , & remuer de temps en temps le mêlange
d'Huile & d'Alkali. Une leſſive d'Alkali
pur , & qui ne ſeroit point aiguiſé par la
chaux , pourroit être employée auſſi pour

faire du Savon ; mais on a remarqué que la combinaison ſe fait mieux , & que l'Alkali mord davantage ſur l'Huile , lorſqu'il eſt aiguiſé par la chaux.

On mêle d'abord l'Huile avec une leſſive moins forte, & plus aqueuſe, afin que la combinaiſon ſe faſſe moins précipitamment , & que toutes les parties des deux ſubſtances qu'on veut joindre enſemble , s'uniſſent également. Mais quand une fois l'Alkali a commencé à diſſoudre l'Huile ſucceſſivement & paiſiblement , on peut accélérer la diſſolution ; & c'eſt ce qu'on fait en ajoûtant le reſte de la leſſive , qui eſt plus évaporée & plus forte.

Le Savon qu'on fait avec l'Huile d'olives eſt blanc, ferme, & n'a point d'odeur abſolument déſagréable ; mais comme cette Huile eſt chere, on lui en ſubſtitue quelquefois d'autres, & même des graiſſes & huiles tirées des animaux. Le Savon fait avec la plupart de ces autres matieres, n'a ni la fermeté, ni la blancheur de celui où il n'eſt entré que de l'Huile d'olives. On le nomme *Savon noir.*

Les Huiles ainſi unies avec les Alkalis fixes , deviennent par cette aſſociation diſſolubles dans l'eau ; parceque les Sels alkalis ont avec l'eau une grande affinité, dont ils communiquent une partie à l'Huile, avec laquelle ils ne font plus qu'un tout. L'Huile ne devient cependant point capable pour cela de ſe mêler intimement avec l'eau, & d'y être diſſoute parfaitement ; car l'eau qui tient le Savon en diſſolution, a toujours un œil laiteux. Or il n'y a que la tranſparence qui ſoit la marque d'une diſſolution parfaite.

Les Alkalis perdent auſſi, par l'union qu'ils ont contractée avec l'Huile, une partie de l'affinité qu'ils ont avec l'eau ; car quand la combinaiſon eſt bien faite ils n'attirent plus l'humidité de l'air, & ſe diſſolvent dans l'eau en moindre quantité. La combinaiſon de Savon eſt, comme on voit, une ſaturation de l'Alkali par l'Huile ; & on eſt obligé, ainſi que nous l'avons dit dans le procédé, pour faire du Savon parfait, de chercher par une eſpece de tâtonnement le point de cette ſaturation, de même qu'on cherche le point de ſaturation des Alkalis par des Acides, lorſqu'on en veut faire des Sels neutres.

L'union que l'Huile contracte avec le

Sel alkali, lui fait perdre une partie de la facilité qu'elle a à s'enflammer, parce-que ce Sel n'eſt point inflammable ; & l'eau qui entre dans la compoſition du Savon en aſſés grande quantité, comme nous le verrons bientôt, contribue auſſi beaucoup à empêcher l'Huile de s'en-flammer.

On peut décompoſer le Savon, ou par la diſtillation, ou en le mêlant avec une ſubſtance qui ait plus grande affinité que l'Huile avec l'Alkali.

Si on le décompoſe par la diſtillation on en retire d'abord un phlegme ou eſ-prit tranſparent, d'une couleur un peu jaune. Cette liqueur eſt la partie aqueu-ſe du Savon, animée par un peu de ſon Sel alkali, qui lui donne une ſaveur âcre. Ce phlegme eſt ſuivi d'une huile rouge, d'abord aſſés limpide ; mais qui s'épaiſſit à meſure que la diſtillation avance, de-vient noire & d'une odeur empyreuma-tique fort déſagréable. Cette Huile eſt diſſoluble dans l'Eſprit-de-vin.

Il reſte dans la cornue, après que la diſtillation eſt achevée, c'eſt-à-dire, quand après l'avoir fait rougir il n'en ſort plus rien, une maſſe ſaline qui eſt l'Alkali du Savon enduit de quelques portions les plus fixes de l'Huile, qui font devenues charbonneufes. On peut rendre à ce Sel le premier degré de pureté qu'il avoit avant d'avoir été combiné avec l'Huile, en le calcinant dans un creufet à feu ouvert, qui confume & réduit en cendres cette partie charboneufe de l'Huile.

Il arrive, comme on voit, à peu près la même chofe à l'Huile contenue dans le Savon lorfqu'on la diftille, qu'à celle qu'on mêle avec la chaux pour la foumettre de même à la diftillation.

M. Geoffroy a reconnu, par une analyfe exacte qu'il a faite du Savon, que deux onces de ce compofé contiennent quatre-vingt feize grains de Sel de foude, privé de toute huile & de toute humidité, ou deux gros quarante - huit grains de ce Sel tel qu'on l'employe dans la fabrique du Savon, c'eft-à-dire, contenant affés d'eau pour fe criftalifer; une once trois gros vingt grains d'Huile d'olives, & environ deux gros quatre grains d'eau.

Les Acides étant de toutes les fubftances celles qui ont la plus grande affinité avec les Alkalis, font un interméde très-efficace pour décompofer le Savon.

Si on veut le décomposer par ce moyen, il faut d'abord le diffoudre dans une quantité d'eau fuffifante. M. Geoffroy qui a fait auffi cette expérience; en a diffout deux onces dans environ trois demi-feptiers d'eau chaude, & a verfé fur cette diffolution de l'Huile de Vitriol, qu'il y a fait tomber goutte à goutte. A chaque fois qu'il tombe une goutte d'Acide, il fe forme un *coagulum* dans la liqueur. Il faut agiter alors le vaiffeau dans lequel elle eft contenue, afin que l'Acide puiffe attaquer également le Sel alkali étendu dans la liqueur. On doit ceffer de verfer de l'Acide, quand il ne fe fait plus aucun *coagulum*. La liqueur commence pour lors à devenir claire. En y mêlant encore une chopine d'eau, pour faciliter la féparation des parties de l'Huile, on la voit monter, & fe raffembler à la partie fupérieure du vaiffeau.

Elle eft pure & claire: c'eft une véritable Huile d'olives, qui en a le goût, l'odeur, la fluidité dans les temps chauds, & qui fe fige au froid. Elle différe cependant à quelques égards de celle qui n'a pas été unie avec un Alkali fixe, pour former du Savon, en ce qu'elle brûle plus vivement & plus rapidement, &

qu'elle

qu'elle eſt diſſoluble dans l'Eſprit-de-vin.
Nous rendrons raiſon de ces différences,
lorſque nous parlerons des Eſprits ardens.

Tous les Acides, même ceux qu'on
retire des Végétaux, peuvent auſſi bien
que l'Acide vitriolique, opérer la décompoſition du Savon, & ſéparer l'Huile d'avec l'Alkali. On trouve dans la liqueur dans laquelle s'eſt fait cette décompoſition, un Sel neutre compoſé de
l'Acide qu'on a employé, & de l'Alkali
du Savon. Ainſi, quand on s'eſt ſervi de
l'Acide vitriolique, on a un Sel de Glauber; un Nitre quadrangulaire, ſi on a
employé l'Acide nitreux, & de même
des autres.

Cette facilité qu'ont les Acides de décompoſer le Savon, donne la raiſon pour
laquelle il n'y a que les eaux très-pures
qui puiſſent le diſſoudre, & qui ſoient
propres au ſavonage.

On nomme ordinairement eaux crues,
celles qui ne le diſſolvent pas bien. Ces
eaux tiennent en diſſolution une certaine
quantité de matieres ſalines, dont elles
ſe ſont chargées en lavant les terres à
travers leſquelles elles ſe ſont filtrées.
Ce ſont les Sélénites, qui ſont les cauſes

les plus ordinaires de la crudité de l'eau.

Celle de tous les puits de Paris & des environs, doit sa crudité à une quantité considérable de Sélénite gypseuse dont tout ce terrein est rempli. Les Sélénites sont, comme on sçait, des Sels neutres composés de l'Acide vitriolique uni à une base terreuse. Si donc on mêle du Savon dans de l'eau qui tient en dissolution un semblable Sel, il est évident que l'Acide vitriolique contenu dans la Sélénite, ayant une plus grande affinité avec l'Alkali fixe du Savon, qu'avec sa base terreuse, doit quitter cette base pour s'unir au Sel alkali. Le Savon sera donc décomposé au lieu d'être dissous ; aussi voit-on que lorsqu'on veut dissoudre du Savon dans nos eaux de puits, il se forme, à la surface de la liqueur, au bout d'un certain temps, une pellicule grasse & huileuse. La décomposition du Savon n'est cependant pas complette, ou du moins il ne s'en décompose que fort peu, parceque la grande quantité de Sélénite dont l'eau est chargée, empêche le Savon de se mêler avec cette eau, comme il conviendroit pour que la décomposition totale pût avoir lieu.

Toutes les eaux minérales sont aussi

des eaux crues par rapport au Savon,
parceque la plupart de ces eaux ne devant leurs vertus qu'aux principes qu'elles ont tiré des pyrites tombées en efflo-
rescence, échauffées, & décomposées,
qu'elles ont lavées, font chargées des
matieres salines que produisent les pyrites lorsqu'elles font en cet état, c'est-à-
dire, de substances alumineuses, vitrio-
liques & sulphureuses, qui doivent produire sur le Savon le même effet que la
Sélénite.

Celles d'entre les eaux minérales qui
ne contiennent que des Sels neutres, tels
que le Sel marin, le Sel d'Epsom, le Sel
de Glauber, ne laissent point d'être aussi
des eaux crues par rapport au Savon,
quoique les Acides de ces Sels étant unis
à des Alkalis fixes, soient hors d'état de
décomposer le Savon.

La raison de cela, c'est que ces Sels
neutres font plus dissolubles dans l'eau
que le Savon, & dissolubles à son ex-
clusion, parceque les deux principes
dont ils font composés, ont chacun de
leur côté une très-grande affinité avec
l'eau; au lieu qu'il n'y a qu'un des principes du Savon, sçavoir, son Sel alkali,
qui ait cette affinité; l'autre, le principe

C ij

huileux, n'en ayant point du tout. Ainsi,
l'eau chargée d'un Acide, ou d'un Sel
neutre quelconque, est une eau crue par
rapport au Savon, & est hors d'état de
le dissoudre. Il suit de-là, que le Savon
peut servir comme de pierre de touche
pour éprouver la pureté de l'eau.

Le Vin dissout le Savon; mais impar-
faitement, à cause qu'il contient une partie acide & tartareuse. L'Esprit-de-vin le
dissout aussi ; mais cette dissolution n'est
point encore parfaite, parcequ'il contient trop peu de phlegme, & que sa
partie spiritueuse ne peut dissoudre que
l'Huile du Savon, le Sel alkali n'étant
point, ou du moins n'étant que très-peu
dissoluble dans ce menstrue. Le vrai dissolvant du Savon est donc une liqueur
partie spiritueuse, partie aqueuse, & qui
ne soit point acide.

L'Eau-de-vie a ces qualités ; aussi est-
elle de tous les dissolvans celui qui s'unit
le mieux avec le Savon, qui en dissout
une plus grande quantité, & qui en fait
la dissolution la plus limpide. Elle a cependant encore un petit œil laiteux ; ce
qui vient de ce qu'elle n'est pas entierement exempte d'Acide ou de principe
tartareux. On peut remédier facilement

à cet inconvénient, en y mêlant un peu de Sel alkali pour abforber cet Acide. Un gros de Sel de foude criftalifé, mêlé dans trois onces & demie de bonne Eau-de-vie, la rend capable de tenir en diffo-lution parfaitement limpide jufqu'à une once deux gros de Savon bien blanc. Cette expérience appartient encore à M. Geoffroy.

On a reconnu depuis quelques années, que le Savon pouvoit être employé en Médecine avec beaucoup de fuccès, & qu'il a la propriété de diffoudre les con-crétions pierreufes qui fe forment en différentes parties du corps, particulie-rement dans les reins & dans la veffie. C'eft le Savon qui eft la bafe de la com-pofition connue fous le nom de *Reméde de Mlle. Stephens*, & le feul ingrédient dans lequel réfide toute la vertu de ce reméde.

On voit, par ce que nous avons dit fur la nature de ce compofé, & fur les cau-fes & les phénomènes de fa diffolution, qu'il eft de la derniere conféquence, lorf-qu'on en fait prendre à un malade, d'a-voir égard à fon tempérament, & de lui faire obferver un régime convenable. Les Acides lui doivent être abfolument interdits , puisque nous sçavons qu'ils empêchent le Savon de se dissoudre , & le décomposent : & si le malade avoit des aigres dans les premieres voies , il faudroit lui faire prendre des matieres capables de les absorber , telles que les yeux d'écrevisse préparés , & les autres absorbans connus en Médecine : c'est dans ce cas où ceux qui entrent dans la composition du Reméde de Mlle. Stephens peuvent être utiles.

IV. PROCÉDÉ.

Combiner les Huiles grasses avec le Soufre.

METTEZ une Huile grasse quelconque dans un vaisseau de terre. Ajoutez-y environ le quart de son poids de fleurs de Soufre, & placez le vaisseau sur un fourneau dans lequel il y ait du charbon allumé. Lorsque l'Huile aura acquis un certain degré de chaleur, le Soufre se fondra, & vous le verrez se précipiter aussitôt au fond de l'huile, sous la forme d'une liqueur très-rouge. Les deux substances resteront ainsi séparées, & ne se mêleront point ensemble, tant qu'elles n'auront que le degré de chaleur qui eſt néceſſaire pour entretenir le Soufre en fuſion. Augmentez-le alors, mais doucement, & avec circonſpection, de peur que la matiere ne prenne feu. Lorſque l'Huile commencera à fumer, les deux liqueurs commenceront à ſe mêler & à ſe troubler : elles s'uniront enſemble, de maniere qu'elles paroîtront ne faire qu'un ſeul tout homogène. Si vous entretenez la chaleur de maniere que le mêlange ſoit toujours bien fumant & prêt à bouillir, vous pourrez ajouter de nouveau Soufre, qui s'y mêlera parfaitement. On en peut faire entrer de cette maniere une aſſez grande quantité dans cette combinaiſon.

REMARQUES.

Le Phlogiſtique & l'Acide vitriolique ont de l'affinité avec l'Huile. Ainſi il n'eſt pas ſurprenant que le Soufre qui eſt un compoſé de ces deux ſubſtances, ſoit diſſoluble par les matieres huileuſes. Il eſt cependant remarquable, que les Huiles eſſentielles, qui ſont beaucoup plus tenues que les Huiles graſſes, diſſolvent le Soufre beaucoup plus difficilement, comme nous le verrons lorſque nous

parlerons de ces Huiles ; & que l'Esprit-
de-vin , qui contient une Huile extrêmement subtile , n'ait aucune action sur
le Soufre.

L'Huile , par l'union qu'elle contracte
avec le Soufre, occasionne une altération & un changement considérables à ce
minéral : phénomène d'autant plus surprenant, que nous sçavons qu'il est en
quelque maniere inaltérable , par tout
autre dissolvant de quelque espece qu'il
soit , & qu'il ne peut recevoir de changement dans sa nature que par la combustion. Nous parlerons plus amplement
sur cette matiere à l'article des Huiles
essentielles.

V. PROCÉDÉ.

Combiner les Huiles grasses avec le Plomb
& les chaux de Plomb. Base des Em-
plâtres. Décomposition de cette combi-
naison.

METTEZ dans un vaisseau de terre
du Plomb granulé , de la Litarge,
de la Céruse, ou du Minium : versez
dessus le double de son poids d'une Huile grasse quelconque. Si vous mettez le

vaiſſeau ſur un feu vif, le Plomb qui ſera au fond ſe trouvera fondu avant que
l'Huile ait commencé à bouillir. Lorſque l'Huile ſera bouillante, remuez la
matiere avec un bâton. Vous verrez peu
à peu diſparoître le Plomb ou la chaux
de Plomb, qui ſe diſſoudront enfin totalement dans l'Huile, & lui donneront
une conſiſtence fort épaiſſe.

REMARQUES.

Les Huiles graſſes diſſolvent non-ſeulement le Plomb, mais encore ſes chaux :
elles les diſſolvent même avec plus de
facilité que le Plomb en ſubſtance, vraiſemblablement à cauſe qu'elles ſont plus
diviſées. Il réſulte de l'union de ces matieres une maſſe épaiſſe, tenace, qui ſe
durcit juſqu'à un certain point au froid,
& s'amollit à la chaleur. Cette combinaiſon eſt connue dans la Pharmacie ſous le
nom d'*Emplâtre*. On la mêle avec différentes autres drogues, avec leſquelles
on fait des emplâtres qui ont des vertus
participantes de celles des drogues qu'on
y fait entrer : ainſi elle eſt la baſe de
preſque tous les emplâtres.

On ne ſe ſert point ordinairement du
Plomb en nature pour faire les emplâ-

C v

tres : on emploie par préférence la Céruse, la Litarge, ou le Minium , parceque
ces matieres s'uniſſent , comme nous l'a-
vons dit , plus promptement & plus facilement avec l'Huile.

Il arrive quelquefois que l'Huile ſe
brûle , & que la chaux de Plomb ſe révi-
vifie en partie ; ce qui donne à l'emplâtre
une couleur noire, que ſouvent il ne doit
point avoir. Cet accident eſt occaſionné
par une trop grande chaleur ; & comme
il eſt fort difficile d'entretenir l'Huile &
le Plomb au juſte degré de chaleur qui
convient , attendu que ces matieres s'é-
chauffent très - conſidérablement , on a
imaginé d'ajouter dans le vaiſſeau où l'on
fait cette coction, une aſſez grande quantité d'eau, qui ne pouvant prendre qu'un
degré de chaleur beaucoup moindre , &
toujours le même lorſqu'elle eſt bouillante , procure l'avantage d'avoir la combinaiſon qu'on veut faire , bien égale &
bien blanche.

Il eſt néceſſaire d'agiter continuellement le mêlange , afin d'empêcher que
la combinaiſon d'Huile & de Plomb, qui
à meſure qu'elle ſe fait ſe met ſous l'eau
comme beaucoup plus peſante , ne ſe
brûle au fond du vaiſſeau. Si l'eau ſe

trouve tarie avant que l'Huile ait diſſous tout le Plomb, ou avant que l'emplâtre ait acquis un degré de conſiſtence convenable, il faut avant d'en remettre de nouvelle, retirer le vaiſſeau de deſſus le feu, & laiſſer refroidir le mêlange, parceque ſi on n'avoit point cette précaution, la chaleur de la matiere, qui ſeroit devenue beaucoup ſupérieure à celle de l'eau bouillante, occaſionneroit une exploſion & un rejailliſſement conſidérables lorſqu'on y mêleroit de l'eau.

La combinaiſon d'une Huile graſſe avec la chaux de Plomb peut être conſidérée comme une eſpece de Savon métallique, qui au lieu d'un Alkali fixe, a pour baſe une Chaux métallique. M. Geoffroy a remarqué, que ſi on fait cuire à la maniere des emplâtres, une livre de Litarge bien broyée & bien lavée, avec deux livres d'Huile d'olives, & qu'on ait ſoin d'entretenir dans le vaiſſeau aſſez d'eau pour empêcher le mêlange de ſe brûler, il s'éleve pendant que l'Huile s'incorpore avec la Chaux de Plomb, une fumée dont l'odeur eſt ſemblable à celle du Savon.

L'Huile peut être ſéparée d'avec la chaux de Plomb par les mêmes moyens qu'on emploie pour la séparer d'avec les Alkalis fixes ; & lorsqu'elle en est séparée, elle a les mêmes propriétés que celle qu'on retire du Savon ordinaire.

Comme l'espece de Savon métallique formée par l'union d'une Huile grasse avec la chaux de Plomb, n'est point dissoluble dans l'eau, à laquelle elle ne fait que communiquer un goût gras, il faut, lorsqu'on en veut faire la décomposition par le moyen d'un Acide, verser cet Acide immédiatement sur ce composé. L'Acide attaque & dissout la chaux de Plomb ; & l'Huile devenue libre par ce moyen, s'éleve claire & limpide à la surface de la liqueur acide qu'on a employée. Celui qui réussit le mieux pour faire cette séparation, est le Vinaigre distillé, parceque c'est le vrai dissolvant du Plomb.

CHAPITRE IV.

DES SUBSTANCES QU'ON RETIRE DES VÉGÉTAUX A UN DEGRÉ DE CHALEUR QUI N'EXCEDE POINT CELUI DE L'EAU BOUILLANTE.

PREMIER PROCÉDÉ.

Retirer des Plantes, par la distillation à un degré de chaleur moyen entre le terme de la glace & celui de l'eau bouillante, une eau chargée du principe de leur odeur.

CUEILLEZ le matin, avant le lever du soleil, la plante de laquelle vous voudrez retirer l'eau odorante. Choisissez-la dans sa vigueur, bien entiere, & qui ne soit couverte d'aucun corps étranger, si ce n'est de la rosée.

Mettez cette plante, sans la presser, dans la cucurbite d'un alembic de cuivre étamé, que vous placerez dans un bain-marie. Adaptez à la cucurbite le chapiteau de l'alembic, & un récipient de verre que vous lutterez au bec du chapiteau avec de la vessie mouillée.

Donnez à l'eau du bain un degré de chaleur moyen entre le terme de la glace & celui de l'eau bouillante. Vous verrez diftiller une liqueur qui tombera goutte à goutte dans le récipient. Continuez la diftillation à ce même degré de chaleur , jufqu'à ce qu'il ne tombe plus aucune goutte du bec de l'alembic. Déluttez alors les vaiffeaux : & fi vous n'avez pas autant de liqueur que vous en voulez avoir , ôtez de la cucurbite la plante qui aura fervi à cette premiere diftillation , & mettez-en de fraîche à fa place. Recommencez à diftiller comme la premiere fois , & continuez ainfi jufqu'à ce que vous ayez une quantité fuffifante de liqueur. Mettez - la dans une bouteille bien bouchée , & dans un lieu frais.

REMARQUES.

La liqueur qu'on retire des plantes au degré de chaleur que nous avons indiqué dans le procédé , eft compofée de la rofée dont la plante étoit couverte , d'une partie du phlegme de la plante même , & du principe de fon odeur. M. Boerhaave , qui a fait un examen particulier de cette partie odorante des plantes , le nomme *Efprit recteur*. La nature de cet efprit n’eſt pas encore bien connue , parcequ’il eſt très-volatil , & qu’il eſt difficile de le foumettre aux expériences convenables pour en faire l’analyſe , & reconnoître toutes ſes propriétés. Pour le peu que la bouteille qui contient la liqueur , qui eſt comme le véhicule de cet efprit , ne ſoit pas bien bouchée , il ſe diſſipe entierement , & on n’y retrouve plus , quelques jours après , qu’une eau inſipide & ſans odeur.

Une grande partie de la vertu des plantes réſide dans ce principe de leur odeur, & c’eſt à lui qu’on doit les effets les plus ſinguliers & les plus merveilleux que nous leur voyons produire tous les jours. Perſonne n’ignore qu’un grand nombre de plantes odorantes affectent , par leur odeur ſeule , d’une maniere particuliere le cerveau & le genre nerveux des perſonnes ſur-tout qui ont les nerfs ſenſibles & ſuſceptibles des impreſſions les plus légeres , tels que ſont les hommes hypocondriaques ou mélancoliques , & les femmes hiſtériques. L’odeur de la Tubéreuſe , par exemple , eſt capable d’occaſionner à ces perſonnes des vapeurs qui vont juſqu’à l’évanouiſſement & à la ſyncope. L'odeur de la Rue, qui dans son genre n'eſt pas moins forte & moins pénétrante, eſt comme le remede ſpécifique des maux qu'occaſionne la Tubéreuſe, rappelle ces perſonnes à la vie, par un effet auſſi prompt & auſſi ſurprenant que celui par lequel elles avoient été réduites dans un état preſque ſemblable à la mort. C'eſt une remarque de M. Boerhaave.

Les exhalaiſons odorantes des plantes doivent être regardées comme une émanation continuelle de leur Eſprit recteur; mais comme les plantes vivantes peuvent réparer à chaque inſtant les pertes qu'elles font de ce côté-là, de même que du côté de la tranſpiration, il n'eſt pas étonnant qu'elles ne s'épuiſent pas promptement, tant qu'elles ſont en vigueur. Celles qu'on diſtille, au contraire, n'ayant point cette reſſource, ſont bientôt épuiſées entierement de ce principe.

Il ne faut, pour enlever l'Eſprit recteur des plantes, qu'une chaleur fort douce, moyenne entre le terme de la glace & celui de l'eau bouillante. Ainſi la chaleur du ſoleil pendant l'été, ſuffit pour le diſſiper preſque entierement. On peut expliquer par-là, pourquoi il eſt dangereux de féjourner long-temps dans des campagnes ou des forêts dans lefquelles il y a beaucoup de plantes malfaifantes. La vertu des plantes réfidant en grande partie dans leurs émanations, la chaleur du foleil augmente confidérablement ces émanations, qui forment autour d'elles une efpece d'atmofphère que l'air & le vent peuvent même porter à de grandes diftances.

Par la même raifon, l'air d'une campagne peut être rendu falutaire & médicamenteux, par les exhalaifons des plantes médicinales qui y croiffent. On voit par la facilité avec laquelle s'évapore le principe odorant des plantes, les attentions qu'on doit avoir pour faire fécher celles dont on fe fert en Médecine, & conferver leur vertu. Il faut éviter avec grand foin de les expofer au foleil, ou dans un endroit chaud : un endroit où les rayons du foleil ne pénetrent jamais, frais & fec, eft le plus favorable, pour conferver aux plantes le plus de vertu qu'il eft poffible en les faifant fécher.

Quoiqu'il y ait lieu de croire que toutes les matieres végétales ont un Efprit recteur, puifqu'il n'y en a aucune qui n'ait fon odeur particuliere, ce prin-

cipe n'est cependant bien sensible que
dans celles dont l'odeur est aussi bien
marquée. Ainsi ce sont principalement
les plantes aromatiques, ou les parties
les plus odorantes des plantes dont on
le retire. Je dis les parties les plus odorantes, parceque la plupart des plantes
& des arbres ont ordinairement quelques-unes de leurs parties dont l'odeur
est bien plus sensible & bien plus forte
que celle des autres. Le siége principal
de l'odeur d'une plante ou d'un arbre,
est tantôt dans la racine, tantôt dans les
feuilles, quelquefois dans l'écorce ou le
bois, & très-souvent dans les fleurs &
les graines. Ainsi lorsqu'on veut retirer
le principe de l'odeur d'un Végétal qui
n'est point également odorant dans toutes ses parties, il faut choisir celles
dont l'odeur est la plus sensible & la plus
forte.

II. PROCÉDÉ.

Retirer les Huiles grasses des Plantes, par la coction avec l'eau, au degré de chaleur de l'eau bouillante. Beurre de Cacaos.

CONCASSEZ & écrasez dans un mortier de marbre les substances végétales abondantes en Huile grasse, dont vous voudrez retirer cette Huile par la coction : enfermez-les dans un linge : mettez ce nouet dans une bassine, avec sept ou huit fois autant d'eau, & faites bouillir l'eau. L'Huile se séparera par l'ébullition, & viendra nager à la surface de la liqueur. Ramassez-la exactement avec une cuilliere, & continuez à faire bouillir jusqu'à ce qu'il n'en paroisse plus.

REMARQUES.

La chaleur de l'eau bouillante est capable de séparer les Huiles grasses des matieres végétales qui en contiennent ; mais cela ne se peut faire que par la coction, & non par la distillation, parceque ces Huiles ne peuvent s'élever & monter dans l'alembic au degré de chaleur de l'eau bouillante. On est donc obligé de les ramasser à la surface de l'eau, comme nous l'avons dit. On peut, par ce moyen, retirer une plus grande quantité d'Huile grasse que par la seule expression, parceque ce degré de chaleur facilite beaucoup la séparation de l'Huile. Une preuve sensible de cette vérité, c'est que si on fait bouillir ainsi le résidu des matieres végétales dont on a retiré l'Huile par expression, & dont la presse ne peut plus rien faire sortir, on en retire encore beaucoup d'Huile.

L'eau dans laquelle on fait cette ébullition devient ordinairement laiteuse comme une émulsion, parcequ'elle contient beaucoup de particules huileuses, qui y sont dispersées, & dans le même état que dans les émulsions. On n'emploie cependant pas ordinairement ce moyen pour retirer les Huiles grasses, parceque la chaleur qu'elles éprouvent dans cette occasion, les empêche d'être aussi douces qu'elles le seroient sans cela ; mais il est excellent, & même le seul dont on puisse se servir pour retirer de certains Végétaux des matieres huileuses concrétes, sous la forme de beurre ou de cire : lesquelles matieres ne sont

autre chofe que des Huiles graffes figées.
Le Cacaos fournit par ce moyen un
Beurre très-doux ; & on retire par la
même méthode de la Cire d'un arbrif-
feau de la Louifiane.

La chaleur de l'eau bouillante fait
fondre ces matieres huileufes , & leur
donne la facilité de fe raffembler, & de
nager à la furface de la liqueur comme
les autres Huiles. Elles fe figent enfuite
en refroidiffant , & prennent la confiftence qui leur convient. Nous verrons
par la fuite , qu'on ne pourroit les retirer fous la forme concréte , par la diftillation qui doit fe faire à un degré de
chaleur fupérieur à celui de l'eau bouillante , parceque la diftillation leur fait
changer de nature , les décompofe en
partie , & empêche qu'elles ne puiffent ,
en refroidiffant , reprendre la confiftence qui leur eft naturelle.

III. PROCÉDÉ.

Retirer par la distillation , à la chaleur de l'eau bouillante , les Huiles essentielles des Plantes. Eaux distillées.

METTEZ dans une cucurbite les plantes dont vous voudrez retirer l'Huile essentielle. Ajoutez-y assez d'eau pour emplir ce vaisseau jusqu'aux deux tiers de sa hauteur , & faites dissoudre dans cette eau une once de Sel marin pour chaque pinte. Ajustez à la cucurbite la partie supérieure de l'alembic , & luttez au bec de ce vaisseau un récipient avec du papier enduit de colle , ou de la vessie mouillée. Laissez le tout en digestion à une chaleur très-douce pendant vingt-quatre heures.

Allumez alors dans le fourneau sur lequel vous aurez placé votre alembic , un feu de bois assez vif pour faire bouillir promptement l'eau de la cucurbite. Diminuez alors le feu , & n'en laissez que ce qu'il en faut pour entretenir cette eau légerement bouillante. Il passera dans le récipient une liqueur d'un blanc un peu laiteux , à la surface , ou au fond

de laquelle il s'amaſſera une Huile qui
eſt l'Huile eſſentielle de la matiere végétale contenue dans la cucurbite. Continuez la diſtillation à ce même degré
de chaleur, juſqu'à ce que vous vous apperceviez que la liqueur paſſe claire , &
qu'elle n'eſt plus accompagnée d'Huile.

Lorſque la diſtillation eſt achevée ,
déluttez le récipient ; & ſi c'eſt une
Huile eſſentielle de la nature de celles
qui ſont plus légeres que l'eau , achevez
d'emplir avec de l'eau ce récipient , qui
doit être un matras à long col , de maniere que l'Huile qui nage ſur l'eau , ſe
réuniſſe dans le col du matras , & atteigne ſon ouverture. Puis mettez dans le
col de ce vaiſſeau une mêche de coton , dont la partie qui ſera dehors ſoit
plus longue que celle qui ſera plongée
dans l'Huile , & introduiſez cette partie excédente dans une petite fiole qui
n'ait que la grandeur convenable pour
contenir ce que vous aurez d'Huile.
Cette Huile ſe filtrera le long de la mêche , y montera comme dans un ſiphon ,
& coulera goutte à goutte dans la petite fiole. Lorſque toute l'Huile ſera
ainſi montée, bouchez la petite bouteille
exactement , avec un bouchon de liége,

que vous enduirez de cire mêlée avec un peu de poix.

Si votre Huile est pesante, & de la nature de celles qui vont au fond de l'eau, versez tout ce qui sera dans le récipient dans un entonnoir de verre dont la pointe soit terminée par une ouverture fort petite, que vous boucherez avec le doigt index. Toute l'Huile se rassemblera à la partie inférieure de l'entonnoir. Alors débouchez l'ouverture, & laissez couler l'Huile dans une petite bouteille garnie d'un entonnoir plus petit. Quand vous verrez que l'eau sera prête à passer, bouchez promptement l'ouverture de l'entonnoir, & fermez la bouteille dans laquelle sera l'Huile.

REMARQUES.

Les Huiles essentielles, quoique toutes semblables les unes aux autres par leurs principales propriétés, sont cependant aussi fort différentes entre elles à certains égards; ce qui est cause qu'elles demandent presque toutes quelques manipulations particulieres, pour être retirées avec le plus grand avantage qu'il est possible, soit du côté de la qualité, soit du côté de la quantité.

Une

Une des premieres attentions qu'on doit avoir, c'est de choisir le temps convenable pour distiller les plantes dont on veut retirer l'Huile essentielle, parceque la quantité d'Huile varie considérablement suivant les saisons, & l'âge de la plante. Le temps, par exemple, le plus favorable pour retirer ces Huiles des feuilles des plantes ou arbres qui sont toujours verds, comme le Thim, la Sauge, le Romarin, l'Oranger, le Laurier, le Sapin, &c. est la fin de l'automne, parceque ces Végétaux sont pourvus de beaucoup plus d'Huile dans ce temps que dans toute autre saison. A l'égard des plantes qui se renouvellent chaque année, il faut les choisir lorsqu'elles sont dans leur plus grande vigueur, & qu'elles vont commencer à décliner. Ce temps est celui où elles commencent à fleurir : & si c'est des fleurs mêmes qu'on veut retirer l'Huile, il faut les choisir quand elles sont nouvellement écloses.

Secondement, on doit observer que les Huiles essentielles des plantes sont comme le siége & le réservoir du principe de leur odeur ; qu'elles se trouvent par-tout où est ce principe, & jamais où il n'eſt pas. Ainſi, ce que nous avons dit ſur l'Eſprit recteur des plantes, doit avoir lieu ici. On doit ſe reſſouvenir que certains Végétaux ſont odorans dans toutes leurs parties. Ces plantes peuvent être miſes en entier dans l'alembic, pour fournir leur Huile eſſentielle. Mais il y en a d'autres, & c'eſt le plus grand nombre, qui n'ont d'odeur, du moins bien marquée, que dans quelques - unes de leurs parties, comme dans leurs feuilles, leurs fleurs, leurs racines, leurs graines : il faut, lorſqu'on veut retirer l'Huile eſſentielle de ces ſortes de plantes, choiſir la partie où réſide leur odeur. C'eſt le ſens de l'odorat qui doit être particulierement le guide de l'Artiſte dans cette occaſion.

Troiſiémement, tous les végétaux & toutes les parties des Végétaux n'ont point un tiſſu ſemblable ; les uns ſont durs & compacts, comme les bois, les écorces, certaines racines ; les autres ſont tendres & ſucculens, comme la plupart des plantes annuelles, & certains fruits. Ils demandent, par cette raiſon, à être préparés différemment pour la diſtillation. On peut prendre pour regle générale là-deſſus, que plus leur tiſ-

fu eft ferré & compact, plus ils ont befoin d'être ouverts & divifés, foit en les
réduifant en particules menues, foit en
les faifant digérer long-temps dans l'eau
aiguifée de Sel.

Quatriémement, les Huiles effentielles, quoique toutes capables de s'élever
dans la diftillation à la chaleur de l'eau
bouillante, n'ont pas pour cela un degré égal de légereté & de pefanteur : elles varient au contraire prodigieufement
fur cet article, puifque les unes, celles
par exemple, de toutes nos plantes aromatiques d'Europe , font plus légeres
que l'eau, & montent toujours à fa fuperficie : au lieu que d'autres, celles de
Gérofle, de Saffafras, &c. qui font des
plantes aromatiques des Indes, font plus
pefantes que l'eau, & fe tiennent toujours deffous elle par leur propre poids.
Ces différences demandent auffi quelques manipulations différentes dans la
diftillation. Il eft bon, par exemple,
d'employer un alembic moins haut pour
diftiller les Huiles effentielles plus pefantes que l'eau, & faciliter encore leur féparation en leur donnant un degré de
chaleur un peu plus fort que celui de l'eau
bouillante : ce qui eft facile, en char-

geant l'eau d'une certaine quantité de Sel marin, ou d'Acide vitriolique, parceque plus l'eau contient de matieres salines, & plus le degré de chaleur qu'elle prend lorsqu'elle bout, est supérieur à celui de l'eau bouillante qui est pure.

Cinquiémement, les Huiles essentielles différent les unes des autres par leur degré de fluidité. Les unes sont aussi tenues & aussi fluides que l'Esprit-de-vin : de ce nombre est l'Huile essentielle de Térébenthine. Il y en a d'autres qui sont épaisses, & qui se congélent même en refroidissant : telle est, par exemple, l'Huile de Roses. Il faut avoir attention, lorsqu'on distille des Huiles de cette derniere espece, que le bec du chapiteau de l'alembic ne soit point trop froid, & ait toujours un degré de chaleur suffisant pour empêcher que l'Huile ne s'y fige, & ne le bouche, ce qui interromproit la distillation, & pourroit même occasionner d'autres inconvéniens plus considérables dont nous parlerons bientôt.

On voit, par ce que nous venons de dire, qu'il n'y a point de regle absolument générale pour la distillation des Huiles essentielles; mais qu'il faut varier

un peu la manipulation fuivant la nature de l'Huile qu'on a à diftiller, & celle
de la matiere végétale dont il faut la retirer.

Le temps de la journée le plus propre à cueillir les plantes pour cette diftillation, eft le matin avant le lever du
foleil, parceque la fraîcheur de la nuit
a refferré leurs pores & concentré leur
odeur : au lieu que le foir, lorfque les
plantes ont éprouvé pendant toute la
journée l'ardeur du foleil, il s'eft fait
une grande diffipation de leur principe
odorant, & qu'elles en font comme
épuifées. Or plus les plantes font pour-
vues du principe odorant, plus on en
retire d'Huile effentielle, & plus cette
Huile a de vertu.

Les plantes nouvellement cueillies,
& encore toutes pleines d'humidité, ne
fourniffent pas autant d'Huile dans la
diftillation, que lorfqu'on les a fait fécher, parceque les parties huileufes dans
une plante fort humide font plus étendues & même féparées les unes des autres par l'interpofition des parties aqueufes : d'où il arrive qu'elles s'élévent dans
la diftillation, féparées les unes des autres, & qu'étant difperfées dans l'eau,

D iij

elles lui donnent une couleur laiteuse, comme à une émulsion, & ne peuvent se rassembler qu'en petite quantité ; ce qui empêche qu'on ne les puisse séparer commodément d'avec l'eau.

Cet inconvénient n'arrive point, ou du moins est bien moindre, lorsqu'on dissipe par la dessiccation la plus grande partie de l'humidité de la plante, parceque les particules huileuses, délivrées par ce moyen de l'interposition des parties aqueuses qui les tenoient séparées les unes des autres, se rapprochent, se réunissent ensemble, & forment des molécules huileuses sensibles, qui se débarrassent facilement avec l'eau qu'on employe dans la distillation. Mais il faut avoir grande attention, lorsqu'on fait sécher ainsi les plantes dont on veut tirer l'Huile essentielle, de ne les point exposer au soleil, ni dans un endroit chaud, parceque la chaleur enleveroit une partie de leur odeur, & même dans quelques-unes une quantité assés considérable d'Huile essentielle.

Il n'est pas nécessaire de diviser, ni de faire macérer dans l'eau avec le Sel, les plantes d'un tissu peu serré, & qui donnent facilement leur Huile essentielle.

Mais on ne peut fe difpenfer d'avoir recours à cette pratique , pour celles qui
font dures , & qui ne lâchent point facilement leur Huile. Les bois , les écorces , les racines , par exemple , doivent
être d'abord râpés , puis mis en macération avec de l'eau chargée de Sel , ainfi
que nous l'avons dit , quelquefois pendant plufieurs femaines , avant d'être
diftillées.

Le Sel procure trois différens avantages dans cette occafion. Il empêche
d'abord , que les matieres qui doivent
être mifes en macération pendant un certain temps, n'éprouvent de fermentation:
inconvénient qui, s'il arrivoit , diminue-
roit confidérablement la quantité de
l'Huile effentielle , ou même la fuppri-
meroit entierement , en la faifant entrer
dans la combinaifon d'un Efprit ardent ,
fi la fermentation étoit fpiritueufe ; &
dans celle d'un Alkali volatil , fi elle étoit
pouffée à l'extrême , & jufqu'à la putréfaction. En fecond lieu , il aiguife l'eau ,
& la rend plus capable de pénétrer & de
divifer , comme il convient pendant la
macération , le tiffu de la plante qui a befoin de cette préparation. Enfin , il augmente un peu la chaleur de l'eau bouil-

lante, & facilite ainfi l'élévation des Huiles les plus pefantes.

Il faut cependant, lorfqu'on eft obligé, par les raifons que nous avons dites, de mêler du Sel avec l'eau qui doit fervir à la diftillation de l'Huile effentielle, prendre garde d'en mettre une trop grande quantité. On retireroit à la vérité dans cette occafion beaucoup plus d'Huile que fi on avoit diftillé fans Sel ; mais comme la grande quantité de Sel feroit prendre à l'eau une chaleur beaucoup plus confidérable que celle de l'eau bouillante pure, il pafferoit dans la diftillation une bonne quantité de l'Huile pefante du Végétal, laquelle s'élevant au degré fupérieur à celui de l'eau bouillante, fe mêleroit avec l'Huile effentielle, en altéreroit la bonté, & la rendroit femblable à celles qui font falfifiées par le mélange d'une Huile étrangere, comme nous le verrons ci-après.

Lorfque tout eft prêt pour la diftillation, il eft à propos, comme nous l'avons dit dans le procédé, de donner d'abord un feu de flamme affés vif pour faire prendre promptement l'ébullition à la liqueur, parceque fi l'eau étoit longtemps à chauffer avant de bouillir, l'Huile essentielle qui ne peut monter qu'à la chaleur de l'eau bouillante , seroit par un degré de chaleur moindre simplement agitée, poussée en différens sens , battue en quelque sorte : ce qui la diviseroit en parties fort menues, la disperseroit dans l'eau , qui prendroit à cause de cela la couleur laiteuse : & parconséquent on tomberoit dans l'inconvénient dont nous avons déja parlé, & qui arrive lorsqu'on distille les plantes sans les avoir fait sécher, & encore toutes pleines de l'humidité qu'elles ont lorsqu'elles végétent en terre.

On reconnoît que l'eau qui est dans la cucurbite est bouillante , lorsqu'on entend le bruit ordinaire à l'eau qui bout, lequel est produit par les bulles qui s'élevent & se crévent à sa surface en grande quantité. Le bec de l'alembic devient pour lors chaud à tel point , qu'on ne peut appliquer le doigt dessus , sans éprouver un sentiment de chaleur brulante qu'on ne peut souffrir qu'un instant. L'eau de l'alembic distille à ce degré de chaleur par gouttes, qui se succédent si promptement , qu'elles paroissent former un petit ruisseau continu : & cette eau est chargée d'Huile essentielle,

D v

Il convient alors de diminuer beaucoup le feu, & de n'en laiſſer dans le fourneau que ce qu'il en faut pour entretenir la liqueur légerement bouillante; car ſi on preſſoit la diſtillation avec trop de précipitation, les vapeurs aqueuſes & huileuſes pouſſées fortement par une chaleur vive, pourroient emporter avec elles des parties de la plante qu'on diſtille, leſquelles s'engageroient dans le bec de l'alembic, le boucheroient & mettroient ce vaiſſeau en danger d'être rompu, ou du moins d'être ouvert dans l'endroit de la jonction des deux parties dont il eſt compoſé, par l'effort que feroient pour ſortir en même temps les parties d'eau, d'huile & d'air, toutes extrêmement raréfiées : & ces vapeurs brulantes ſe répandant avec impétuoſité dans le laboratoire, pourroient maltraiter l'Artiſte, & lui bleſſer le poumon.

Il eſt important, dans ces ſortes de diſtillations, que le chapiteau de l'alembic ſoit continuellement rafraîchi par de l'eau qu'on a ſoin de renouveller dans le réfrigérent, afin de faciliter la condenſation des parties huileuſes. On doit renouveller l'eau du réfrigérent lorſ-

qu'elle commence à fumer bien fenfiblement.

Quelques précautions qu'on prenne
pour raffembler la plus grande partie
d'Huile qu'il eft poffible, & pour empêcher qu'elle ne refte difperfée dans
l'eau, on ne peut éviter totalement cette difperfion de l'Huile : ce qui eft caufe
que l'eau qui monte dans la diftillation
avec l'Huile, eft toujours plus ou moins
laiteufe, & fort odorante, lors même
qu'elle eft féparée d'avec l'Huile effentielle. Mais cette portion d'Huile & de
principe odorant que retient l'eau qui a
fervi à ces fortes de diftillations, n'eft
point perdue pour cela : cette eau chargée de ces principes participe des propriétés de la plante dont on a retiré
l'Huile effentielle, & peut être employée
en Médecine : elle eft connue dans la
Pharmacie fous le nom d'*Eau diftillée
des plantes*.

La même eau peut encore être employée avec fuccès pour fervir à une autre diftillation de l'Huile effentielle, d'u-
ne nouvelle plante de la même efpece,
parceque les parties huileufes & odorantes dont elle eft chargée, fe joignant
avec celles que lui fournit la nouvelle

plante, forment des molécules plus grof-
fes qui peuvent fe réunir plus facilement,
fe dégager d'avec l'eau , & augmenter
par conféquent la quantité de l'Huile.
La même eau peut ainfi toujours fervir
à de nouvelles diftillations ; & plus elle
a fervi, plus on l'employe avec avantage.

Si , quand il ne monte plus d'Huile
effentielle, on continuoit la diftillation ,
& qu'on changeât de récipient, la liqueur qui pafferoit alors ne feroit plus
laiteufe, mais limpide. Elle n'auroit plus
l'odeur de la plante ; mais une odeur tirant fur l'aigre : c'eft effectivement une
partie de l'Acide de la fubftance végétale qu'on diftille , laquelle s'éleve auffi
à la chaleur de l'eau bouillante, lorfque
l'Huile effentielle eft paffée.

Quand on veut conferver l'eau diftillée qui a fervi de véhicule à l'Huile effentielle, & qu'on la deftine à être employée
comme médicament, il faut avoir grand
foin d'arrêter la diftillation avant que ce
phlegme acide commence à s'élever ; car
s'il fe mêloit avec l'eau diftillée , il la gâ-
teroit, & l'empêcheroit de fe conferver,
parcequ'il contient vraifemblablement
des parties mucilagineufes fufceptibles
de putréfaction.

IV. PROCÉDÉ.

Retirer les Huiles essentielles des plantes par la distillation per descensum.

RÉDUISEZ en poudre ou en pâte les matieres végétales dont vous voudrez. retirer l'Huile essentielle par le moyen proposé. Mettez-les dans un linge fin & serré, à la hauteur d'un demi-pouce. Si les matieres sont séches & dures, exposez le linge qui les contient à la vapeur de l'eau bouillante, jusqu'à ce qu'elles soient humectées & amollies. Placez ensuite le linge sur l'ouverture d'un vaisseau de verre cylindrique fort élevé, qui doit servir de récipient dans cètte distillation, & assujétissez-le, par le moyen d'un fil fort ou d'une petite ficelle, avec lequel vous appliquerez les bords du linge sur le vaisseau cylindrique par plusieurs tours circulaires, de maniere que ce morceau de toile ne soit point tendu bien fort, & qu'il puisse céder à un poids léger, en s'enfonçant de cinq à six lignes dans le vaisseau sur lequel il est assujéti. Mettez ce récipient dans un plus grand vaisseau qui contienne de l'eau froide, en telle quantité qu'elle atteigne à la moitié de la hauteur du vase qui y sera plongé, lequel n'étant rempli que d'air, doit être chargé de plomb de manière qu'il plonge jusqu'au fond de l'eau.

Placez sur le linge qui contient les matieres à distiller, une capsule de fer ou de cuivre, évasée & profonde de cinq à six lignes, qui puisse entrer juste dans l'orifice du vaisseau de verre sur lequel le linge est ajusté, & le fermer exactement. Emplissez cette capsule de cendres chaudes, sur lesquelles vous entretiendrez plusieurs charbons allumés. Vous verrez, peu de temps après, des vapeurs qui sortiront du linge, & rempliront le récipient, & des gouttes de liqueur qui se formeront à la partie inférieure du linge, & tomberont dans le vaisseau. Entretenez une chaleur douce & égale, jusqu'à ce que vous voyiez qu'il ne sort plus rien. Découvrez alors le récipient : vous y trouverez deux liqueurs distinctes l'une de l'autre, dont l'une est le phlegme, & l'autre l'Huile essentielle de la substance que vous aurez distillée.

REMARQUES.

L'appareil de diſtillation dont nous venons de donner la deſcription, eſt très-commode, lorſqu'on manque des vaiſſeaux néceſſaires pour diſtiller avec l'eau, ou que l'on veut avoir beaucoup plus promptement l'Huile eſſentielle de certaines matieres végétales. Les parties aqueuſes & huileuſes des matieres qu'on diſtille ainſi, étant raréfiées par la chaleur du feu qu'on met deſſus, ne peuvent s'élever & monter en haut, parce-qu'elles ſont exactement enfermées, & que d'ailleurs le feu qui les raréfie occupant en entier la partie ſupérieure du vaiſſeau dans lequel elles ſont contenues, elles ſont obligées de s'en éloigner, & de chercher l'endroit le plus favorable à leur condenſation : ce qui les détermine à deſcendre dans le récipient, dans lequel elles trouvent une fraîcheur qui les y retient, & les y condenſe. C'eſt pour favoriſer cette condenſation que nous avons preſcrit de tenir la partie inférieure du récipient plongée dans l'eau froide.

Les Clous de Gérofle ſont une des ſubſtances deſquelles on retire le plus commodément l'Huile essentielle par cette méthode. On peut retirer aussi , par par le même moyen , l'Huile essentielle des écorces des Limons, des Citrons, des Oranges , celle de la Muscade , & de plusieurs autres matieres végétales : mais il faut prendre garde de donner une chaleur trop forte ; car alors l'Huile , au lieu d'être blanche & limpide, prend une couleur rouge , brune foncée , noirâtre, se brûle & sent l'empyreume : & si on ne donne pas le degré de chaleur convenable, on n'en retire presque pas. Il est plus sûr , & il vaut mieux par cette raison , employer la distillation avec l'eau dans l'alembic. Aussi ne se sert-on ordinairement de la distillation *per descensum* , que pour en voir l'effet par curiosité , ou dans des cas pressans , qui ne permettent pas qu'on fasse autrement.

V. PROCÉDÉ:

Infusions , Décoctions , Extraits des Plantes.

FAITES chauffer de l'eau jusqu'à ce qu'elle soit bouillante. Retirez-la pour lors du feu. Auffitôt qu'elle commencera à ne plus bouillir, verfez-la fur la plante dont vous voudrez tirer l'infufion; & qu'il y en ait une quantité fuffifante pour que la plante puiffe y être plongée entierement. Couvrez le vaiffeau dans lequel eft la plante, & laiffez-la infufer l'efpace d'une demi-heure, ou plus long-temps, fi elle eft d'un tiffu dur & ferré : verfez après ce temps par inclination l'eau dans laquelle la plante aura infufé. Cette eau aura acquis une partie de la couleur, de l'odeur, de la faveur & des vertus de la plante. C'eft ce qu'on nomme *Infufion*.

Pour faire la décoction d'une matiere végétale, mettez-la dans un vafe de terre, ou de cuivre étamé, avec une quantité d'eau fuffifante pour foutenir l'ébullition pendant plufieurs heures, fans laiffer aucune partie de la plante à fec. Faites bouillir plus ou moins long-temps, fuivant la nature de la plante. Verfez enfuite l'eau par inclination. Cette eau eft chargée de plufieurs des principes de la plante, defquels nous allons parler dans les remarques.

REMARQUES.

L'eau, sur-tout lorsqu'elle est bouillante, est en état de dissoudre non-seulement ce qu'il y a de purement salin dans les Végétaux, mais encore une quantité assés considérable de leur Huile & de leur terre, qui par l'union qu'ils ont contractée avec les parties salines, ont formé des composés savoneux, gommeux & mucilagineux, dissolubles dans l'eau. Il ne reste donc de la plante, après une longue & forte décoction, que les parties huileuses les plus pures & les plus fixes, c'est-à-dire, les plus étroitement liées avec la terre de cette plante. Je dis les plus fixes ; car une partie des matieres huileuses, quoiqu'indissolubles dans l'eau, peut être emportée par l'action de l'eau bouillante, lorsque ces matieres sont fort abondantes dans le Végétal dont on fait la décoction, comme nous avons vu que cela arrive à l'égard des Huiles grasses de certaines matieres végétales ; mais dans ce cas, ces matieres huileuses surnagent la décoction, & n'en font point partie.

On doit être convaincu, par ce que nous avons déja dit sur l'analyse des

plantes, que si celles dont on fait la décoction, sont odorantes, & contiennent
de l'Huile essentielle, la décoction de
ces plantes, ne contiendra point, ou du
moins que très-peu, de leur Huile essentielle, & du principe de leur odeur,
puisque nous sçavons que ces substances
ne peuvent supporter la chaleur de l'eau
bouillante, sans être enlevées & entierement dissipées. Ainsi, quand on fait la
décoction d'une plante aromatique, &
pourvue d'Huile essentielle, on peut
être assuré que cette décoction ne parti-
cipera point des vertus de la partie odorante, ni de l'Huile essentielle, & qu'elle n'aura que celle des autres principes
plus fixes de la plante dont elle a pu se
charger. La décoction de ces sortes de
plantes est absolument semblable à l'eau
qui reste dans la cucurbite après qu'on
en a distillé l'Huile essentielle. Mais pour
les plantes qui n'ont point de ces parties volatiles, ou du moins dont la vertu ne réside point dans ces principes,
les astringentes, par exemple, & les
émollientes, qui ne doivent leurs propriétés qu'à un Sel terreux, ou à un
mucilage, elles peuvent communiquer
toute leur vertu à l'eau dans laquelle

on les fait infuſer ou bouillir.

Si d'un côté les Sels des plantes ren-dent diſſolubles dans l'eau une portion des principes de ces mêmes plantes, tels que leur Huile & leur terre, qui s'ils étoient purs, ne s'y diſſoudroient point; de l'autre, ces principes diſſolubles dans l'eau par leur nature, empêchent les Sels, par l'union qu'ils ont contractée avec eux, de s'y diſſoudre auſſi facile-ment, auſſi promptement, & en auſſi grande quantité que s'ils étoient purs. Auſſi il s'en faut bien que l'eau, même par une forte & longue ébullition, ne tire des plantes tout ce qu'elle en peut diſſoudre. Si après avoir fait bouillir une plante dans l'eau pendant pluſieurs heu-res, comme nous l'avons dit dans le procédé, on retire cette eau, qu'on en remette de nouvelle, & qu'on faſſe une ſeconde décoction pareille à la premie-re, l'eau de cette ſeconde decoction ſe-ra après ce temps preſque auſſi chargée des principes de la plante que la pre-miere. M. Boerhaave a été obligé de faire juſqu'à vingt décoctions ſucceſſives d'une même plante, (c'étoit du Roma-rin,) avant d'avoir pu parvenir à retirer de deſſus cette plante l'eau ſans couleur, fans faveur ; en un mot, telle qu'elle étoit avant qu'il y eût fait bouillir la plante.

M. Boerhaave remarque qu'une plante, après avoir ainfi fourni tout ce que l'eau peut diffoudre de fa fubftance, conferve encore exactement la même figure qu'elle avoit avant d'avoir fouffert toutes les ébullitions qui font néceffaires pour l'épuifer ; que fa couleur, de verte qu'elle étoit d'abord, devient brune ; & que cette plante, qui étant verte étoit plus légere que l'eau, ou du moins s'y foutenoit, eft après cela plus pefante, & tombe au fond. C'eft une preuve que l'eau a tiré de la plante les fubftances les plus légeres, à la place defquelles elle s'eft fubftituée elle-même, & qu'elle n'y a laiffé que les principes les plus pefans, fçavoir, l'Huile fixe, & la terre. Nous examinerons ci-après plus particulierement ce réfidu des plantes épuifées par l'eau.

Les infufions & décoctions des plantes, filtrées & évaporées à une douce chaleur, deviennent des extraits qui peuvent fe conferver pendant des années entieres, fur-tout s'ils font évaporés en confiftence épaiffe ; & encore mieux, s'ils le font jufqu'à ficcité

Il fuit de ce que nous avons dit fur les infufions, les décoctions, & les extraits des plantes 1°. que les infufions & dé-coctions des plantes aromatiques ne font point propres à fournir un extrait com-plet de ces plantes, parcequ'elles ne con-tiennent point les parties volatiles & odorantes, dans lefquelles réfide ordi-nairement la principale vertu de ces plantes. Si donc on veut faire des ex-traits de ces fortes de Végétaux, aufquels il ne manque rien, il faut fe fervir de leur fuc tiré par expreffion, ou de l'eau qui s'eft chargée de leur principe par le fecours de la trituration, & faire évapo-rer ces liqueurs, diftribuées fur un grand nombre d'affiettes, afin qu'elles aient plus de furface, & que l'évaporation foit plus prompte à la feule chaleur du foleil, ou d'une étuve bien tempérée.

2°. On doit encore conclure que l'eau feule, & le degré de chaleur qu'elle peut prendre lorfqu'elle eft bouillante, ne fuffifent pas pour faire une analyfe com-plette des plantes, puifque non-feule-ment il refte encore des principes com-binés dans les plantes, qui font épuifées par l'eau bouillante ; mais même que

plufieurs des fubftances que l'eau en retire, ne font que des compofés d'une
partie des principes de la plante, fufceptibles d'une analyfe beaucoup plus exacte, comme nous allons nous en convaincre, en examinant les effets que peut
produire un degré de chaleur fupérieur
à celui de l'eau bouillante, tant fur les
plantes entieres, que fur leurs extraits,
& fur leurs réfidus épuifés autant qu'ils
peuvent l'être par l'eau bouillante.

Mais avant de paffer à cette fuite d'a-
nalyfe, il eft bon que nous parlions des
expériences & des combinaifons qu'on
peut faire avec les principes que nous
avons déja retirés, pour en reconnoître
la nature, & les analyfer en quelque forte eux-mêmes. C'eft particulierement
les Huiles effentielles qui méritent cet
examen.

On retire encore de certaines plantes, à un degré de chaleur moindre
que celui de l'eau bouillante, un Alkali volatil, qui y exifte tout formé ; mais
comme ces plantes fourniffent dans l'a-
nalyfe, des principes différens de ceux
qu'on retire de toutes les autres matieres végétales, & qu'elles reffemblent
aux matieres animales, nous parlerons

de leur analyse dans un Chapitre particulier.

CHAPITRE V.

Des opérations qui se font sur les Huiles essentielles.

PREMIER PROCÉDÉ.

Rectification des Huiles essentielles.

Mettez dans une cucurbite l'Huile essentielle que vous voudrez rectifier. Placez cette cucurbite dans un bain-marie. Ajustez sur cette cucurbite un chapiteau d'étain ou de cuivre étamé, garni de son réfrigérent, & luttez-y un récipient. Faites bouillir l'eau du bain, & entretenez cette chaleur jusqu'à ce qu'il ne passe plus rien. Vous trouverez dans le récipient, lorsque la distillation sera achevée, une Huile essentielle rectifiée, qui sera d'une couleur moins foncée, plus tenue, & d'une odeur plus suave qu'elle n'étoit avant d'avoir été ainsi redistillée, & il y aura au fond de la cucurbite une matiere d'une couleur plus foncée, tenace, resi-
neuse

neufe, & d'une odeur beaucoup moins
agréable.

REMARQUES.

Les Huiles effentielles, les plus pures,
les mieux faites, les plus tenues, éprouvent de grands changemens & de grandes altérations lorfqu'elles vieilliffent :
elles s'épaififfent peu à peu, deviennent
réfineufes ; leur odeur douce & fuave fe
perd, & fe change en une odeur beaucoup moins agréable, qui a quelque reffemblance avec celle de la Thérébentine. Ces changemens leur arrivent, parceque leur partie la plus tenue & la plus
volatile, celle qui contient la plus grande quantité de principe odorant, fe diffipe, & fe fépare d'avec celle qui en contient moins, qui par-là devient plus épaiffe, & s'approche d'autant plus de la nature d'une réfine, que la quantité d'Acide qui étoit diftribuée dans toute l'Huile
avant la diffipation de la partie la plus
volatile, fe trouve après cette diffipation réunie & concentrée dans la partie
la plus pefante ; cet Acide des Huiles
étant infiniment moins volatil que leur
partie odorante, à laquelle feule elles
doivent leur légereté.

On voit par-là quelles font les précautions qu'on doit prendre pour conferver les Huiles effentielles fans altération le plus long-temps qu'il eft poffible. Il faut qu'elles foient dans une bouteille bouchée exactement, & toujours dans un lieu frais, parceque la chaleur diffipe promptement les parties volatiles. Quelques Auteurs prefcrivent même de les tenir plongées fous l'eau.

Ces Huiles ainfi épaiffies, & rendues réfineufes par la vétufté, ne font point encore abfolument fans reffource pour cela. Nous verrons dans l'analyfe des Baumes & des Réfines, qu'on peut tirer de ces fubftances épaiffes, & même folides, des Huiles effentielles auffi tenues & auffi limpides que celles qu'on retire des plantes. On peut donc traiter les Huiles effentielles épaiffies par le temps, de même que les Baumes, & en faire une véritable analyfe, en féparant ce qu'elles contiennent encore de fubtil & d'odorant, d'avec la matiere épaiffe & acide. Il ne faut pour cela que les diftiller à une chaleur qui ne foit point affez forte pour enlever cette matiere épaiffe, & qui ne puiffe faire paffer dans la diftillation que la partie tenue & odorante.

La matiere qui reste au fond du vaisseau, & qui n'a pu s'élever dans la distillation, est beaucoup plus épaisse & moins odorante que n'étoit l'Huile avant la rectification. La raison en est évidente, & suit de ce que nous venons de dire. Cette résidence se dissout plus facilement, & en plus grande quantité dans l'Esprit-de-vin, que l'Huile légere qu'on en a retirée, parcequ'elle est plus chargée d'Acide, & que c'est à leur partie acide, comme nous l'avons prouvé dans le Mémoire sur les Huiles déja cité, que les Huiles doivent leur dissolubilité dans ce menstrue.

Nous verrons plus particulierement, lorsque nous traiterons des Résines, ce que c'est que ce résidu, & quels sont les principes qu'il fournit dans l'analyse : il nous suffit de dire pour le présent, que quoique l'Huile dont il faisoit partie, se soit élevée toute entiere à la chaleur de l'eau bouillante, il ne peut plus cependant passer dans la distillation à ce degré de chaleur, parcequ'il n'est plus combiné avec le principe de l'odeur, qui donne la volatilité à l'Huile, & qu'il est appesanti par la quantité d'Acide dont il est surchargé.

On fent aifément, par ce que nous avons dit jufqu'à préfent, que les Huiles effentielles doivent fouffrir dans la rectification un déchet confidérable. Il eft proportionné à la quantité de matiere réfineufe qui refte après la rectification. Toute cette matiere réfineufe, lorfqu'elle étoit combinée avec une fuffifante quantité du principe de l'odeur de la plante, c'eft-à-dire, dans le temps de la diftillation, ou peu après, étoit de véritable Huile effentielle : elle n'a donc changé de nature que par la perte qu'elle a fait de ce principe.

L'Huile effentielle, après fa rectification, eft encore fujette aux mêmes changemens & altérations qu'avant, parcequ'elle ne ceffe de perdre peu à peu fon principe odorant : elle a donc befoin, au bout d'un certain temps, d'une feconde rectification qui en diminue la quantité. Enfin, on voit qu'en un certain nombre d'années, plus ou moins grand fuivant la nature des Huiles, & la maniere dont elles font confervées, elles doivent changer entierement de nature, & être métamorphofées en matiere réfineufe, de laquelle on ne peut plus retirer d'Huile tenue à la chaleur de l'eau bouillante : ce qui est une preuve de la fugacité (s'il est permis de se servir de ce terme) du principe odorant ou Esprit recteur des plantes , qui , uni à la partie la plus légere de leurs Huiles , leur donne le caractère d'Huile essentielle.

Cette matiere résineuse à laquelle se réduisent enfin les Huiles essentielles , peut à la vérité par des distillations réitérées , faites à un degré de chaleur supérieur à celui de l'eau bouillante , fournir encore une certaine quantité d'une Huile tenue , limpide , d'une odeur suave , & aussi légere qu'une Huile essentielle , comme nous avons vu que cela arrive aux Huiles grasses tirées par expression ; mais l'Huile tenue qu'on obtient par ce moyen , quoiqu'ayant presque toutes les propriétés d'une Huile essentielle , n'en est cependant point une véritable , puisqu'elle n'a point la même odeur que la plante dont elle est originaire.

La rectification des Huiles essentielles doit être faite au bain-marie , ainsi qu'il est prescrit dans le procédé , parceque comme une partie de l'Huile qu'on rectifie touche aux parois du vaisseau , si ce vaiſſeau éprouvoit un degré de chaleur ſupérieur à celui de l'eau bouillante, on feroit monter la matiere épaiſſe avec l'Huile tenue, & l'Huile ne feroit point rectifiée.

La rectification ſert non-ſeulement à donner aux Huiles eſſentielles la ténuité & la légereté qu'elles ont perdues en vieilliſſant ; mais encore à les ſéparer d'avec les autres matieres huileuſes, par le mélange deſquelles elles pourroient être altérées. Si, par exemple, une Huile eſſentielle avoit été mal diſtillée ; qu'une trop grande quantité de Sel eût fait prendre à l'eau un degré de chaleur ſupérieur à celui de l'eau bouillante pure, & qu'en conſéquence une partie de l'Huile peſante de la plante fût montée avec l'Huile eſſentielle, & ſe fût mêlée avec elle, on pourroit par la rectification ſéparer l'Huile eſſentielle d'avec cette Huile étrangere, qui comme plus peſante & incapable de s'élever au degré de chaleur de l'eau pure bouillante, demeureroit ſeule au fond du vaiſſeau.

Il en feroit de même ſi l'Huile eſſentielle étoit falſifiée par le mélange de quelque Huile graſſe, comme cela arrive ſouvent ; parceque comme il y en a qui font extrêmement cheres , ceux qui les vendent y mêlent fouvent une Huile graffe , pour en augmenter la quantité. C'eft ordinairement celle de Been dont ils fe fervent pour cela.

On reconnoît qu'une Huile effentielle eft ainfi falfifiée par le mêlange d'une Huile graffe, en en jettant quelques gouttes dans de l'Efprit-de-vin rectifié. Car dans ce cas l'Efprit-de-vin ne diffout que l'Huile effentielle , & l'Huile graffe demeure en entier fans être attaquée par cet Efprit.

Quelquefois on falfifie les Huiles effentielles en y mêlant une certaine quantité d'Efprit-de-vin. Cette fraude ne diminue en rien l'agrément de leur odeur , au contraire, elle devient par-là en quelque forte plus fuave & plus pénétrante. Pour éprouver une Huile qu'on foupçonne être falfifiée de cette maniere , il faut en jetter quelques gouttes dans de l'eau bien claire. S'il fe forme dans l'eau un nuage laiteux , on peut être affuré que l'Huile eft mêlée avec de l'Efprit-de-vin. Cette liqueur qui fe joint plus facilement avec l'eau qu'avec l'Huile, abandonne l'Huile avec laquelle elle étoit mêlée , pour s'unir avec l'eau ; & cela ne fe peut faire fans qu'une bonne partie de l'Huile qui étoit diffoute par l'Efprit-de-vin , & qui en eft féparée par l'interme-de de l'eau , ne demeure difperfée dans cette eau en parties fort petites , qui forment le nuage laiteux qu'on voit paroître dans cette occafion.

Les Huiles effentielles peuvent encore être altérées par le mêlange d'une autre Huile effentielle beaucoup plus commune , & bien moins chere. C'eft ordinairement l'Huile de Thérébéntine , qui comme étant à bon marché , & ayant beaucoup de ténuité , eft employée par ceux qui veulent faire cette fraude. On la découvre facilement , en trempant dans l'Huile qu'on croit être ainfi falfifiée un petit morceau de linge qu'on approche enfuite un peu du feu , lequel diffipe bientôt la partie odorante de l'Huile falfifiée. Cette odeur qui empêchoit qu'on ne diftinguât celle de l'Huile de Thérébentine , étant diffipée , l'odeur particuliere à la Thérébentine , qui eft beaucoup plus tenace , demeure feule , & fe fait fentir alors de maniere qu'il eft fort aifé de la reconnoître.

Les perfonnes qui font dans l'habitude de voir & d'examiner fouvent des

Huiles effentielles, n'ont pas befoin le
plus fouvent d'avoir recours aux épreuves que nous venons d'indiquer pour en
reconnoître la bonté. Un certain degré
d'épaiffiffement mêlé d'onctuofité, dans
une Huile effentielle, leur fait connoître que cette Huile eft falfifiée avec une
Huile graffe, une ténuité plus grande,
& une odeur plus pénétrante que ne
doit avoir une Huile effentielle pure,
découvre le mêlange de l'Efprit-de-vin.
Enfin, pour le peu qu'on ait de fineffe
dans l'organe de l'odorat, on difcerne
facilement l'odeur de l'Huile de Thérébentine, quoique mafquée par celle de
l'Huile effentielle avec laquelle on l'a
mêlée.

II. PROCÉDÉ.

*Enflammer les Huiles en-les combinant
avec des Acides très-concentrés. Soit
prife pour exemple l'Huile de Thérébentine.*

MEslez enfemble dans un verre
parties égales d'Huile de Vitriol
concentrée, & d'Efprit de Nitre très-
fumant, & nouvellement fait ; verfez à

plusieurs reprises , mais très-promptement, ce mélange sur trois parties d'Huile de Thérébentine que vous aurez d'a-
bord mise dans une capsule de verre. (Il
faut que ce qu'on entend ici par partie ,
soit au moins la dose d'un gros.) Il s'excitera aussitôt dans ces liqueurs un mouvement très-violent, accompagné de fumée , & le tout prendra feu dans le même
instant , s'enflammera & se consumera.

REMARQUES.

La Chymie ne nous offre point de
phénomène plus singulier & plus étonnant, que l'inflammation des Huiles par
le mélange des Acides. On n'auroit jamais soupçonné que le mélange de deux
liqueurs froides dût produire une inflammation subite , violente , brillante
& durable , telle que celle dont il est à
présent question. Becker a publié dans
sa *Physique souterraine* , qu'on pourroit
enflammer l'Esprit-de-vin très-rectifié en
le mélant avec de l'Huile de Vitriol très-
concentrée.

Depuis lui , Borrichius , Chymiste
Danois , a donné un procédé pour enflammer l'Huile de Thérébentine , en la
mélant avec l'Acide nitreux. Ce procé-

dé eſt rapporté dans les actes de Coppenhague, année 1671. La plupart des Chymiſtes ont eſſayé depuis de répéter ces expériences, & ſur-tout d'enflammer l'Huile de Thérébentine en la mêlant avec l'Huile de Vitriol ou avec l'Eſprit de Nitre ; mais inutilement, lorſqu'ils ſe ſont ſervi de l'Huile de Vitriol, juſqu'à M. Homberg, qui aſſure, dans les Mémoires de l'Académie des Sciences, année 1701. pag. 98. & 99. qu'il a enflammé l'Huile de Thérébentine, en la mêlant avec l'Huile de Vitriol.

Il demande, pour la réuſſite de l'expérience, que *l'Huile de Vitriol ſoit déphlegmée autant qu'il eſt poſſible, & que l'Huile de Thérébentine ſoit la derniere qui paſſe dans la diſtillation, c'eſt-à-dire, celle qui eſt épaiſſe comme du ſyrop, & de couleur rouſſe. Car celle qui eſt blanche, & qui vient dans le commencement de la diſtillation, ne s'enflamme jamais.* Ce ſont ſes propres termes que j'ai rapportés. Il a, comme on le voit, fait réuſſir l'expérience de Becker.

M. de Tournefort avoit, peu de temps avant M. Homberg, réuſſi à enflammer, non pas l'Huile de Thérébentine, qu'il avoit toujours manquée, mais l'Huile de bois de Saffafras, en la mêlant avec partie égale d'Efprit de Nitre bien déflegmé. M. Homberg parvint dans la fuite, comme on le voit dans les Mémoires de l'Académie, année 1702. à enflammer avec l'Efprit de Nitre, les autres Huiles effentielles des plantes aromatiques des Indes, & M. Rouviere, en 1706. enflamma avec l'Efprit de Nitre, l'Huile empyreumatique de Gayac. Dans cette inflammation de l'Huile de Gayac, on voit fortir du fein des flammes un corps rare & fpongieux qui s'élève environ deux pieds au-deffus du vaiffeau.

Enfin, plufieurs années après toutes ces découvertes, MM. Geoffroy & Hofman, l'un à Paris, l'autre à Hall en Saxe, trouverent le moyen d'enflammer l'Huile æthérée de Thérébentine, chacun par un procédé différent, qui conviennent cependant entre eux, en ce que ces Meffieurs uniffent l'Acide vitriolique avec l'Acide nitreux, & que c'eft avec cet Acide mixte qu'ils enflamment cette Huile effentielle æthérée, qui eft une des plus tenues, & vraifemblablement pour cela même une des moins propres à produire de la flamme avec les Acides.

Les plus célebres Chymistes , comme
on le voit par le récit abrégé que je
viens de faire, se sont exercés sur l'inflammation des Huiles essentielles ; mais per-
sonne n'avoit travaillé dans la même vue
sur les Huiles grasses. On n'avoit pas
même soupçonné que ces Huiles fussent
susceptibles de s'enflammer de cette maniere , jusqu'en l'année 1745. que je lus
à l'Académie un Mémoire sur les Huiles , duquel j'ai déja parlé , où je m'exprime ainsi.

» J'ai mis deux onces & demie d'Hui-
» le de noix dans le fond d'une cornue
» cassée , qui avoit la figure d'une ca-
» lote , ou d'un hémisphère creux ; &
» j'ai versé dessus deux onces d'Esprit
» de Nitre fumant. A peine y fut-il ,
» qu'il s'excita un bouillonnement con-
» sidérable , avec une fumée très-épais-
» se : & comme cela alloit toujours en
» augmentant , & même fort vîte , je
» me retirai pour examiner sans danger
» ce qui arriveroit. La précaution ne
» fut point inutile ; car aussitôt tout le
» mélange sauta jusqu'au plancher , avec
» un bruit semblable à l'explosion d'une
» arme à feu. Il ne resta dans le vaisseau
» qu'une matiere noire , qui bouillonna

» encore un peu en se répandant , & qui
» à la fin est demeurée très-rare , très-
» spongieuse , & toute criblée de trous ;
» elle avoit même une consistence assez
» grande pour ne se point attacher aux
» doigts lorsqu'on la manioit.

» Comme M. Geoffroy , qui le pre-
» mier a trouvé le moyen d'enflammer
» les Baumes naturels , a observé une
» semblable explosion dans l'inflamma-
» tion de ces Baumes, on voit, par cet-
» te expérience , qu'il s'en est très-peu
» fallu que mon Huile ne s'enflammât :
» ce qui me fait présumer qu'on pour-
» roit réussir à enflammer aussi les Hui-
» les grasses , & par conséquent toutes
» les autres , puisqu'on les a toujours re-
» gardées comme celles qui sont le moins
» propres à produire ce phénomène. Je
» crois qu'il ne s'agit pour cela que
» d'employer des doses assez fortes , &
» de faire en sorte que les liqueurs se tou-
» chent par une grande superficie. »

M. Rouelle a lu depuis à l'Académie
en 1747. un Mémoire sur l'inflammation des Huiles par les Acides. Ce Mémoire contient un grand nombre d'expériences & de manipulations intéressantes & fort bien circonstanciées , des-

quelles il résulte une méthode générale pour enflammer à coup sûr non-seulement les Huiles essentielles, mais même les Huiles grasses quelconques : & par conséquent les conjectures sur la possibilité de l'inflammation de ces dernieres , dont j'ai fait mention dans mon Mémoire de 1745. que je viens de citer , se sont trouvées changées depuis en certitudes. Je m'en vais exposer de quelle maniere je conçois que ces inflammations s'exécutent, & proposer sur la cause de ce phénomène l'explication qui me paroît la plus vraisemblable.

En faisant attention aux phénomènes que présentent les mêlanges des Huiles avec les Acides , je crois qu'il est facile de trouver une explication naturelle de l'inflammation de ces mêmes Huiles. Il est certain , & démontré par les expériences les plus décisives , que le frottement de plusieurs corps les uns contre les autres , produit de la chaleur , & que si ces corps sont combustibles , & que la chaleur produite par leur frottement soit portée jusqu'à un certain point , ils s'enflamment. C'est, je crois, ce qui arrive aux Huiles qu'on mêle avec des Acides concentrés. Ces deux sortes de subſtances ne peuvent s'unir l'une à l'autre avec rapidité , comme elles le font dans les expériences préſentes , qu'il n'y ait un frottement conſidérable entre leurs parties. C'eſt ce frottement qui eſt la cauſe de la chaleur produite dans le temps de cette union. Plus les Acides ſont concentrés , plus ils agiſſent avec activité & rapidité ſur les Huiles , plus la chaleur qui s'excite eſt grande. Si les Acides ſont concentrés au point qu'ils puiſſent produire, en s'uniſſant avec les Huiles , une chaleur égale à celle d'un corps embraſé , il faut néceſſairement que les corps combuſtibles qui l'éprouvent , c'eſt-à-dire, les Huiles , prennent feu & s'enflamment.

La chaleur produite dans cette occaſion eſt ſi grande , que lors même que l'inflammation n'a pas lieu , ſi on appliquoit le doigt ſur la ſurface de l'Huile , auſſitôt après que l'Acide a fait ſon effet, on éprouveroit une brulure comparable à celle que pourroit faire un charbon ardent.

Deux morceaux de bois frottés l'un contre l'autre avec force & rapidité, s'allument. Qui eſt-ce qui prend feu dans cette occaſion ? Ce ne peut être que leur

Huile, puifqu'ils ne contiennent aucun autre principe combuftible. Pourquoi cette Huile s'enflamme-t-elle ? Je ne crois pas qu'il foit poffible d'en-affigner une autre caufe, que la chaleur produite par le frottement des morceaux de bois dont elle fait partie. Si l'Huile difperfée dans un corps duquel elle eft un des principes, mêlée par conféquent avec beaucoup de parties falines, aqueufes & terreufes, qui ne font point inflammables, & qui ne peuvent que diminuer fon inflammabilité, prend feu cependant, & brûle lorfqu'elle éprouve un degré de chaleur affez grand pour cela ; pourquoi cette même Huile féparée du mixte dont elle faifoit partie, réunie en une feule maffe, & débarraffée entierement, ou du moins prefque entierement des parties hétérogènes non combuftibles avec lefquelles elle étoit mêlée, par conféquent plus inflammable qu'elle n'étoit avant, ne prendra-t-elle point feu, fi elle vient à éprouver un degré de chaleur égal, ou même fupérieur, à celui qui eft produit par le frottement de deux morceaux de bois ?

Examinons préfentement les phénomènes que préfentent les inflammations des Huiles par les Acides ; toutes les circonstances qui font favorables ou défavorables à ces inflammations , & voyons s'ils s'accordent avec l'explication que nous venons de propofer.

Premierement , on ne réuffit point à enflammer aucune efpece d'Huile avec aucune forte d'Acide qui n'eft pas bien concentré , parceque les Acides qui ne font pas forts , n'agiffent que foiblement fur les Huiles , les diffolvent lentement , que le frottement n'eft point fort ni prompt , & par conféquent qu'il ne fe produit qu'une chaleur trop foible & bien éloignée du degré de l'ignition.

Secondement , lorfque les Acides & les Huiles font en trop petite dofe , il ne fe produit point d'inflammation , & elle réuffit d'autant plus fûrement , qu'on mêle enfemble une plus grande quantité d'Acide & d'Huile , parceque la chaleur eft en même raifon que le frottement qui la produit , & que la fomme ou quantité de ce frottement eft d'autant plus grande , qu'il y a un plus grand nombre de parties qui fe froiffent en même temps les unes contre les autres. Si donc on ne mêle enfemble qu'une fort petite quantité d'Acide & d'Huile , il n'y aura qu'une fort petite quantité de frottemens , par conséquent une fort petite quantité de chaleur , & deslors point d'inflammation. C'étoit pour éviter ces inconvéniens, & procurer autant qu'il seroit possible les avantages contraires , que dans le passage déja cité de mon Mémoire sur les Huiles , j'ai proposé comme un des moyens capables de faire réussir les inflammations des Huiles grasses, de mêler ensemble de grandes doses d'Acide & d'Huile.

Troisiemement , la figure du vaisseau dans lequel on fait le mêlange des deux liqueurs, n'est point indifférente. Un vaisseau évasé , & qui a un fort grand diametre par rapport à la quantité de liqueur qu'on met dedans , est bien plus favorable à l'inflammation , qu'un vaisseau d'un petit diametre. Elle manqueroit même absolument dans un vaisseau trop étroit , quoiqu'on eût observé d'ailleurs toutes les autres circonstances propres à la faire réussir.

La raison de cela , c'est que l'activité de chaleur produite par le frottement , n'est point en raison du frottement successif, mais en raison du frottement simultané : ensorte que la chaleur actuelle

produite par le frottement de cent parties qui ne se froisseroient que les unes
après les autres dans un intervalle de
temps assez long pour la laisser se perdre
à chaque frottement , ne seroit égale
qu'au frottement d'une seule de ces parties , & que la chaleur actuelle produite
par les frottemens d'un pareil nombre de
parties qui se feroient tous dans le même
instant , seroit égale au frottement de
toutes les parties ensemble , & par conséquent cent fois plus active que l'autre.
(*) Cela posé , il est facile de concevoir
pourquoi un grand vaisseau est infiniment plus favorable à l'inflammation
qu'un petit. Il est certain que deux liqueurs qui se présentent réciproquement
une grande surface , dans l'instant qu'on
les mêle ensemble , se touchent en même
temps dans un bien plus grand nombre

* Je crois que cette proposition ne doit point être
prise à la rigueur , parcequ'il me semble qu'afin que
la chaleur produite par le frottement simultané de cent
parties , fût cent fois plus active que celle qui est produite par le frottement successif d'un même nombre de
parties , il faudroit que ce frottement se fît dans un même point ou centre ; ce qui est impossible. Mais comme
les parties qui se froissent dans le cas dont il s'agit ,
sont voisines & contigues les unes aux autres, il est toujours vrai de dire que la chaleur qui résulte de leur frottement simultané , est beaucoup plus active que celle qui
n'est produite que par un frottement successif : ce qui
suffit pour prouver ce que nous avançons à ce sujet.

de points , que celles qui n'ont l'une &
l'autre qu'une petite fuperficie par laquelle elles puiffent fe joindre : par conféquent,leur union doit fe faire bien plus
rapidement & plus promptement dans le
premier cas que dans le fecond.

C'étoit pour remplir ces vues, & procurer aux liqueurs cette difpofition avantageufe , que j'ai recommandé comme
une chofe très-favorable à l'inflammation des Huiles graffes , de faire enforte
que dans le temps du mêlange , les liqueurs puiffent fe toucher par une grande fuperficie.

Quatriémement, en faifant réflexion
fur les expériences qui ont été faites jufqu'à préfent pour les inflammations des
Huiles par les Acides , on fe convaincra
aifément, que toutes les Huiles n'ont pas
une égale facilité à être enflammées , &
que les Huiles effentielles qui font légeres , æthérées , bien fluides , produifent
moins facilement & moins furement ce
phénomène , que celles du même genre
qui font pefantes & épaiffes,ou du moins
qui s'épaiffiffent promptement par le mêlange des Acides.

M. Homberg dit pofitivement , dans
le paffage que nous avons cité de fon

Mémoire , qu'il n'a jamais pu réuſſir à enflammer avec l'Acide vitriolique l'Huile blanche æthérée de Thérébentine , celle qui paſſe la premiere dans la diſtillation , c'eſt-à-dire , la plus légere : mais que cette inflammation a réuſſi avec ce même Acide , en le mêlant avec *celle qui paſſe la derniere dans la diſtillation , qui eſt épaiſſe comme du ſyrop , & de couleur rouſſe.*

Toutes les expériences qui ont réuſſi ſur les inflammations des Huiles depuis Becker & Borrichius, juſqu'à MM. Geoffroy & Hoffman, ont été faites ſur les Huiles eſſentielles des plantes aromatiques des Indes , qui ſont les plus peſantes qu'on connoiſſe , & ſur l'Huile empyreumatique de Gayac, qui outre qu'elle eſt fort peſante , eſt auſſi très-épaiſſe.

Ces effets ſinguliers s'accordent encore parfaitement avec notre explication. Il eſt certain que les parties d'un fluide peſant cedent plus difficilement à une impulſion ou à un choc , que celles d'un fluide léger ; de même qu'on ne peut douter que les parties d'un fluide épais & viſqueux réſiſtent d'autant plus à leur ſéparation, que ce fluide étant plus épais, approche plus de la nature d'un corps folide, & s'éloigne davantage de celle d'un fluide. Or plus l'Acide trouve de réfiftance dans la féparation & la divifion qu'il eft obligé de faire des parties des Huiles pour les diffoudre, plus il faut que la force & le mouvement qui lui font néceffaires pour furmonter ces obftacles, foient confidérables; l'expérience nous apprenant d'ailleurs, que la denfité & la vifquofité des Huiles ne diminuent point, au moins fenfiblement, la promptitude & l'activité avec lefquelles l'Acide fe joint à elles; plus par conféquent les collifions, les frottemens & la chaleur qui en réfultent doivent être grands; ce qui fait voir clairement pourquoi les Huiles pefantes & épaiffes s'enflamment plus facilement que celles qui font fluides & légeres.

On pourroit nous objecter ici, que les Huiles graffes qui font plus épaiffes & plus pefantes que les Huiles effentielles légeres, s'enflamment cependant plus difficilement. On trouvera facilement la réponfe à cette difficulté, en faifant attention que, lorfque nous difons que les Acides enflamment plus facilement les Huiles pefantes & épaiffes que les Huiles tenues & légeres, cela ne doit

s'entendre que des Huiles du même genre , & sur lesquelles les Acides ont une
action égale , ou du moins à peu près
égale ; c'est-à-dire , de celles qui ne different entre elles précisément que par leur
épaisseur & pesanteur.

Par exemple , M. Homberg qui n'a
pu réussir à enflammer , avec l'Huile de
Vitriol , la premiere Huile de Thérébentine qui s'éleve dans la distillation , est
parvenu à enflammer avec le même Acide , celle qui passe la derniere ; & c'est
avec raison que nous attribuons la réussite de l'inflammation de cette derniere
Huile , à ce qu'elle est plus épaisse & plus
pesante que la premiere , parceque ces
deux Huiles sont d'ailleurs de même nature ; que les Acides ont une action égale sur l'une & sur l'autre , & qu'elles ne
different entre elles que par les qualités
dont nous venons de parler.

Mais il est évident que si les Huiles
qu'on veut comparer ensemble , sont de
différentes especes , & qu'elles soient différentes les unes des autres , non-seulement par leur épaisseur & leur pesanteur , mais même parcequ'elles contiennent des principes différens , ou du
moins différemment combinés , & en
différente

différente proportion, l'action des Acides sur ces Huiles doit aussi être différente, & qu'on doit avoir égard à cela lorsqu'on veut déterminer leur degré d'inflammabilité.

Or tout ceci est applicable aux Huiles grasses, comparées aux Huiles essentielles légeres par rapport à leur inflammabilité. Si toutes ces Huiles étoient de même nature ; qu'elles ne différassent les unes des autres que par leur pesanteur & leur épaisseur, l'objection tirée des Huiles grasses, qui, quoique plus épaisses que les Huiles essentielles, s'enflamment cependant plus difficilement, seroit très-bonne, & ce fait ne s'accorderoit point avec notre explication : mais il s'en faut bien que cela soit ainsi ; les propriétés des Huiles grasses, & leur analyse, démontrent qu'elles sont d'une nature bien différente de celle des Huiles essentielles ; qu'il entre plus d'eau dans leur composition, & qu'elles sont chargées d'un principe mucilagineux ou gommeux, qui ne peut que nuire beaucoup à leur inflammabilité, & émousser considérablement l'action des Acides sur elles.

Aucun des effets qui accompagnent

les inflammations des Huiles ne répugne, comme on voit, avec l'explication que nous donnons de ce phénoméne, un des plus beaux que nous fourniſſe la Phyſique. Il ne nous reſte plus, pour finir cette matiere importante, qu'à dire un mot des effets que produit l'Acide vitriolique dans ces inflammations.

Cet Acide, quoique plus puiſſant & ſuſceptible d'un plus grand degré de concentration que l'Acide nitreux, paroît cependant moins propre que ce dernier à produire de la flamme avec les Huiles. A la vérité M. Homberg a enflammé l'Huile de Thérébentine, en la mêlant avec l'Huile de vitriol; mais je ne ſçache pas que cette expérience ait réuſſi à aucun autre Chymiſte : aucontraire, la plupart de ceux qui ont travaillé ſur cette matiere, aſſurent qu'ils n'ont pu réuſſir à enflammer aucune Huile avec cet Acide pur.

Il en eſt apparemment des Huiles, à l'égard de ces deux Acides, comme des ſubſtances métalliques. On ſçait que l'Acide nitreux diſſout ces ſubſtances avec infiniment plus d'activité & de violence, que ne le fait l'Acide vitriolique, ce qui peut dépendre ou de la diſpoſition &

configuration de leurs parties, ou de la portion de phlogiftique qui, comme le croyent la plupart des Chymiftes, eft unie à l'Acide nitreux, le caractérife fingulierement, & eft la caufe de la grande activité avec laquelle il diffout prefque toutes les matieres qui contiennent du phlogiftique.

Je dis prefque toutes les matieres qui contiennent du phlogiftique, parcequ'il y a effectivement des fubftances qui en contiennent beaucoup, fur lefquelles l'Acide nitreux (pur, bien entendu,) n'a cependant aucune action. Ces fubftances font les matieres exactement charboneufes, c'eft-à-dire, celles qui peuvent foutenir la plus grande violence du feu dans les vaiffeaux fermés, fans qu'on puiffe en retirer un feul atôme d'Huile ; qui brûlent prefque toutes en rougiffant feulement, fans donner de flamme ; ou du moins qui n'en produifent qu'une fort petite, très-légere, & de laquelle il eft impoffible de retirer la moindre partie de fuye, ou de fuliginofité ; qui ne contiennent, en un mot, de matiere inflammable, que celle qui eft propre à entrer dans la compofition des fubftances métalliques & du Soufre, à laquelle eft particulierement affecté le nom de Phlogistique.

Je dis donc que si on verfoit de l'Acide nitreux fur une matiere qui ne fût qu'un charbon pur, & bien décidé, il feroit impossible à cet Acide, quelque concentré qu'il fût, de faire prendre feu à ce charbon, quand même il auroit déja le plus grand degré de chaleur qu'il puisse avoir fans être embrasé : & ce qui est encore plus remarquable, c'est qu'un charbon même actuellement embrasé plongé dans l'esprit de Nitre le plus fumant s'éteint comme si il étoit plongé dans l'eau pure.

Mais revenons à notre Acide vitriolique. Il est affés singulier, que cet Acide qui agit fur les Huiles avec moins d'activité, & paroît, à caufe de cela, moins propre à les enflammer que l'Acide nitreux, facilite cependant beaucoup leur inflammation, lorfqu'il est mêlé avec ce même Acide nitreux. Cela peut venir, ou de ce qu'il rend les Huiles avec lefquelles il fe mêle, plus pefantes & plus épaisses ; ou, comme le conjecture M. Rouelle, avec beaucoup de vraifemblance, de ce qu'étant plus concentré que l'Acide nitreux, & ayant plus d'affinité que lui avec l'eau, il eſt en état de le déphlegmer, & d'augmenter ainſi ſon activité ; ou enfin, cela arrive par quelqu'autre raiſon qui nous eſt encore inconnue, la même, peut-être, pour laquelle l'Acide du Nitre & celui du Sel marin, qui chacun ſéparément, & lorſqu'ils ſont bien purs, ſont hors d'état de diſſoudre l'or, font de ce métal une diſſolution parfaite, lorſqu'ils ſont combinés enſemble.

III. PROCÉDÉ.

Combiner les Huiles eſſentielles avec le Soufre minéral. Baume de Soufre. Décompoſition de cette combinaiſon.

METTEZ une partie de fleurs de Soufre dans un matras : verſez par-deſſus ſix parties d'une Huile eſſentielle, de Thérébentine, par exemple : placez le matras ſur un bain de ſable : échauffez-le par degrés juſqu'à ce que l'Huile ſoit bouillante. Le Soufre qui ſera au fond du matras commencera d'abord à ſe fondre, & paroîtra ſe diſſoudre dans l'Huile. Quand elle aura ainſi bouilli environ pendant une heure, retirez le ma-

tras de deſſus le feu , & laiſſez refroidir
la liqueur. Une bonne partie du Soufre
qu'elle tenoit en diſſolution s'en ſépare-
ra à meſure qu'elle ſe refroidira , & ſe dé-
poſera au fond du vaiſſeau , en forme
d'aiguilles , à peu près comme un Sel qui
ſe criſtaliſe dans l'eau.

Quand la liqueur ſera parfaitement
froide , décantez-la de deſſus le Soufre
qui ſe trouvera au fond du vaiſſeau , &
remettez avec ce Soufre de nouvelle
Huile de Thérébentine. Procédez comme la premiere fois. Le Soufre diſparoîtra encore , & ſe diſſoudra dans l'Huile ;
mais quand le mêlange ſera refroidi ,
vous verrez de nouveaux criſtaux de
Soufre ſe dépoſer au fond du vaiſſeau.
Décantez une ſeconde fois l'Huile de
deſſus les criſtaux , & reverſez - en de
nouvelle pour continuer la diſſolution ,
toujours ſuivant la même méthode. Vous
trouverez qu'il vous aura fallu environ
ſeize parties d'Huile eſſentielle pour tenir en diſſolution à froid une partie de
Soufre. Cette combinaiſon ſe nomme
Baume de Soufre thérébentiné , ſi c'eſt
l'Huile de Thérébentine qu'on a employée ; *aniſé* , ſi c'eſt celle d'Anis , &
ainſi des autres.

REMARQUES.

Les Huiles essentielles dissolvent le Soufre en moindre quantité, & moins facilement que ne le font les Huiles grasses. Nous avons vu, qu'une Huile grasse peut tenir en dissolution une quantité considérable de Soufre : il faut, au contraire, jusqu'à seize parties d'une Huile essentielle, pour dissoudre une seule partie de Soufre, comme nous l'avons fait remarquer dans le procédé.

La propriété qu'a le Soufre de se séparer en partie d'avec l'Huile essentielle qui le tient en dissolution à mesure qu'elle se refroidit, & de se déposer au fond du vaisseau en forme de cristaux, nous prouve qu'il est une espece de Sel neutre, qui étant indissoluble dans l'eau, à cause de la grande quantité de matiere inflammable qui lui sert de bâse, ne se laisse dissoudre que par les substances qui contiennent elles-mêmes beaucoup de matieres inflammables, telles que les Huiles & les substances métalliques.

Quoique ces dernieres soient presque toujours solides, il ne laisse pas de prendre avec plusieurs d'entr'elles, des formes régulieres ressemblantes, à la dia-

F iv

phanéité près, à des criſtaliſations ſalines, comme on peut le voir par l'exemple de pluſieurs pyrites, de l'Antimoine
& de quelques autres Minéraux ſulphureux. Mais lorſqu'il eſt diſſous dans les
Huiles, ſur-tout dans celles qui n'en peuvent tenir en diſſolution qu'une petite
quantité, & qui en laiſſent une bonne
partie ſe ſéparer d'avec elles à meſure
qu'elles ſe refroidiſſent, il lui arrive préciſément la même choſe qu'à un de ces
Sels, dont l'eau tient une plus grande
quantité en diſſolution lorſqu'elle eſt
chaude, que quand elle eſt froide, c'eſt-
à-dire, que l'Huile qui en eſt chargée
autant qu'elle peut l'être étant bouillante, en laiſſe précipiter une partie à meſure qu'elle ſe refroidit, & que ce Soufre qui ſe ſépare ainſi d'avec l'Huile, ſe
réunit en molécules qui ont une figure
réguliere, & qu'il ſe criſtaliſe véritablement; de même que du Nitre diſſous
dans l'eau bouillante en auſſi grande
quantité qu'elle en peut diſſoudre, s'en
ſépare en partie, à meſure qu'elle ſe refroidit, & qu'il tombe au fond du vaiſſeau, en molécules criſtaliſées, qui ont
la forme particuliere à ce Sel.

M. Homberg a fait des expériences

fort curieuſes ſur une pareille combinaiſon d'Huile eſſentielle & de Soufre. Voici ce qu'il dit de l'analyſe de ce compoſé, dans les Mémoires de l'Académie,
année 1703.

» Mettez la diſſolution de Soufre,
» faite par l'Huile de Thérébentine,
» dans une cornue de verre aſſés gran-
» de, car la matiere ſe gonfle à la fin,
» & diſtillez à très-petit feu, en douze
» ou quinze jours & nuits. Il en ſortira
» les deux tiers environ de l'Huile de
» Thérébentine ſans aucune couleur, &
» en même temps *une quantité aſſés*
» *conſidérable* d'une eau blanchâtre,
» peſante, & auſſi acide que de bon Eſ-
» prit de Vitriol. Après quoi, les gout-
» tes de l'Huile commenceront à diſtil-
» ler rouges. Vous changerez de réci-
» pient, & vous augmenterez pour lors
» le feu par degrés : & en ſept ou huit
» heures de temps, vous chaſſerez avec
» un fort grand feu, tout ce qui voudra
» s'en diſtiller, en prenant pour réci-
» pient une cornue de verre. La plupart
» de l'Huile paſſera à la fin fort épaiſſe,
» & fort colorée, dans le récipient, ac-
» compagnée encore d'une eau blanchâ-
» tre & très-acide. Il reſtera dans la cor-

F v

» nue une tête morte noire, spongieu-
» se ou feuilletée, luisante & insipide....
» Cette tête morte ne blanchit, ni ne
» s'enflamme, ni ne se diminue considé-
» rablement au grand feu.

» La matiere qui a passé dans le récipient se redistillera par un très-petit
» feu pendant plusieurs jours & nuits,
» pour en séparer encore l'Huile non
» colorée, & le reste de l'eau acide, jus-
» qu'à ce que l'Huile commence à passer
» rouge. Il faut pour lors retirer la cor-
» nue du feu, & verser sur la matiere
» gommeuse & noire qui reste, de bon
» Esprit-de-vin; mêler le tout bien en-
» semble, & distiller à fort petit feu.
» L'Esprit-de-vin étant passé, vous en
» verserez de nouveau sur la gomme
» noire qui reste dans la cornue, & dis-
» tillerez comme devant. Faites ceci
» tant de fois que l'Esprit-de-vin n'ait
» plus de mauvaise odeur.

Il y a tout lieu de croire, que par l'u-
nion que contracte le Soufre avec l'Huile, la cohésion de l'Acide & du phlogistique, dont ce minéral est composé, est
considérablement diminuée, & que c'est
ce qui occasionne la décomposition du
Soufre, qu'on ne peut méconnoître dans

l'analyfe propofée par M. Homberg. La matiere inflammable du Soufre fe confond pendant la diffolution avec celle de l'Huile, & ne forme plus avec elle qu'un feul tout homogène : d'où il arrive que l'Acide de ce même Soufre, qui eft en conféquence difperfé dans toute la liqueur, n'eft plus combiné avec le phlogiftique, comme il l'étoit dans le Soufre, avant fon affociation avec l'Huile, c'eft-à-dire, avec le phlogiftique pur; mais avec le phlogiftique faifant partie de la mixtion huileufe, ou, ce qui eft la même chofe, avec de véritable Huile. C'eft à caufe de cela, que la combinaifon de l'Huile & du Soufre fournit dans la diftillation, à très-peu de chofe près, les mêmes principes que donneroit une combinaifon de la même Huile avec l'Acide vitriolique.

Nous avons déja vu, à l'article des Huiles graffes, que lorfqu'on combine enfemble des Huiles avec des Acides, & qu'on décompofe enfuite cette combinaifon par la diftillation, on ne retire plus les deux fubftances telles qu'elles étoient d'abord; mais qu'elles font changées & en partie décompofées. La même chofe arrive dans l'expérience dont il

F vj

s'agit à préfent. On retire d'abord dans la diftillation une quantité affés confidérable d'Huile de Thérébentine , qui ne paroît avoir fouffert aucun changement. Cette premiere Huile eft celle que l'action du feu débarraffe d'avec l'Acide , d'autant plus facilement que comme il en a fallu une grande quantité pour diffoudre peu de Soufre , elle excéde de beaucoup dans le mêlange la quantité de l'Acide , & qu'il eft prefcrit dans l'expérience de diftiller à un degré de chaleur extrêmement foible , puifque M. Homberg dit que cette premiere diftillation doit durer douze à quinze jours & nuits. Or cette maniere de diftiller à une chaleur très-douce , eft le moyen le plus efficace qu'on ait pour féparer les Huiles , fur-tout les Huiles effentielles légeres , d'avec les Acides , parcequ'il leur faut très-peu de chaleur pour s'élever dans la diftillation , & qu'il en faut bien davantage aux Acides , qui font beaucoup plus pefans.

Cette premiere Huile qu'on retire par la diftillation , paroît à la vérité être la même que celle qu'on a d'abord employée dans le mêlange ; mais la quantité eft bien moindre : premierement , parcequ'il y en a une partie, qui s'étant combinée avec l'Acide du Soufre, est épaissie & appesantie par cette union, ce qui l'empêche de s'élever dans cette premiere distillation qui se fait à une chaleur extrêmement douce, & est cause qu'elle ne peut s'élever qu'à un degré de feu beaucoup plus fort : c'est elle qu'on voit passer ensuite en augmentant le feu, sous la forme d'une liqueur rouge.

La seconde raison pour laquelle la quantité de l'Huile est diminuée, c'est qu'il y en a une partie qui se décompose dans cette opération. Cette partie de l'Huile décomposée fournit la quantité d'eau assés considérable qui monte en même temps que l'Huile, ou peu après, & qui sert de véhicule à l'Acide qu'on retire aussi dans cette premiere distillation, lequel quoiqu'assés fort, est cependant infiniment plus chargé d'eau alors, que quand il fait partie de la combinaison du Soufre. Cette eau acide est d'un blanc laiteux, à cause d'une assés grande quantité de molécules huileuses qui y sont suspendues & divisées, sans y être dissoutes parfaitement.

Le *Caput mortuum* qui reste dans la cornue, après qu'on a fait passer à un

degré de feu très-fort toute l'Huile rouge & épaisse, est d'une espece de matiere
charbonneuse formée d'une partie de la
terre du Soufre, & de celle de l'Huile
décomposée, unie à du phlogistique fourni vraisemblablement par l'une & l'autre substance. Cette matiere contient aussi un peu d'Acide qui s'y est fixé. Cet
Acide reforme du Soufre, ou du moins
devient sulphureux, & se dissipe en vapeurs, quand on pousse ce charbon au
feu de forge. Car M. Homberg a remarqué qu'il exhale alors une odeur de Soufre, & qu'il diminue de poids.

Cette matiere charboneuse est d'une
nature singuliere ; car après avoir été exposée au feu de forge, & même au foyer
du verre ardent, elle n'a paru souffrir
d'autre changement que la diminution
de poids occasionnée par l'évaporation
des vapeurs acides que le feu a emportées. Au reste, elle a conservé sa couleur noire, & ne s'est point consuméc
ni vitrifiée. M. Homberg a été obligé,
pour la fondre, de la mêler avec du Borax. Elle s'est réduite avec ce Sel en un
verre de couleur grise brune : & comme ce verre ayant été gardé en un lieu
humide, s'est couvert d'un peu de verd

de gris, M. Homberg a reconnu que le Soufre qu'il avoit employé contenoit un peu de Cuivre.

On sçait que la terre du Cuivre est réfractaire, & qu'elle donne une couleur brune aux matieres avec lesquelles on la vitrifie. Peut-être a-t-elle été la cause que la matiere fixe dont nous parlons, a conservé si opiniâtrément sa couleur noirâtre, nonobstant que, suivant toutes les apparences, le phlogistique qu'elle devoit avoir d'abord, ait été consumé dans les violentes ignitions qu'on lui a fait éprouver.

A l'égard de la matiere huileuse épaisse, que M. Homberg nomme *gommeuse*, & sur laquelle il recommande de distiller de l'Esprit-de-vin à plusieurs reprises, jusqu'à ce qu'elle ait perdu son odeur désagréable, il y a tout lieu de croire qu'elle est, comme nous avons dit, la portion d'Huile qui a été épaissie & appesantie par l'Acide. L'Esprit-de-vin dissout & emporte la partie la plus acide, laquelle a toujours une odeur désagréable.

M. Homberg dit *que ce qui reste ensuite, auquel il donne le nom de* Gomme du Soufre commun, *a une odeur gra-*

cieuſe & balſamique ; qu'il ſe diſſout en partie dans l'Eſprit-de-vin, laiſſant une matiere réſineuſe & dure, qui ne ſe diſſout pas dans l'Eſprit-de-vin, ni dans les leſſives les plus fortes. Ce n'eſt par conſéquent ni une matiere réſineuſe, ni du Soufre ; elle ſe diſſout cependant très-bien dans les Huiles diſtillées. Quelle eſt donc cette ſubſtance ſinguliere ? Elle peut fournir matiere à de fort belles recherches. En général, tout le travail de M. Homberg eſt rempli de faits curieux, & mérite bien d'être répété, ſuivi, & examiné avec ſoin.

IV. PROCÉDÉ.

Combiner les Huiles eſſentielles avec les Alkalis fixes. Savon de Starkéi.

PRENEZ du Sel alkali de Tartre, ou tout autre Alkali bien calciné. Faites-le rougir dans un creuſet. Jettez le tout rouge dans un mortier de fer bien chaud : broyez-le promptement avec un pilon de fer auſſi bien chaud : & auſſitôt qu'il ſera en poudre, verſez deſſus, peu à peu, à peu près autant d'Huile de Thérébentine. Cette Huile pénétrera le

Sel, s'y unira intimement, & formera avec lui une pâte ferme. Continuez à broyer le mélange avec le pilon, afin de faciliter l'union des deux subftances : & quand toute votre Huile de Thérébentine aura difparu, ajoûtez-en de nouvelle, qui s'unira de même, & donnera une confiftence moins ferme à la maffe favoneufe. Vous pourrez ajoûter encore de nouvelle Huile, fuivant la confiftence que vous voudrez donner à votre Savon.

REMARQUES.

Les Huiles effentielles ne s'uniffent pas, à beaucoup près, auffi facilement avec les Sels alkalis, que les Huiles graffes. C'eft à caufe de cela, qu'on eft obligé, pour faire un Savon avec une Huile effentielle, de fe fervir d'un moyen différent de celui qu'on employe pour faire les Savons ordinaires. Car fi dans l'opération ordinaire du Savon on fubftituoit une Huile effentielle à l'Huile graffe, non-feulement elle ne fe mêleroit point avec la leffive alkaline quelque forte qu'elle fût, mais même elle fe diffiperoit entierement, difpâroîtroit, & on ne trouveroit plus, après un certain temps d'ébullition , que la leſſive telle qu'on l'auroit employée d'abord , laquelle ſeroit ſeulement plus concentrée.

C'eſt principalement l'eau dans laquelle le Sel alkali eſt diſſout , lorſqu'il eſt ſous la forme de leſſive , qui empêche ce Sel de ſe combiner avec l'Huile eſſentielle. L'eau eſt ſi contraire à cette union, que pour le peu que le Sel alkali fût humide , l'opération ne réuſſiroit pas , quand même on prendroit d'ailleurs toutes les précautions dont nous avons parlé dans le procédé.

C'eſt pour priver le Sel alkali de toute humidité , qu'il eſt néceſſaire de le faire d'abord chauffer juſqu'à rougir ; & c'eſt pour empêcher que ce Sel , qui eſt très-avide de l'humidité , ne commence à s'humecter à l'air avant qu'on ait pu le joindre avec l'Huile eſſentielle , qu'il faut ne le point laiſſer refroidir , & faire le mélange dans un vaiſſeau chaud , auſſitôt après que le Sel aura été réduit en poudre. Quand une fois le Sel a été couvert d'Huile dans toutes ſes parties , il n'eſt plus à craindre qu'il attire l'humidité , du moins ſi promptement , parceque l'Huile y met obſtacle.

Starkéi, le premier Chymifte qui ait trouvé le moyen de faire du Savon avec les Huiles effentielles, & qui par cette raifon a donné fon nom à cette efpece de Savon, fe fervoit d'une méthode beaucoup plus longue que celle que nous avons donnée dans le procédé. Il ne mêloit d'abord que très-peu d'Huile avec fon Sel, & attendoit que toute cette Huile fe fût unie d'elle-même, & qu'elle eût entierement difparu, avant d'en ajoûter de nouvelle : ce qui prolongeoit beaucoup l'opération, qui dans le fond eft la même. La méthode que nous avons donnée dans le procédé eft plus courte , & a été trouvée par M. Geoffroy le Médecin.

Le Savon de Starkéi peut fe diffoudre dans l'eau à peu près comme le Savon ordinaire, fans que l'Huile s'en fépare. C'eft à cette marque qu'on reconnoît, qu'il eft bien fait. On peut le décompofer auffi, foit par la diftillation, foit en le mêlant avec un Acide: & fa décompofition , foit de l'une , foit de l'autre maniere , eft accompagnée de phénomènes affés femblables à ceux que préfentent les décompofitions du Savon ordinaire.

CHAPITRE VI.

DES SUBSTANCES QU'ON RETIRE DES VÉGÉTAUX PAR LE MOYEN D'UNE CHALEUR GRADUÉE, DEPUIS LE DEGRÉ DE L'EAU BOUILLANTE, JUSQU'A LA PLUS FORTE CHALEUR QU'ILS PUISSENT ÉPROUVER DANS LES VAISSEAUX FERMÉS.

PREMIER PROCÉDÉ.

Analyser les substances végétales dont on ne retire point d'Huile grasse ni d'Huile essentielle. Soit pris pour exemple le bois de Gayac.

Réduisez en petits copeaux du bois de Gayac, & les mettez dans une cornue de verre, ou de grais, dont la moitié demeure vuide. Placez cette cornue dans un fourneau de réverbere, & luttez-y un grand balon de verre percé d'un petit trou, comme pour la distillation des Esprits acides minéraux. Mettez dans le fourneau un ou deux charbons allumés, & échauffez les vaisseaux doucement & lentement

A un degré de chaleur inférieur à celui de l'eau bouillante, vous verrez tomber par gouttes, dans le récipient, une
eau claire & infipide. En augmentant un
peu le feu, cette eau deviendra légerement acide, & commencera à prendre
une odeur pénétrante. A un degré de
feu un peu plus fort, l'eau qui continuera toujours à diftiller, aura encore plus
d'acidité, fera d'une odeur plus forte,
& paroîtra colorée & jaune. Lorfque la
chaleur fera fupérieure à celle de l'eau
bouillante, l'eau qui paffera fera très-
acide, fort colorée, aura une odeur forte & pénétrante, reffemblante à celle
des matieres qui ont été long-temps ex-
pofées à la fumée de bois dans les cheminées, & fera accompagnée d'une Huile rouge, légere, qui nagera fur la liqueur du récipient.

Il eft effentiel, dans ce temps, de
conduire l'opération avec beaucoup de
ménagement & de donner fréquemment
de l'évent, en débouchant le petit trou
du récipient, parcequ'il fe dégage du
bois, à ce degré de chaleur, une quantité d'air prefqu'incroyable, qui feroit

capable de faire crever les vaiſſeaux avec exploſion, ſi on n'en laiſſoit point ſortir la plus grande partie de temps en temps.

Quand cette Huile rouge & légere ſera paſſée, & que l'air commencera à ne plus ſortir avec impétuoſité, augmentez encore le feu par degrés, juſqu'au point que la cornue commence à rougir. Le récipient ſe remplira de vapeurs épaiſſes, & il s'élevera avec la liqueur aqueuſe, qui eſt pour lors un acide très-fort, une Huile noire, épaiſſe & peſante, qui tombera au fond du récipient & ſe plongera ſous la liqueur

Pouſſez alors le feu au dernier degré, c'eſt-à-dire, autant que vos vaiſſeaux & votre fourneau pourront le permettre. Ce feu extrême fera ſortir encore une petite quantité d'une Huile très-peſante, épaiſſe & noire comme de la poix, & les vaiſſeaux continueront d'être remplis de vapeurs qui ne ſe condenſeront point.

Enfin, lorſqu'à ce dernier degré de feu, la cornue ayant été tenue extrêmement rouge fort long-temps, & commençant à ſe fondre, ſi elle eſt de verre, vous verrez qu'il ne paſſera plus rien; laiſſez éteindre le feu, & refroidir les vaiſſeaux. Déluttez enſuite le récipient, & décantez de deſſus l'Huile noire qui ſera au fond, la liqueur acide, & l'Huile rouge qui la ſurnage, les verſant l'une & l'autre dans un entonnoir de verre garni d'un filtre de papier gris, & placé ſur une bouteille. La liqueur acide paſſera à travers le filtre dans la bouteille, & l'Huile reſtera ſur le filtre. Verſez-la ſéparément dans une autre bouteille. Enfin, verſez dans un autre entonnoir, diſpoſé comme le premier, l'Huile épaiſſe qui ſera reſtée au fond du récipient, avec un peu de la liqueur acide. Cette liqueur paſſera de même à travers le filtre, & vous en ſéparerez ainſi l'Huile peſante.

Vous trouverez dans la cornue vos petits copeaux de Gayac, dont la figure n'aura point été changée; mais qui ſeront devenu légers, friables, fort noirs, ſans odeur ni ſaveur, qui prendront feu facilement, & ſe conſumeront ſans donner de flamme fumante. Ils ſe trouveront changés en un charbon parfait.

REMARQUES.

Nous avons examiné jusqu'à préfent les fubftances qu'on peut retirer des Végétaux fans le fecours du feu, ou à un degré de chaleur qui n'excéde pas celui de l'eau bouillante. On ne peut pouffer plus loin cette analyfe, fans employer un degré de chaleur fupérieur : car, fi après avoir tiré tout le principe de l'odeur , & toute l'Huile effentielle d'une plante aromatique, par les procédés que nous avons donnés, on continuoit la diftillation fans augmenter la chaleur, on n'en retireroit qu'un peu d'Acide, qui difcontinueroit bientôt de s'élever, & ne feroit que la moindre partie de ce que la plante en contient , le refte étant ou trop pefant, ou trop embarraffé par les autres principes du mixte pour s'élever à ce degré de chaleur.

Ainfi, pour continuer à décompofer une plante dont on a retiré, par les moyens que nous avons donnés jufqu'à préfent, les principes qu'elle peut fournir ; ou, ce qui revient au même, pour faire l'analyfe d'une matiere végétale, dont on ne peut retirer d'Huile par expreffion, ni d'Huile effentielle , il faut la

foumettre ,

foumettre, comme nous l'avons dit dans le procédé, à la diftillation dans la cornue à feu nud, & lui faire éprouver fucceffivement tous les degrés de chaleur, depuis celui de l'eau bouillante jufqu'au plus fort que peut donner le fourneau de réverbere.

La chaleur inférieure à celle de l'eau bouillante, qu'on eft obligé de donner d'abord dans notre diftillation, pour commencer à échauffer les vaiffeaux, ne fait fortir, comme nous avons vu, qu'une eau infipide, & qui n'a point d'acidité. En l'augmentant à peu près jufqu'au degré de chaleur de l'eau bouillante, l'eau qui diftille devient légerement acide.

Lorfque la chaleur commence à être plus forte encore, & que la diftillation eft parvenue au même point, où finit celle qui fait monter l'Huile effentielle, l'acidité de l'eau qui monte eft beaucoup plus confidérable. Cette eau fe colore, prend de l'odeur, & il monte avec elle une Huile rouge légere qui nage fur la liqueur du récipient. Cette Huile n'eft point une Huile effentielle ; elle n'a point l'odeur de la plante. Quoique légere & fe foutenant fur l'eau, elle ne peut monter au même degré de chaleur qui éleve les Huiles essentielles, celles même qui la surpassent beaucoup en pesanteur, & ne peuvent se soutenir sur l'eau comme elle. Ce qui prouve que ce n'est pas de la pesanteur seule d'une substance que dépend la facilité, ou la difficulté qu'elle a à s'élever dans la distillation à un certain degré de chaleur ; sa *dilatabilité*, ou la volatilité des matieres ausquelles elle est assez étroitement unie pour ne s'en point séparer dans la distillation, y entrent vraisemblablement pour beaucoup.

S'il est étonnant qu'une matiere aussi dure, aussi compacte, aussi seche en apparence que le bois de Gayac, fournisse une aussi grande quantité d'eau dans la distillation ; il ne l'est pas moins, qu'il s'en dégage avec tant d'impétuosité une quantité d'air, que l'expérience seule peut nous rendre croyable. Nous avons dit dans le procédé, les précautions qu'il faut avoir, quand cet air, auparavant prodigieusement condensé dans le mixte dont il faisoit partie, devient libre, & sort de sa prison en déployant toute l'élasticité qui lui est naturelle. C'est cet air qui fait le principal danger de l'opération.

On a obfervé, que les bois les plus pefans & les plus compacts, font ceux qui en fourniffent le plus dans la diftillation. Auffi le bois de Gayac, que nous avons pris pour exemple, dont la dureté & la pefanteur eft fupérieure à celle de prefque tous les autres, fournit-il, lorfqu'on en fait l'analyfe, une prodigieufe quantité d'air.

L'Huile épaiffe, brulée, & empyreumatique qui fort la derniere dans la diftillation, eft plus pefante que l'eau ; vraifemblablement à caufe de la grande quantité d'Acide dont elle eft furchargée. On peut rectifier, en diftillant une feconde fois, ou même par plufieurs diftillations réitérées, les deux efpeces d'Huile qu'on retire dans cette analyfe, & leur donner, par ce moyen, beaucoup plus de légereté & de fluidité, comme nous avons vu que cela fe pratique à l'égard des Huiles graffes & effentielles. En général, toutes les Huiles épaiffes & pefantes, doivent toujours ces qualités à un Acide qui leur eft uni. C'eft toujours en les débarraffant d'une partie de cet Acide par la diftillation, qu'on leur donne plus de légereté & de fluidité ; & toutes les Huiles végétales, de

quelque nature qu'elles foient, font fou=
mifes à ces loix.

L'analyfe que nous venons de donner
d'une matiere végétale, fait voir qu'on
en peut retirer, dans les vaiffeaux fermés, par une chaleur graduée depuis le
terme de l'eau bouillante jufqu'à celui
qui réduit le mixte en un charbon parfait ; du phlegme, un Acide, une Huile
légere, beaucoup d'air, & une Huile
épaiffe. Mais cette premiere analyfe
n'eft pas complette à beaucoup près :
elle peut être pouffée bien plus loin, &
rendue plus parfaite.

Aucun des principes fournis par cette
analyfe n'eft pur, fimple & féparé exactement d'avec les autres. Ils font en quelque forte encore tous confondus enfemble. Leur féparation n'eft qu'ébau-
chée, & ils auroient befoin qu'on fît de
chacun d'eux une feconde analyfe plus
recherchée, pour les réduire à la plus
grande pureté dont ils font fufceptibles.
C'eft principalement l'Huile & l'Acide
fur lefquels il feroit utile d'entreprendre
ce travail.

Une bonne partie de l'Acide de la
plante refte, comme nous l'avons dit,
combinée avec les deux efpeces d'Huile

qu'on en retire. Il y a même lieu de croire que ces deux Huiles ne different l'une de l'autre, que par la différente quantité d'Acide qui leur eft uni. Les diftillations réitérées fur les matieres alkalines & abforbantes, font un des meilleurs moyens qu'on puiffe employer pour dépouiller ces Huiles de l'Acide furabondant qui leur eft uni. Ce travail a déja été entrepris fur plufieurs efpeces d'Huiles, par quelques-uns de nos meilleurs Chymiftes; mais il pourroit être étendu davantage, & pouffé encore plus loin.

Il en eft de l'Acide à peu près comme de l'Huile. Le premier qui s'éleve eft noyé dans beaucoup d'eau, à laquelle il doit une bonne partie de fa volatilité; & celui qui paffe le dernier, eft beaucoup plus concentré, & par conféquent plus pefant. Mais nonobftant cela, il eft encore fort aqueux. On pourroit le dépouiller le plus qu'il feroit poffible de toute cette eau qui lui eft étrangere; ce qui le rendroit beaucoup plus fort, & donneroit les moyens de reconnoître mieux fa nature & fes propriétés, fur lefquelles on n'a que très-peu de connoiffances.

G iij

L'eau n'eſt pas la ſeule ſubſtance étrangere qui déguiſe l'Acide végétal : une
partie aſſez conſidérable de l'Huile de
la plante eſt combinée auſſi avec lui , &
en altere la pureté. La preuve en eſt ,
que ſi on conſerve ces Acides tels qu'on
les a retirés, pendant un eſpace de temps
aſſez long , dans des vaiſſeaux de verre,
ils dépoſent peu à peu au fond & aux
côtés du vaiſſeau , un enduit huileux qui
augmente toujours avec le temps ; & à
meſure que cette matiere huileuſe ſe ſépare , la liqueur acide paroît moins graſſe & moins ſavoneuſe.

Un très-bon moyen de ſéparer encore plus exactement cette Huile d'avec
l'Acide , c'eſt de le combiner auſſi avec
des matieres abſorbantes, & de l'en ſéparer par la diſtillation. On peut en ſéparer ainſi une quantité d'Huile bien
ſenſible , qu'on n'apperçoit point avant.
Sur quoi il eſt bon de remarquer en paſſant, que cette Huile dont eſt chargé
l'Acide végétal , eſt diſſoute intimement
par cet Acide , puiſqu'il la rend miſcible
avec l'eau , de façon qu'elle n'en trouble
en aucune maniere la limpidité , & ne lui
donne point de couleur laiteuſe , comme font les Savons alkalins.Car ces Aci-

des aqueux & huileux font fort tranfpa-rens , fur-tout quand on les a laiffés en repos pendant un certain temps.

L'air qui fe dégage avec impétuofité pendant l'opération , & qu'on eft obligé de laiffer fortir , eft chargé de beaucoup de parties acides & huileufes réduites en vapeurs qu'il emporte avec lui , dont la perte empêche qu'on ne puiffe fçavoir au jufte la quantité de ces principes qu'on a retirés du mixte. Les vapeurs dont les vaiffeaux font encore tous rem-plis lorfque l'opération eft finie , ne font autre chofe auffi qu'une partie de l'Aci-de & de l'Huile, que la violence du feu a extrêmement raréfiés , & qui ne fe con-denfent point facilement.

Si on foumettoit à cette diftillation une matiere végétale aromatique , pour-vûe par conféquent d'Huile effentielle , de laquelle on n'eût point auparavant retiré cette Huile , par le procédé que nous avons donné pour cela , cette Hui-le effentielle pafferoit d'abord dans la diftillation , quand les vaiffeaux auroient acquis le degré de chaleur de l'eau bouil-lante ; mais elle n'auroit point , à beau-coup près , l'odeur auffi douce & auffi fuave , que fi elle étoit diftillée comme nous avons dit qu'elle doit l'être. Elle auroit, au contraire, une odeur empyreumatique, qui lui viendroit de ce que dans cette forte de diftillation, il eft impoffible d'empêcher qu'une partie de la matiere qu'on diftille, principalement celle qui touche aux parois de la cornue, ne fe rotiffe, & ne foit demi-brulée. Ajoutez à cela qu'on ne peut guères, à feu nud, conferver exactement le même degré de chaleur. L'Huile effentielle qui pafferoit donc la premiere ne feroit point pure ; mais altérée par le mélange d'une partie de la premiere Huile empyreumatique, qui fe confondroit enfin avec elle.

Une matiere abondante en Huile graffe, dont on n'auroit pas retiré cette Huile par expreffion, diftillée comme il eft dit dans le préfent procédé, ne fourniroit point d'Huile graffe dans la diftillation ; mais feulement une beaucoup plus grande quantité de la premiere Huile claire, & de la feconde Huile épaiffe, que fi on en avoit retiré d'abord par expreffion toute l'Huile graffe qu'elle peut fournir ; parceque, comme l'Huile graffe ne s'éleve dans la diftillation qu'à un degré de chaleur fupérieur à celui de l'eau bouillante , elle ne peut éprouver cette chaleur fans changer de nature , & fans perdre la douceur , & une grande partie de l'onctuofité qui lui eft naturelle. Elle fe confond alors avec le refte de l'Huile empyreumatique , laquelle , fuivant toutes les apparences , ne feroit elle-même qu'une Huile graffe , fi on pouvoit la retirer en entier fans le fecours du feu , de la fubftance végétale qui la contient.

La meilleure partie des fubftances végétales fournit dans la diftiillation au grand feu , les mêmes principes que celle que nous avons prife pour exemple. Les plantes entieres de cette efpece , celles dont on a retiré le principe odorant , l'Huile effentielle , ou l'Huile graffe , dont on fait l'extrait par infufion ou ébullition , la matiere elle-même de l'extrait ; toutes ces fubftances foumifes à cette diftillation fourniffent du phlegme , de l'Acide , une Huile fluide , de l'air , & une Huile épaiffe : & les produits de ces analyfes ne different entre eux , que par la différente quantité ou proportion des principes dont nous venons de parler.

Mais il y a un grand nombre d'autres plantes qui, outre ces fubftances , fourniſſent encore, dans leur analyſe, une quantité conſidérable de Sel alkali volatil. C'eſt principalement la famille entiere des plantes qui ont des fleurs en croix, qui a cette propriété. Il y a même parmi elles des matieres dont l'analyſe reſſemble beaucoup à celle des matieres animales. Nous allons donner l'analyſe d'une de ces ſubſtances. Nous prendrons pour exemple la ſemence de Synapi.

II. PROCÉDÉ.

Analyſer une ſubſtance végétale dont on retire les mêmes principes que des matieres animales. Soit priſe pour exemple la ſemence de Synapi.

DISTILLEZ avec un appareil de vaiſſeaux ſemblable à celui du procédé précédent, & à un feu pareil, la ſemence de Synapi. Il ſortira, à un degré de chaleur inférieur à celui de l'eau bouillante, une eau un peu colorée, chargée de Sel alkali volatil. A un degré de chaleur plus fort que celui de l'eau bouillante, cette même eau, chargée du même Sel, continuera à paſſer;

mais elle fera beaucoup plus colorée , &
fera accompagnée d'une premiere Huile légere. Il fe dégage dans ce temps
une quantité d'air affez confidérable,
pour laquelle il faut prendre les mêmes
précautions que dans la diftillation du
Gayac.

En augmentant toujours le feu par
degrés , il fortira une Huile noire &
épaiffe, plus légere cependant que l'eau ;
& en même temps , des vapeurs , qui en
fe condenfant fur les parois du récipient ,
forment des ramifications. C'eft un Sel
alkali volatil , qui eft fous la forme concrete , de même que nous verrons qu'eft
celui des animaux. Ces vapeurs font
beaucoup plus blanches que celles du
Gayac.

Quand on a fait fortir ainfi , à un très-
grand feu , tout ce que cette matiere
contient d'alkali volatil & d'Huile épaiffe , il ne refte plus dans la cornue qu'u-
ne efpece de charbon , dont on peut retirer une petite quantité de phofphore ,
fi la cornue qu'on emploie pour cela
eft affez bonne pour réfifter à une extrême chaleur.

G vj

REMARQUES.

La femence de Synapi nous fournit l'exemple d'une matiere végétale dont on retire, par l'analyfe, précifément les mêmes principes que des matieres animales. Au lieu d'en retirer de l'Acide, on n'en obtient que de l'Alkali volatil, parcequ'apparemment l'Acide qui originairement entre dans la compofition des Végétaux de cette efpece, comme dans celle de tous les autres, éprouve en paffant dans leurs vaiffeaux, & en fe mêlant avec leurs liqueurs, des altérations femblables à celles aufquelles il eft fujet, lorfqu'il entre dans la combinaifon des matieres animales ; c'eft-à-dire, qu'il fe combine avec une partie de leur terre & de leur huile, de maniere qu'il eft changé en Alkali volatil, ou du moins difpofé à devenir tel, avec le concours de l'action du feu.

Nous ne dirons rien ici de la maniere de féparer & de purifier les principes que fournit cette analyfe, parceque nous le réfervons pour l'analyfe animale, qui eft abfolument la même. Nous nous contenterons de faire obferver, qu'il n'en eft pas du premier Alkali volatil, qui monte d'abord avec le phlegme, à un degré de chaleur inférieur à celui de l'eau bouillante , comme de celui qui ne paſſe que ſur la fin de ſa diſtillation , en même temps que la derniere Huile épaiſſe. La différence du temps & du degré de chaleur auſquels montent ces deux Alkalis , prouve que le premier exiſte tout formé dans la plante, & que le ſecond ſe forme pendant la diſtillation , & eſt l'ouvrage du feu qui combine enſemble les matériaux dont il eſt compoſé.

Les matieres végétales qui fourniſſent ainſi de l'Alkali volatil à une chaleur moindre que celle de l'eau bouillante, font ſur l'organe de l'odorat une irritation , une eſpece d'impreſſion d'âcreté , & les vapeurs qui s'en élevent lorſqu'on les écraſe , picottent tellement les yeux, qu'ils en expriment des larmes avec abondance. Pluſieurs de ces matieres ſeulement écraſées , font efferveſcence avec les Acides : effets qui ne peuvent être produits que par un principe alkalin très-volatil. .

C'eſt cet Alkali , le plus léger de tous les principes qu'on retire des corps, qui s'éleve d'abord dans notre diſtillation avec le premier phlegme, à une chaleur beaucoup inférieure à celle de l'eau bouillante. Comme le phlegme qui monte avec lui est fort abondant, il s'y dissout; ce qui est cause qu'il ne paroît point sous une forme concréte. Il donne à cette eau, dans laquelle il est dissous, une petite couleur jaunâtre, parcequ'il est impur & huileux. Les propriétés salines & alkalines qu'a cette liqueur, lui ont fait donner le nom d'*Esprit volatil*. Cet Alkali volatil, qui existe en nature & tout formé dans la semence de Synapi, l'Oignon, l'Ail, le Cresson, & dans d'autres substances du même genre, les fait différer des matieres animales, lesquelles ne contiennent que les matériaux propres à former l'Alkali volatil, & n'en contiennent point de tout formé, au moins qu'elles n'aient subi la fermentation putride.

Le second Alkali volatil, qui ne s'éleve dans notre distillation qu'à un degré de feu très-fort, en même temps que la derniere Huile épaisse, paroît être l'ouvrage du feu; parceque s'il existoit tout formé dans le mixte, de même que le premier, il s'éleveroit à une même chaleur, & dans le même temps, n'ayant pas moins de volatilité que lui. Il ne feroit point impoffible, cependant, qu'il exiftât auffi tout formé dans le mixte; mais que l'union qu'il auroit contractée avec quelque Acide, avec lequel il formeroit un Sel ammoniacal, l'empêchât de s'élever auffi facilement, que le demande fa volatilité naturelle.

Le phofphore qu'on retire par la violence du feu, du *caput mortuum* de notre diftillation, femble donner quelque vraifemblance à cette conjecture. On fçait qu'il entre beaucoup d'Acide dans la compofition du phofphore. Peut-être cet Acide étoit-il combiné d'abord avec notre fecond Alkali volatil, avec lequel il formoit, comme nous avons dit, une efpece de Sel ammoniac. D'ailleurs, prefque toutes les plantes qui fourniffent de l'Alkali volatil dans la diftillation, fourniffent auffi une affez grande quantité d'Acide, lequel n'eft peut-être qu'un débris de la décompofition d'un pareil Sel ammoniacal.

Ceci peut fournir matiere à de curieufes & utiles recherches. Ce fecond Alkali volatil paroît fous la forme concréte, parcequ'il ne paffe en même temps que lui, que très-peu de phlegme, dont les vapeurs ne font point fuffifantes pour le diffoudre comme le premier.

CHAPITRE VII.

DES SUBSTANCES QU'ON RETIRE DES VÉGÉTAUX PAR LA COMBUSTION.

PREMIER PROCÉDÉ.

Retirer le Sel alkali fixe brulant d'une matiere végétale, par la combuftion à l'air libre.

PRENEZ une matiere végétale quelconque : mettez-y le feu, & la laiffez bruler à l'air libre, jufqu'à ce qu'elle foit réduite parfaitement en cendres. Verfez fur ces cendres une quantité fuffifante d'eau bouillante, pour les bien leffiver. Filtrez la liqueur pour en féparer la partie terreufe, & faites évaporer votre leffive jufqu'à ficcité, en l'agitant continuellement. Il vous reftera un Sel d'un blanc jaunâtre.

Mettez ce Sel dans un creufet, que vous placerez dans un fourneau de fufion, dans lequel il n'y aura qu'un feu modéré incapable de mettre votre Sel en fufion. Il deviendra d'abord d'un gris bleu, enfuite verd bleu, enfin rougeâtre. Mettez alors le dôme fur le fourneau; empliffez-le de charbon; faites un feu affez fort pour fondre le Sel, & tenez-le en fufion pendant une heure, ou une heure & demie. Verfez-le enfuite dans un mortier de métal bien chaud, & le broyez tout rouge; puis enfermez-le promptement dans une bouteille de verre bien chaude & bien feche, que vous boucherez enfuite avec un bouchon de verre ufé à l'émeri. Vous aurez, par ce moyen, le Sel alkali fixe pur de la matiere végétale qui aura été brulée.

REMARQUES.

La combuftion d'une fubftance végétale à l'air libre, eft une efpece d'analyfe violente & rapide, faite par le feu, qui fépare, réfout & décompofe plufieurs de fes principes.

Lorfqu'on met fur un brafier ardent du bois ou quelque plante, il s'en éleve d'abord une fumée aqueufe, qui n'eft prefque que du phlegme; mais cette fumée devient bientôt plus épaiffe & plus

noire ; elle eſt alors piquante ; elle tire
des larmes des yeux , & excite la toux
lorſqu'elle entre dans la poitrine , par la
voie de la reſpiration. Ces effets viennent de ce qu'elle eſt chargée de l'Acide
& d'une partie de l'Huile du végétal réduite en vapeurs. Bientôt après la fumée
devient extrêmement noire & épaiſſe :
elle eſt encore plus âcre : la plante noir-
cit. C'eſt alors l'Acide fort, & la derniere
Huile épaiſſe qui ſortent avec impétuoſité.

Cette Huile raréfiée, & échauffée juſqu'à l'ignition , prend feu, & s'enflamme ſubitement. Le végétal brule rapidement , & avec flamme , juſqu'à ce que
toute l'Huile ſoit conſumée. Alors la
flamme ceſſe ; il ne reſte plus qu'un charbon pareil à celui qu'on trouve dans la
cornue , quand on a retiré par la violence
du feu tous les principes d'une plante.
Mais ce charbon ayant la communication avec l'air libre , qui eſt abſolument
néceſſaire pour entretenir la combuſtion,
continue à ſe conſumer, en rougiſſant &
ſcintillant , juſqu'à ce que tout ſon phlogiſtique ſoit détruit & diſſipé. Il ne reſte
plus , après cela , que la terre du végétal & ſon Sel fixe , qui , mêlés enſemble,

forment ce qu'on appelle la *Cendre.* L'eau qui eſt le diſſolvant naturel des Sels, peut ſe charger de tout ce que la cendre en contient. Ainſi en la leſſivant, comme nous avons dit, on en ſépare tout le Sel, & il ne reſte plus que la terre pure du mixte qui a été décompoſé.

Les phénomènes que préſentent la combuſtion d'une matiere végétale, & la production du Sel fixe alkali, ſemblent prouver que ce Sel eſt l'ouvrage du feu ; qu'il n'exiſtoit pas dans la plante avant qu'elle fût brûlée ; qu'elle contenoit ſeulement les matériaux propres à le former, & qu'il n'eſt qu'une combinaiſon d'une partie d'Acide uni avec une certaine quantité de terre par le moyen du mouvement igné.

Premierement, toutes les matieres végétales qui contiennent dans une proportion convenable de l'Acide, de la terre, & du phlogiſtique, étant brulées, ſe réduiſent en cendres, deſquelles on peut retirer un Alkali fixe en les leſſivant. Ainſi, les Sels eſſentiels, la matiere des extraits faits par trituration, infuſions ou décoctions, les charbons étant brulés, fourniſſent une quantité de ce Sel proportionnée à la quantité d'Acide & de terre qu'ils contiennent.

Secondement, les Huiles graffes, effentielles, ou empyreumatiques, étant brulées, ne laiffent qu'une fi petite quantité d'Alkali fixe, qu'à peine peut-on l'appercevoir, parceque ces Huiles ne contiennent que peu d'Acide, & encore moins de terre. Ces mêmes Huiles étant rectifiées par plufieurs diftillations, laiffent encore, après leur combuftion, une moindre quantité de notre Sel, parceque les rectifications les dépouillent d'une grande partie de l'Acide, & du peu de terre qu'elles contiennent.

Troifiemement, les matieres végétales, defquelles on retire dans l'analyfe beaucoup d'Alkali volatil, ne fourniffent que peu d'Alkali fixe, parcequ'une portion confidérable de leur Acide eft employée à la production de l'Alkali volatil, qui fe diffipe pendant la combuftion ; & par la même raifon, celles dont on ne retire que de l'Alkali volatil, & point d'Acide dans la diftillation, ne laiffent dans leurs cendres, de même que les matieres animales, point ou prefque point d'Alkali fixe.

Quatriemement, enfin, les cendres

des plantes qui ont long-temps trempé dans l'eau, & dont on a fait des infu-fions & des décoctions, contiennent une quantité de Sel alkali d'autant moindre, qu'elles ont infufé ou bouilli plus long-temps, & dans une plus grande quan-tité d'eau, parceque l'eau diffout & enle-ve leur Acide. C'eft à caufe de cela que les cendres du bois flotté font bien moins falines que celles du bois neuf. M. Boerhaave affure dans fa Chymie, qu'ayant épuifé du Romarin à force d'en faire des décoctions, & ayant brûlé en-fuite cette plante, les cendres qu'elle a produites n'ont donné aucun indice d'Al-kali fixe. Il dit que pour épuifer entie-rement toutes les matieres falines con-tenues dans le Romarin, il a été obligé d'en faire jufqu'à vingt décoctions fuc-ceffives avec de nouvelle eau, & n'a ceffé d'en faire ainfi des décoctions que quand il a été fûr que l'eau dans laquelle fa plante avoit bouilli long-temps, ne fe chargeoit d'aucune matiere, de quelque efpece qu'elle fût, qui pût en altérer la pureté; enforte que l'eau de cette der-niere décoction étoit abfolument fans aucune odeur, ni faveur, ni couleur; en un mot, précifément la même, qu'a-

vant qu'elle eût servi à cette décoction.
Le même Auteur remarque que sa plante , après avoir été épuisée de cette maniere , & avoir souffert une si longue
ébullition , avoit conservé cependant
toute sa forme extérieure ; que de verte
qu'elle étoit d'abord , elle étoit devenue
brune , & qu'elle tomboit au fond de
l'eau , au lieu qu'avant les décoctions
elle se soutenoit dessus.

Si l'on vouloit répéter cette belle expérience de M. Boerhaave, & qu'elle
n'eût pas toute la réussite qu'on en doit
attendre, il faudroit prendre garde néanmoins d'accuser ce grand homme d'a-
voir été dans l'erreur à cette occasion ,
parcequ'il est fort difficile , pour ne pas
dire impossible , en s'en tenant à ce qu'il
a dit de son expérience , de sçavoir au
juste tout ce qui est nécessaire pour la
faire pleinement réussir , attendu qu'il
n'a spécifié , ni la durée des ébullitions
qu'il a fait éprouver au Romarin , ni la
quantité d'eau qu'il a employée pour
chaque décoction , ce qui peut faire une
différence infinie pour le résultat ; car il
est évident , que si on emploie pour
chaque décoction d'une livre de Romarin cinq ou six livres d'eau , & qu'on le

faſſe bouillir pendant deux ou trois heures, il ſera beaucoup moins épuiſé par
cette décoction, que ſi la même quantité de cette plante étoit miſe en ébullition dans quarante ou cinquante pintes
d'eau pendant pluſieurs jours.

Il eſt vrai qu'on a en quelque ſorte un
point fixe, en ce qu'il a dit de la qualité que doit avoir l'eau de la derniere décoction ; mais il en eſt de cette derniere
décoction comme des autres ; & même
les deux circonſtances de la quantité de
l'eau, & de la durée de l'ébullition in-
fluent ici encore davantage, parceque
plus la plante eſt épuiſée de Sels, plus la
petite quantiré qui en demeure unie
avec l'Huile tenace, eſt difficile à être
diſſoute & emportée par l'eau : par conſéquent il pourroit arriver, que cette
derniere eau dans laquelle la plante auroit bouilli pendant cinq ou ſix heures,
parût après ce temps inſipide, ſans odeur
& ſans couleur, & qu'une quantité d'eau
beaucoup plus grande, mais réduite par
une ébullition bien plus longue à la même quantité que celle qui n'auroit bouilli que cinq ou ſix heures, eût de la ſaveur, de la couleur ; en un mot, donnât
des marques qu'elle s'eſt encore char-

gée de quelques-uns des principes de la plante. Il pourroit arriver aussi, qu'une petite dose de matiere saline se trouvant étendue dans une grande quantité d'eau, après une longue ébullition, ne fût pas perceptible aux organes du goût & de la vûe ; mais que cette même dose de matiere saline devînt très-sensible, en diminuant par une évaporation convenable, la quantité d'eau dans laquelle elle est comme perdue.

Ainsi, pour être sûr qu'on a rempli entierement les conditions que demande M. Boerhaave, il faudroit que la derniere décoction de la plante eût été faite dans une quantité d'eau, & pendant un espace de temps beaucoup plus considérable peut-être qu'on ne peut l'imaginer, en un mot, indéterminés ; & que cette décoction évaporée autant qu'on voudroit, fût insipide, sans odeur, & sans couleur : en un mot, demeurât toujours parfaitement semblable à de l'eau pure. C'est-à-dire, qu'il est bien difficile d'avoir là-dessus aucune certitude.

Quoique ce que nous avons dit jusqu'à présent de la production du Sel alkali fixe des plantes, par la combustion, semble prouver que ce Sel est uniquement

ment

ment l'ouvrage du feu; ce n'eſt pas à
dire pour cela, qu'il ne puiſſe y en avoir
une partie qui exiſtât toute formée dans
la plante avant ſa combuſtion. Il eſt certain, au contraire, qu'entre les matieres ſalines qui entrent dans la compoſition des plantes, il y a de vrais Sels neutres, qui ont pour bâſe un Alkali fixe ;
mais cet Alkali étant uni avec un Acide,
ne manifeſte aucune de ſes propriétés,
& ne paroît ſous ſa véritable forme, que
quand le Sel neutre dont il faiſoit partie, a été décompoſé par la combuſtion.
L'exemple des plantes maritimes, qui
contiennent toutes du Sel marin, & qui
fourniſſent, quand elles ſont brûlées, un
Sel alkali parfaitement ſemblable à celui qui ſert de bâſe au Sel marin, paroît
déciſif là-deſſus.

Si lorſqu'on fait la leſſive des cendres
d'une plante, pour en diſſoudre & enlever le Sel alkali, on avoit intention
de ne laiſſer que la terre abſolument pure, comme quand on la deſtine à faire
des coupelles, il ne faudroit pas ſe con-
tenter de la leſſiver une ſeule fois, quand
même on employeroit pour cela une
grande quantité d'eau, parceque la cendre lavée demeure mouillée de l'eau qui

diſſout les Sels ; & cette eau, en s'évaporant, laiſſe parconſéquent encore du Sel après elle. Il faut donc, dans ce cas, la laver à trois ou quatre repriſes différentes avec de nouvelle eau.

L'évaporation de la leſſive chargée de Sel alkali, ne peut ſe faire ſans une perte aſſés conſidérable de ce Sel, ſurtout ſi l'ébullition eſt violente, parceque l'eau, à laquelle il eſt uni fort intimement, en emporte une partie avec elle. En conſéquence de cette même union intime, on a beaucoup de peine, lorſque l'évaporation eſt ſur ſa fin, & qu'il ne reſte plus que peu d'eau, à deſſécher entierement le Sel, qui retient fortement cette derniere portion d'humidité.

Le Sel alkali qu'on retire des cendres d'une plante bruſée n'eſt point pur : il eſt altéré par le mélange d'une petite portion de matiere graſſe qu'il a défendue apparemment contre l'action du feu, & qui le rend un peu ſavoneux. Il faut, pour lui enlever cette matiere qui lui eſt étrangere, & le rendre bien cauſtique, le calciner long - temps dans un creuſet ; mais ſans le faire fondre d'abord, parcequ'il en eſt de ce Sel comme de la plupart des matieres métalliques, qu'on

parvient bien plutôt & plus facilement
à dépouiller de leur phlogiſtique, en les
calcinant ſans les laiſſer fondre, pourvû
qu'elles ſoient diviſées en petites parties
que lorſqu'elles ſont en fuſion. La raiſon en eſt, que toute matiere fondue ne
préſente que très-peu de ſurface à l'air,
dont le contact favoriſe infiniment l'é-
vaporation d'une matiere quelconque.
C'eſt à cauſe de cela, que nous avons
preſcrit de calciner long-temps ce Sel
dans un creuſet, avant de le fondre.

M. Boerhaave a parfaitement bien ſen-
ti l'utilité de cette premiere calcination
du Sel alkali ſans le faire fondre, lorſqu'il a preſcrit, dans ſa Chymie, de mettre les cendres dont on veut retirer ce
Sel dans un grand vaſe de terre, & de
le tenir rouge pendant très long-temps,
en prenant bien garde qu'elles ne ſe fon-
dent. Il avertit que plus on les calcine
long-temps de cette maniere, & plus
l'Alkali qu'on en retire eſt fort. Cette
pratique eſt dans le fond la même que
celle que nous avons preſcrite, & produit le même effet, parceque le Sel alkali eſt également bien dépouillé de la
matiere graſſe qui lui eſt étrangere, ſoit
qu'on le calcine avant, ſoit qu'on le cal-

cine après qu'il a été féparé d'avec les cendres, pourvû qu'on évite de le laiffer fondre.

M. Boerhaave a une double raifon de recommander qu'on prenne garde de fondre les cendres chargées d'Alkali fixe, lorfqu'on les calcine pour rendre cet Alkali plus fort & plus cauftique : car fi ce mêlange de cendre & d'Alkali fe fondoit, il en réfulteroit une maffe vitrifiée, qui n'auroit plus aucune des propriétés du Sel.

II. PROCÉDÉ.

Retirer le Sel fixe d'une plante, en la brûlant à la maniere de Takenius.

METTEZ dans une marmite de fer la plante dont vous voudrez retirer le Sel à la maniere de Takenius, & placez cette marmite fur un feu affés fort pour en faire rougir le fond. Couvrez en même temps la plante avec un couvercle de fer qui puiffe entrer dans la marmite, & s'appliquer fur la plante même. La plante fe noircira, & fumera confidérablement ; mais ne s'enflammera pas, parcequ'elle n'a pas une communication fuffifante avec l'air. La fumée noire s'échappera feulement, par l'interftice que le couvercle, qui ne doit pas, à caufe de cela, être parfaitement jufte, laiffe entre fes bords & les parois de la marmite. Levez de temps en temps le couvercle, pour remuer la plante, & la recouvrez auffitôt, de peur qu'elle ne s'enflamme, ou pour étouffer promptement la flamme, en cas que la plante fe foit allumée. Continuez ainfi, jufqu'à ce qu'il ne forte plus de fumée noire.

Otez alors le couvercle de la marmite. La partie fupérieure du tas de plante demi - brulée, celle qui eft contigue avec l'air s'embrafera auffitôt, fe confumera peu à peu, & fe réduira en une cendre blanche. Remuez votre matierc avec une verge de fer, afin que les parties de plante qui font deffous, & qui reftent noires, puiffent fucceffivement parvenir en haut, pour y être confumées de même, & réduites en cendres blanches. Continuez ainfi jufqu'à ce que vous n'apperceviez plus aucune partie noire. Laiffez, après cela, cette cendre encore quelque temps fur le feu, en la remuant toujours, afin que s'il reftoit encore un peu de noir, il puiffe fe conſumer entierement.

La cendre étant ainſi préparée, leſſivez-la avec ſept fois autant d'eau, en la faiſant bouillir un peu, & la remuez avec une cuilliere de fer. Filtrez après cela la liqueur, & la faites évaporer dans une marmite de fer, juſqu'à ſiccité, en remuant beaucoup ſur la fin, de peur que la matiere devenue épaiſſe ne s'attache trop au vaiſſeau. Quand toute l'humidité ſera évaporée, il vous reſtera un Sel un peu brun, de nature alkaline. Vous pouvez ſondre ce Sel dans un creuſet, & le couler en tablettes. C'eſt le Sel fixe des plantes préparé à la maniere de Takenius.

REMARQUES.

Le Sel fixe qu'on retire des plantes par la méthode que nous venons de donner, dont Takenius eſt l'inventeur, eſt bien différent, à pluſieurs égards, de l'Alkali fixe brûlant que fourniſſent les cendres des plantes conſumées par la flamme à l'air libre. Le Sel de Takenius eſt, à la vérité, de nature alkaline, mais il eſt bien moins fort que les Alkalis fixes purs. Il a infiniment moins de cauſticité; il attire l'humidité de l'air beaucoup plus foiblement, & plus lentement ; il se met en fusion, à un degré de feu bien moins fort; il fait une effervescence moins forte avec les acides. Enfin si on le fait dissoudre dans l'eau ; qu'on évapore cette dissolution jusqu'à pellicule , & qu'on la mette dans un lieu frais, il s'y forme de petits cristaux, ce qui n'arrive point à un Alkali fixe pur.

Tous ces effets différens qui caractérisent le Sel de Takenius , & qui le distinguent de l'Alkali fixe brûlant produit par la combustion à l'air libre, prouvent qu'il n'est point un Alkali pur, & qu'il est combiné avec quelques substances qui le rapprochent de la nature d'un Sel neutre, & qui lui font en quelque sorte tenir le milieu entre cette espece de Sel, & le véritable Alkali.

En faisant réflexion sur la maniere dont il est produit, il est facile de reconnoître quelles sont les substances qui peuvent s'être combinées avec lui. Nous avons vu que les plantes fournissent dans l'analyse , une grande quantité d'Huile & d'Acide , lorsqu'on les brûle à l'air libre. Toute cette Huile se dissipe en fumée , ou est détruite par la combustion. Une bonne partie de l'Acide est pareillement diffipée, & le refte fe combine avec la terre de la plante, pour former l'Alkali fixe.

Quand on fait l'analyfe de ces mêmes plantes par la diftillation dans des vaiffeaux fermés, les mêmes principes font emportés par l'action du feu, obligés de fe féparer des parties fixes, & de paffer fous la forme de vapeurs & de liqueur dans le récipient; mais dans la combuftion de Takenius, l'Acide & l'Huile de la plante, à mefure qu'ils en font féparés par l'action du feu, font retenus par le couvercle, qui empêche en même temps que l'Huile ne fe détruife entierement par la combuftion, oblige ces deux fubftances de circuler, les réfléchit fur le refte de la plante, & les force en quelque maniere de fe recombiner en partie avec ce dont elles viennent d'être féparées.

Une affés grande partie de l'Huile & de l'Acide de la plante, fe joignent donc comme on le voit, avec fon Sel fixe dans cette opération, à mefure qu'il fe forme ; & ce font ces deux fubftances qui lui donnent les propriétés dont nous avons parlé. Le Sel de Takenius eft donc un Sel alkali fixe, en partie neutralifé par une portion de l'Acide de la plante,

& rendu un peu savoneux par une portion de son Huile, ce qui le rend beaucoup plus doux que les Alkalis fixes purs, & le met en état d'être donné intérieurement comme un très-bon remede dans plusieurs maladies.

On peut consulter sur les vertus médicinales de ce Sel, ce qu'en a dit, dans sa Chymie, M. Boerhaave, grand connoisseur & bon juge en cette partie.

Le Sel de Takenius peut être changé en Alkali fixe brûlant, en le dépouillant de la portion d'Acide & d'Huile ausquels il doit ses propriétés. Il ne faut pour cela, que lui faire éprouver une longue calcination dans un creuset, en le remuant souvent avec une verge de fer, & évitant de le faire fondre, jusqu'à ce qu'il ait subi les mêmes changemens, & passé par les mêmes couleurs que notre Alkali fixe; puis le fondre quand il sera devenu rougeâtre, & le tenir en fusion pendant une heure ou deux.

On n'a pas remarqué, jusqu'à présent, de différence sensible entre les Alkalis fixes brûlans & calcinés également, tirés des différentes plantes, si ce n'est que ceux qui viennent des plantes maritimes ont, comme nous avons dit, les mêmes

propriétés que la báse alkaline du Sel
marin. Il en est à peu près de même des
Sels fixes tirés des plantes à la maniere
de Takenius: car quoiqu'ils soient combinés avec une portion de l'Acide & de
l'Huile de la plante, comme ces principes ont éprouvé l'action d'un feu très-
vif, ils sont fort altérés & réduits tous
presque à la même condition.

III. PROCÉDÉ.

*Rendre les Alkalis fixes très-caustiques,
en les traitant avec la chaux.
Pierre à cautère.*

PRENEZ un morceau de chaux bien
vive, qui soit nouvellement faite, &
qui n'ait point encore commencé à s'é-
teindre à l'air : mettez-le dans une terrine de grais, & le couvrez avec le double de son poids de cendres non leffivées, & pleines du Sel que vous voudrez rendre caustique. Versez dessus
beaucoup d'eau chaude ; & les ayant
laissé tremper cinq ou six heures, faites-
les un peu bouillir. Filtrez ensuite la liqueur dans une chausse de toile fort ser-
rée, ou par un filtre de papier gris sou-

tenu fur de la toile.

Faites évaporer fur le feu, dans une baffine de cuivre, la liqueur filtrée : il vous reftera, après l'évaporation, un Sel qu'il faut mettre dans un creufet fur le feu. Il fe fondra & bouillonnera pendant quelque temps, après quoi il deviendra tranquille, & paroîtra comme une Huile ou graiffe fondue. Quand il fera en cet état, verfez-le fur une plaque de cuivre bien chaude, & le coupez en morceaux longs & pointus avant qu'il fe foit durci en refroidiffant. Mettez ces morceaux encore chauds dans une bouteille de verre bien féche, que vous boucherez hermétiquement. C'eft la Pierre à cautère.

REMARQUES.

Le but de cette opération, eft de réunir avec le Sel alkali fixe, ce que la chaux a de falin & d'âcre. Cela ne fe peut faire, qu'en étendant & en délayant l'une & l'autre fubftance dans l'eau, qui eft le diffolvant propre de toutes les matieres falines. Comme on eft donc obligé de faire une vraie leffive, il eft inutile d'employer un Sel alkali déja tout préparé & féparé d'avec la cendre. C'eft pour cela, que nous avons preſcrit de ſe ſervir d'une cendre chargée de ſon Sel alkali, & non pas d'un alkali pur. On fait, par ce moyen, deux choſes à la fois. On retire le Sel contenu dans la cendre, & on le combine avec la partie la plus âcre, la plus ſubtile, & la plus ſaline de la chaux.

La leſſive chargée en même temps de ces deux matieres ſalines, eſt infiniment plus âcre & plus cauſtique, que ſi elle n'en contenoit qu'une des deux en même quantité. Cette leſſive eſt celle qu'on emploie pour faire le Savon, parceque l'Alkali aiguiſé qu'elle contient, a infiniment plus d'action ſur les Huiles, que toute autre eſpece d'Alkali. Il agit auſſi avec une vivacité incroyable, ſur toutes les matieres animales, il les diſſout, les diviſe, & les détruit en quelque ſorte, avec une efficacité & une promptitude ſurprenantes.

Il ſeroit impoſſible, par cette raiſon, de la filtrer dans une chauſſe d'étoffe de laine ou de ſoie; car ces étoffes ſeroient miſes en morceaux, & même en pâte, preſqu'auſſitôt qu'on auroit jetté la leſſive dedans. D'ailleurs, cette leſſive les diſſolvant en partie, contracteroit une qualité favoneufe , & perdroit par-là beaucoup de fa caufticité. Il eft donc né-ceffaire d'avoir recours à un filtre fait avec des matieres végétales, qui réfiftent beaucoup mieux que les animales à ce Sel deftructeur.

L'alkali ainfi aiguifé par la chaux , attire & retient l'humidité encore plus fortement, que toute autre efpece d'Alkali, même les plus parfaits & les mieux calcinés. Auffi eft-il prefque impoffible de le deffécher entierement dans la baffine dans laquelle on fait évaporer la leffive.

C'eft à l'humidité qui lui refte , qu'on doit attribuer le bouillonnement que fait le Sel lorfqu'il commence à fe fondre dans le creufet. Quand toute cette humidité eft diffipée , il eft en fufion tranquille comme une cire qui feroit fondue à une douce chaleur.

Ce Sel cauftique eft infiniment plus fufible que les Alkalis ordinaires. A peine eft-il rouge, qu'il fe fond comme une cire. Quand il eft une fois en fufion tranquille , & que toute l'humidité qui occafionne le bouillonnement qu'on apperçoit d'abord eft diffipée , il a toute la caufticité dont il eft fufceptible. Il eft temps alors de le couler , & de le cou-

per en petits morceaux propres à être
employés par les Chirurgiens, qui s'en
servent pour détruire des callosités, des
excroissances, & ouvrir des cautères.
C'est pour cela qu'on lui a donné le nom
de *Pierre à cautère*. L'action de ce Sel
est si vive, qu'en très-peu de temps il
fait sur la peau une impression semblable
à celle du feu.

Comme ce Sel s'humecte à l'air, avec
une vîtesse surprenante, & qu'il perd de
sa vertu, quand il s'est ainsi humecté, il
est essentiel de l'enfermer encore tout
chaud dans une bouteille bien séche, &
que l'on doit boucher aussitôt avec un
bouchon de cristal usé à l'émeri, ou avec
un bon bouchon de liége, qu'on enduit ensuite de poix. Malgré toutes ces
précautions, on ne peut guères le conserver plus de cinq ou six mois dans toute sa force, sur-tout lorsqu'on est obligé
pendant ce temps de déboucher la bouteille quelquefois.

Nous n'entreprendrons point ici d'expliquer pourquoi le Sel alkali, que l'on
combine avec la chaux, acquiert une si
grande causticité. Cette question nous
paroît une des plus délicates & des plus
difficiles à résoudre, que nous offre la

Chymie. Elle tient à celle des propriétés alkalines de la chaux : & on ne peut
guères efpérer de la réfoudre, que quand
on aura acquis fur la nature de cette fubftance beaucoup plus de lumieres que
nous n'en avons à préfent.

IV. PROCÉDÉ.

Analyfe de la Suye.

CHOISISSEZ de la Suye d'une chemi-
née dans laquelle on n'ait fait cuire ni brûler aucune matiere animale ;
mettez-la dans une grande cornue de
verre. Placez la cornue dans un fourneau de réverbere ; luttez-y un récipient, & commencez la diftillation par
un degré de chaleur un peu inférieur à
celui de l'eau bouillante. Il fortira une
affés grande quantité de phlegme limpide ; continuez ce degré de feu tant que
ce premier phlegme fortira : lorfque les
gouttes commenceront à fe rallentir ,
augmentez un peu le feu ; il montera encore une bonne quantité d'eau d'un blanc
laiteux. Quand cette eau ceffera de diftiller, changez de récipient, & augmentez un peu le feu : il s'élevera un Sel vo-

latil de couleur jaune , qui s'attachera
aux parois du récipient ; le feu doit être
alors très-vif : il fera monter en même
temps une Huile noire fort épaisse. Laiffez refroidir les vaisseaux , vous trouverez une matiere saline qui se fera élevée
jusqu'au col de la cornue , & qui n'aura
pu passer jusque dans le récipient : il y
aura au fond de la cornue un *caput mortuum* , ou matiere noire & charboneuse,
qui sera incrustée à sa partie supérieure ,
d'une matiere saline semblable à celle du
col de la cornue

REMARQUES.

Toutes les analyses dont nous avons
parlé jusqu'à présent , nous ont fait voir
les principes qu'on retire des matieres
végétales , sans le secours du feu ; ceux
que la chaleur du feu enleve & fait passer d'un vaisseau clos dans un autre ; enfin ceux qui restent fixes quand le végétal a été entierement brûlé , soit dans
les vaisseaux fermés , soit à l'air libre : il
ne nous restoit donc , pour avoir parlé
de tous les principes des végétaux , qu'à
faire mention de ceux que le feu enleve
sous la forme de vapeurs , de fumée , &
de flamme , d'une matiere végétale qui

brûle & se consume à l'air libre. La Suye qui, comme tout le monde sçait, n'est autre chose que ces mêmes principes rassemblés & attachés dans les tuyaux de cheminées, qui servent comme d'alembics pour cette espece de distillation à l'air libre ; la Suye, dis-je, est une matiere dont l'analyse doit nous faire connoître ces principes que nous cherchons. L'analyse que nous en avons donnée dans le procédé, est tirée de la Chymie de M. Boerhaave, où elle nous a paru décrite avec beaucoup d'exactitude & de précision.

On sent qu'il est essentiel, puisqu'il est à présent question de l'analyse végétale, de choisir une Suye provenue de la combustion de matieres uniquement végétales. La Suye, quoique séche en apparence, contient cependant beaucoup d'humidité ; son analyse en fournit la preuve, puisqu'on en retire d'abord une quantité considérable d'un premier phlegme qui ne paroît chargé d'aucun principe, si ce n'est d'une matiere vraisemblablement saline & huileuse extrêmement tenue, laquelle lui communique une odeur désagréable, dont il est impossible de le dépouiller entierement.

La liqueur blanche laiteuse qui suit le premier phlegme, est encore de l’eau, mais beaucoup plus chargée que la premiere, de parties salines & huileuses. On reconnoît à son odeur extrêmement vive & pénétrante, qu’elle contient beaucoup d’Alkali volatil ; aussi en la redistillant à part, on en retire de l’Esprit & du Sel volatil en forme concréte. A l’égard de la couleur blanche, elle ne vient que des parties huileuses dispersées & suspendues dans cette liqueur sans y être dissoutes. Lorsque cette seconde liqueur est passée, il monte de l’Alkali volatil en forme concréte, & une Huile noire fort épaisse, parce qu’il ne reste plus assés d’humidité pour dissoudre & étendre ces principes.

L’Alkali volatil qu’on retire de la Suye, est doublement l’ouvrage du feu; car premierement, quoiqu’elle ne tire son origine que du bois, & d’autres matieres végétales, dont on ne retire point du tout d’Alkali volatil par la distillation dans les vaisseaux fermés, elle produit cependant de ce Sel dans son analyse. Il faut conclure de-là, que c’est la combustion à l’air libre qui a disposé les principes de ces végétaux enlevés sous la for-

brûle & fe confume à l'air libre. La Suye qui, comme tout le monde fçait, n'eft autre chofe que ces mêmes principes raffemblés & attachés dans les tuyaux de cheminées, qui fervent comme d'alembics pour cette efpece de diftillation à l'air libre ; la Suye, dis-je, eft une matiere dont l'analyfe doit nous faire connoître ces principes que nous cherchons. L'analyfe que nous en avons donnée dans le procédé, eft tirée de la Chymie de M. Boerhaave, où elle nous a paru décrite avec beaucoup d'exactitude & de précifion.

On fent qu'il eft effentiel, puifqu'il eft à préfent queftion de l'analyfe végétale, de choifir une Suye provenue de la combuftion de matieres uniquement végétales. La Suye, quoique féche en apparence, contient cependant beaucoup d'humidité ; fon analyfe en fournit la preuve, puifqu'on en retire d'abord une quantité confidérable d'un premier phlegme qui ne paroît chargé d'aucun principe, fi ce n'eft d'une matiere vraifemblablement faline & huileufe extrêmement tenue, laquelle lui communique une odeur défagréable, dont il eft impoffible de le dépouiller entierement.

La liqueur blanche laiteuse qui suit le premier phlegme, est encore de l'eau, mais beaucoup plus chargée que la premiere, de parties salines & huileuses. On reconnoît à son odeur extrêmement vive & pénétrante, qu'elle contient beaucoup d'Alkali volatil ; aussi en la redistillant à part, on en retire de l'Esprit & du Sel volatil en forme concréte. A l'égard de la couleur blanche, elle ne vient que des parties huileuses dispersées & suspendues dans cette liqueur sans y être dissoutes. Lorsque cette seconde liqueur est passée, il monte de l'Alkali volatil en forme concréte, & une Huile noire fort épaisse, parce qu'il ne reste plus assés d'humidité pour dissoudre & étendre ces principes.

L'Alkali volatil qu'on retire de la Suye, est doublement l'ouvrage du feu; car premierement, quoiqu'elle ne tire son origine que du bois, & d'autres matieres végétales, dont on ne retire point du tout d'Alkali volatil par la distillation dans les vaisseaux fermés, elle produit cependant de ce Sel dans son analyse. Il faut conclure de-là, que c'est la combustion à l'air libre qui a disposé les principes de ces végétaux enlevés sous la forme de Suye, à se métamorphoser en Alkali volatil. Secondement, quoique la Suye fournisse une grande quantité de ce Sel dans son analyse, elle ne le contient pas pour cela tout formé ; la preuve en est, qu'il ne monte qu'après le phlegme, & à un degré de chaleur très-considérable : donc elle ne contient que les matériaux nécessaires pour former ce Sel ; donc il a besoin pour être entierement combiné, d'éprouver une seconde fois l'action du feu ; donc il est, comme nous l'avons dit, doublement l'ouvrage du feu.

La matiere saline qu'on trouve sublimée au col de la cornue, & qui forme l'incrustation qui est sur le *caput mortuum* de la Suye, est un Sel que toutes les épreuves chymiques font reconnoître pour ammoniacal, c'est-à-dire, un Sel neutre composé d'un Acide & d'un Alkali volatil. Ce Sel ammoniacal ne se sublime ainsi que jusqu'au col de la cornue, & ne passe pas dans le récipient, parcequ'il n'est que demi-volatil. Nous parlerons plus amplement de la production de l'Alkali volatil, & de ce Sel ammoniacal, dans l'analyse animale, & à l'article du Sel ammoniac.

La matiere charboneuse qui reste dans

la cornue après la diſtillation , étant brûlée à l'air libre , ſe réduit en une terre
blanche extrêmement fixe. Comme cette
matiere fixe faiſoit partie de la Suye même , laquelle a été enlevée très-haut pendant la combuſtion , cela eſt une preuve
de ce que nous avons dit ailleurs , que
les matieres les plus fixes peuvent être
ſublimées lorſqu'elles ſont unies à des
ſubſtances volatiles , ſur-tout quand elles
éprouvent en même temps l'action combinée de l'air & du feu.

CHAPITRE VIII.

ANALYSES PARTICULIERES DE QUEL-QUES SUBSTANCES QUI APPARTIEN-NENT AU REGNE VÉGÉTAL.

PREMIER PROCÉDÉ.

*Analyſe des Baumes naturels. Soit priſe
pour exemple la Thérébentine.*

METTEZ dans une cucurbite de l'eau
de pluye , environ juſqu'au quart
de ſa hauteur , & verſez dedans la Thérébentine dont vous voudrez faire l'a-
nalyſe. Couvrez la cucurbite de ſon

chapiteau, & luttez enſemble ces deux pieces, avec des bandes de papiers enduites de cole, ou de la veſſie mouillée. Placez votre alembic ſur un fourneau garni de ſon bain de ſable. Luttez au bec du chapiteau un récipient à long col; & échauffez par degrés, juſqu'à ce que l'eau de la cucurbite ſoit bouillante. Il paſſera dans le récipient beaucoup d'eau, qui deviendra peu à peu acide; & il montera en même temps un grande quantité d'une Huile æthérée, extrêmement légere, fluide, limpide, & blanche comme de l'eau.

Lorſque vous verrez qu'il ne paſſera plus d'Huile, déluttez vos vaiſſeaux: vous trouverez dans le récipient de l'eau acidulée, ſur laquelle nagera l'Huile æthérée. Vous ſéparerez facilement ces deux liqueurs l'une de l'autre, par le moyen d'un entonnoir de verre.

La cucurbite contiendra encore une partie de l'eau que vous y aurez miſe, & le reſte de votre Thérébentine, qui lorſqu'elle ſera froide, au lieu d'être coulante comme avant la diſtillation, ſera devenue ſolide, & aura pris la conſiſtence d'une réſine. Elle s'appelle alors *Thérébentine cuite.*

Mettez ce rendu dans une cornue de verre, & distillez-le dans un fourneau de réverbere à feu nud, en augmentant la chaleur par degrés, suivant la regle générale de toutes les distillations : vous verrez passer d'abord dans le récipient, à un degré de chaleur un peu supérieur à celui de l'eau bouillante, deux liqueurs, dont l'une sera aqueuse & acide, l'autre sera une Huile claire & limpide, un peu colorée & jaune, qui surnagera la liqueur acide.

Continuez la distillation en augmentant toujours le feu peu à peu. Ces deux liqueurs continueront à couler ensemble ; & à mesure que la distillation approchera de sa fin, la liqueur aqueuse deviendra plus acide, & l'Huile deviendra plus colorée & plus épaisse. Sur la fin, cette Huile sera d'un jaune rougeâtre foncé, & fort épaisse. Déluttez les vaisseaux lorsqu'il ne sortira plus rien. Vous ne trouverez dans la cornue, qu'une fort petite quantité de matiere charboneuse, friable & légere.

REMARQUES.

La Thérébentine & tous les autres Baumes naturels, font des matieres huileufes aromatiques qui découlent d'elles-mêmes, ou par des incifions faites exprès, des arbres qui en contiennent en grande quantité. Comme ces matieres ont beaucoup d'odeur, il n'eft pas étonnant qu'elles foient fort abondantes en Huile effentielle. On peut même les regarder comme des Huiles effentielles qui fe féparent d'elles-mêmes, & naturellement des Végétaux dont elles font partie.

Les Baumes naturels ne différent en effet des Huiles effentielles qu'on retire des plantes par la diftillation, qu'en ce qu'ils contiennent une plus grande quantité d'Acide : ce qui eft caufe qu'ils font plus épais que nos Huiles effentielles diftillées à la chaleur de l'eau bouillante. Mais nous avons vu que ces mêmes Huiles effentielles diftillées, quelque fluides & légeres qu'elles foient d'abord, perdent peu à peu, en vieilliffant, leur ténuité, & qu'elles acquiérent enfin un degré d'épaiffiffement affés confidérable. Nous avons fait remarquer, à cette occafion, que ce changement leur arrive; parceque, ce qu'elles contiennent de plus léger, de plus fluide, de moins chargé d'Acide, fe diffipe & s'évapore à la longue, & qu'il ne reste enfin que la partie la plus épaisse & la plus pesante, qui doit ces qualités à l'Acide dont elle est chargée.

Il suit de-là, que les Baumes naturels, & les Huiles essentielles épaissies par la vétusté, sont précisément la même chose. Aussi voyons-nous que le feu & la distillation produisent les mêmes effets sur l'une & l'autre de ces matieres. La rectification d'une Huile essentielle devenue épaisse en vieillissant, n'est autre chose qu'une décomposition qu'on en fait pour séparer au degré de chaleur de l'eau bouillante, ce qu'elle contient d'assés léger pour s'élever à cette chaleur, d'avec ce qui est appesanti par l'Acide, au point de demeurer fixe à cette même chaleur.

Cette opération est précisément la même chose que la premiere distillation que nous faisons de nos Baumes à la chaleur de l'eau bouillante, pour en séparer ce qu'ils contiennent d'Huile essentielle. Les résidus de ces distillations sont les mêmes. Ils sont l'un & l'autre une Huile épaisse chargée d'Acide, dépourvue entierement, ou du moins presqu'entierement, du principe de l'odeur

particu-

particuliere de la matiere végétale dont
ils tirent leur origine , & qui ont befoin,
pour être décompofés , qu'un degré de
chaleur fupérieur à celui de l'eau bouillante , fépare une partie de l'Acide d'a-
vec l'Huile , & la rende par ce moyen
d'autant plus fluide , que la diftillation
ayant été réitérée un plus grand nombre
de fois , en aura féparé une plus grande
quantité de l'Acide qui l'épaiffit.

Les Baumes naturels font d'autant
moins épais , & fourniffent une quantité
d'Huile effentielle d'autant plus grande,
qu'ils font moins vieux : & leur Huile
effentielle , de même que toutes les autres , s'épaiffit en vieilliffant , & redevient enfin un véritable Baume.

Ces mêmes Baumes ayant été expofés
long-temps à l'ardeur du foleil , s'épaiffiffent au point d'être folides. Ils changent alors de nom , & prennent celui de
Réfine. Les Réfines fourniffent dans la
diftillation beaucoup moins d'Huile effentielle que les Baumes. Il fuit de-là ,
que les Réfines font aux Baumes ce que
les Baumes font aux Huiles effentielles.
Tous ces effets font produits par les cau-
fes que nous venons d'indiquer , & con-
firment l'analogie que nous avons établie.

Tome II. I

Nous n'avons d'autre remarque à faire sur notre analyse de la Thérébentine, sinon que lorsqu'on distille la Thérébentine cuite, dans une cornue à feu nud, il faut conduire l'opération fort lentement, & ménager beaucoup le feu, parceque la matiere est sujette à se gonfler, & à passer toute entiere dans le récipient sans avoir souffert de décomposition. Il seroit même utile, pour éviter cet inconvénient, de se servir d'une cornue dont le ventre fût allongé, c'est-à-dire, de celles qui sont connues sous le nom de *Cornues angloises*.

Si on arrête la distillation de la Thérébentine cuite, lorsqu'elle est à peu près à moitié, & que l'Huile qui passe commence à devenir épaisse, on pourra en changeant de récipient, conserver à part la premiere Huile, qui est assez fluide, & tient le milieu entre l'Huile æthérée qu'on a retirée à la chaleur de l'eau bouillante, & la derniere Huile épaisse qui ne s'éleve qu'à la fin de la distillation. C'est cette Huile épaisse que M. Homberg a enflammée avec l'Huile de Vitriol concentrée.

La matiere contenue dans la cornue, examinée avant qu'on acheve la distillation, se présente, lorsqu'elle est froide, sous la forme d'une substance solide, presque entierement diaphane, d'une couleur jaune rouge foncé, friable ; elle est connue sous le nom de *Colophone*.

L'analyse de la Thérébentine cuite est le modele de celle de presque toutes les Résines ; ainsi ce que nous avons dit à ce sujet, est en quelque sorte général, & doit s'appliquer aux autres analyses de même espece. Nous allons passer maintenant à l'examen de quelques autres matieres huileuses, qui présentent des phénomènes particuliers, & qui s'éloignent des regles générales.

II. PROCÉDÉ.

Analyse des Résines. Soit pris pour exemple le Benjoin. Fleurs & Huile de Benjoin.

METTEZ dans un pot de terre un peu haut, & qui ait un petit rebord, le Benjoin dont vous voudrez faire l'analyse. Couvrez le pot d'un grand cornet de papier blanc fort épais, & le liez tout autour sous le rebord. Placez-le sur un bain de sable : échauffez-le lentement jufqu'à ce que le Benjoin foit fondu. Entretenez la chaleur à ce degré pendant une heure, ou une heure & demie. Déliez, après ce temps, le cornet, & ôtez-le de deffus le pot, en lui donnant le moins de fecouffes qu'il eft poffible. Vous trouverez tout l'intérieur de ce cornet garni d'une grande quantité de belles fleurs blanches & brillantes en forme de petites aiguilles. Détachez-les doucement avec les barbes d'une plume, & enfermez-les dans une bouteille que vous boucherez bien.

Recouvrez promptement votre pot avec un fecond cornet de papier femblable au premier, & continuez l'opération de la même maniere, jufqu'à ce que vous vous apperceviez que les fleurs commencent à n'être plus blanches, & à devenir jaunes. Il eft temps alors de difcontinuer cette fublimation.

La matiere demeurée dans le pot fera noirâtre & friable étant froide. Pulvérifez-la. Mêlez-la avec du fable, & la diftillez dans une cornue de verre à une chaleur graduée. Vous verrez paffer une Huile légere, d'une odeur fuave, en très-petite quantité, un peu d'une liqueur acide, & beaucoup d'une Huile rouge

& épaiſſe. Il reſtera dans la cornue une matiere charboneuſe raréfiée.

REMARQUES.

Toutes les matieres huileuſes qui ſont naturellement épaiſſes , & ſous une forme concréte , ſe reſſemblent, en ce qu'elles tiennent ces qualités d'un Acide qui leur eſt uni. Mais cela n'empêche point qu'elles ne ſoient fort différentes les unes des autres à pluſieurs égards. La qualité , la quantité, & l'union de cet Acide qui leur donne de la conſiſtence, les diverſifient de mille manieres.

Nous avons dit dans le procédé précédent , que ce qui diſtingue les Baumes naturels d'avec les Réſines , c'eſt qu'ils contiennent une quantité d'Huile aſſez grande & aſſez ſupérieure à celle de l'Acide , pour les rendre preſque fluides : c'eſt pour cette raiſon qu'on en peut retirer de l'Huile eſſentielle ; & que les Réſines, au contraire, ſont ſolides , parceque toute leur Huile eſt liée & appeſantie par beaucoup d'Acide ; de-là vient qu'on n'en peut retirer d'Huile eſſentielle.

Nous avons remarqué, à cette occaſion , que quand on a retiré à la chaleur de l'eau bouillante, tout ce qu'un Baume naturel contient d'Huile essentielle, ce qui en reste prend une consistence solide, & devient semblable à une Résine. En effet, presque toutes les Résines fournissent dans la distillation les mêmes principes que ce résidu ; c'est-à-dire, une Huile moyenne pour la légereté & la fluidité, entre les Huiles essentielles & les Huiles épaisses ; le tout accompagné d'Acide résous dans du phlegme.

En conséquence de cela, l'analyse du Benjoin dont nous venons de parler dans ce procédé, doit paroître s'éloigner, & différer beaucoup de celle des autres Résines ; car nous voyons ici une matiere volatile en forme concréte, je veux dire, les fleurs blanches que nous avons retirées d'abord, qu'il n'est pas ordinaire de rencontrer dans l'analyse des Résines. Cependant, en examinant cette matiere, nous allons être convaincus qu'elle est fort analogue à un des principes que fournissent toutes les Résines ; qu'elle en differe, à la vérité, par quelques-unes de ses propriétés, principalement par sa forme extérieure ; mais que dans le fond elle est la même chose.

En effet, les fleurs de Benjoin ne sont

autre chofe qu'un Acide huileux, à peu près de même nature, que ceux qu'on retire de toutes les autres matieres végétales ; mais qui, au lieu d'être en liqueur comme eux, fe préfente fous une forme feche, concréte, & eft en quelque forte criftalifé : propriété qui lui vient vraifemblablement, ou de ce qu'il eft uni avec une plus grande quantité d'Huile que les autres, ou de ce qu'il eft uni à cette Huile d'une maniere plus intime, & affez forte pour n'en être pas féparé dans la diftillation, ou de ce que le compofé dont il fait partie contient trop peu de phlegme pour le diffoudre, ou de ce que l'Huile dont notre Acide eft chargé l'empêche de s'y tenir en diffolution. Peut-être toutes ces caufes concourent-elles enfemble à lui donner la forme concréte.

Le caractère falin de cette fubftance fe manifefte principalement, en ce qu'elle eft diffoluble dans l'eau ; mais l'eau, pour être en état de la diffoudre, doit être très-chaude, & même bouillante ; & quand elle eft refroidie, notre Sel fe criftalife au fond en petites aiguilles. Cela fournit un moyen de le féparer du Benjoin, autrement que par la fublimation.

Il faut, pour cela, faire bouillir cette Réfine dans de l'eau qui diffout le Sel; & cette eau étant refroidie, le Sel fe criftalife, & on peut le raffembler facilement. Mais comme l'Huile avec laquelle cet Acide eft combiné, empêche que l'eau ne le diffolve auffi facilement qu'elle le feroit fans cela, on ne peut par la décoction, en retirer tout-à-fait autant d'une même quantité de Benjoin, que par la fublimation, les dernieres portions étant unies à une grande quantité d'Huile, qui les défend contre l'action de l'eau. Ce Sel fe diffout facilement dans l'Efprit-de-vin, à caufe de l'Huile avec laquelle il eft uni. Des expériences bien fuivies pourroient nous donner fur fa nature & fes propriétés, plufieurs connoiffances qui nous manquent.

Le Benjoin fournit beaucoup moins d'Huile fluide dans la diftillation, que les autres Réfines, parceque la plus grande partie de cette Huile eft employée à la compofition du Sel acide volatil huileux. L'Huile épaiffe qu'on retire de cette Réfine, eft plus épaiffe que celle des autres Réfines, & fe fige même comme un beurre lorfqu'elle eft refroidie, & on n'en retire que très-peu d'Acide libre & en liqueur. Tous ces effets dépendent de la même cause , de celle dont nous avons déja parlé à l'occasion des fleurs salines ; c'est-à-dire, d'une liaison singuliere & intime des parties acides & huileuses de notre Résine , que le feu ne desunit pas aussi facilement & aussi parfaitement que celles des autres Résines.

Le Benjoin laisse dans la cornue, après sa distillation , une matiere charboneuse plus abondante que celle que laisse la plupart des autres matieres résineuses. Cela peut venir de ce que cette substance contient une assez grande quantité de matiere terreuse , laquelle est peut-être aussi une des causes qui contribue à donner à son Sel la forme concréte.

REFLEXIONS

SUR LA NATURE ET LES PROPRIÉTÉS DU CAMPHRE.

Nous ne donnerons point ici l'analyse de cette substance singuliere , parceque jusqu'à présent il n'y a aucun procédé connu en Chymie , par lequel on puisse la décomposer. Nous nous contenterons

I v

donc de rapporter ses principales propriétés, & de faire quelques réflexions sur sa nature.

Le Camphre est une matiere huileuse, concréte ; une espece de Résine, qu'on nous apporte de l'Isle de Bornéo, & principalement du Japon. Cette substance ressemble aux Résines, en ce qu'elle est inflammable, & qu'elle brûle à peu près comme elles : elle n'est point dissoluble dans l'eau, & se dissout en entier & parfaitement dans l'Esprit-de-vin. On la sépare facilement d'avec ce menstrue par l'intermede de l'eau, comme toutes les autres matieres huileuses. Elle se dissout dans les Huiles par expression, & distillées. Elle a une odeur aromatique très-forte. Telles sont les principales propriétés que le Camphre a de communes avec les Résines : mais il en differe totalement à plusieurs égards. Voici ses principales différences.

Le Camphre prend feu & s'enflamme avec infiniment plus de facilité qu'aucune autre Résine. Il est d'une si grande volatilité, qu'il se dissipe entierement à l'air, sans qu'il soit besoin pour cela d'autre chaleur, que de celle de l'atmosphère. Il passe tout entier dans la distillation, sans souffrir de décomposition, pas même la moindre altération. Il se laisse dissoudre par les Acides minéraux concentrés; mais avec des circonstances bien différentes des autres matieres huileuses ou résineuses. La dissolution n'est accompagnée d'aucun effervescence, d'aucune chaleur sensible; par conséquent ne peut produire d'inflammation. Les Acides ne le brûlent point, ne le noircissent point, ne l'épaississent point, comme les autres matieres huileuses; au contraire, il devient fluide, & se résout avec eux en une liqueur qui a l'apparence d'une Huile.

Le Camphre n'acquiert pas, de même que les autres matieres huileuses, de disposition à se laisser dissoudre dans l'eau, par l'union qu'il contracte avec les Acides, quoique cette union paroisse plus intime que celle de plusieurs matieres huileuses avec ces mêmes Acides. Mais si on mêle avec de l'eau la combinaison de Camphre & d'Acide, ces deux substances se séparent aussitôt l'une de l'autre : l'Acide se joint à l'eau, & le Camphre entierement débarrassé nage à la surface de la liqueur. Ni les Alkalis volatils, ni les Alkalis fixes les plus cau-

ftiques , ne peuvent s'unir avec lui : il
élude toujours leur action.

Nonobftant ces différences énormes ,
qui fe trouvent entre le Camphre &
toutes les autres matieres huileufes & réfineufes , la regle de l'épaiffiffement des
Huiles par les Acides nous paroît fi générale , & fi conftamment obfervée dans
la nature , que nous ne pouvons nous
empêcher de croire que cette fubftance
eft , de même que toutes les autres , une
Huile épaiffie par un Acide. Mais quelle
eft cette Huile ? quel eft cet Acide ,
quelle eft l'union de ces deux fubftances ?
Cela peut donner matiere à de très-bel-
les recherches.

M. Hellot , avec une Huile jaune tirée du vin , & un Efprit acide vineux ,
dont nous parlerons plus amplement à
l'article de l'Æther , a fait une efpece de
Camphre artificiel ; une matiere qui a
l'odeur , la faveur , l'inflammabilité du
Camphre ; un Camphre ébauché. Le
vrai Camphre a la légereté & la volatilité de l'Æther; il en a l'inflammabilité.
Seroit-il une matiere analogue à l'Æther,
une efpece d'Æther folide , & fous la
forme concréte ?

III. PROCÉDÉ.

Analyse des Bitumes. Soit pris pour exemple le Succin. Sel volatil & Huile de Succin.

METTEZ dans une cornue de verre du Succin en petits morceaux , & qu'il n'y en ait qu'une quantité suffisante pour emplir seulement les deux tiers de ce vaisseau. Placez votre cornue dans un fourneau que vous couvrirez de son dôme ; ajustez un grand récipient de verre, & distillez , par le moyen d'un feu gradué, en commençant par une chaleur très-douce. Il s'élevera d'abord du phlegme, qui deviendra peu à peu acide, auquel il succédera un Sel volatil, figuré en petites aiguilles ; ce Sel s'attachera aux parois du récipient.

Entretenez le feu au même degré , pour faire sortir tout ce Sel. Lorsque vous vous appercevrez qu'il n'en montera presque plus, changez de récipient, & augmentez un peu le feu. Il s'élevera une Huile légere , claire & limpide. Cette Huile , à mesure que la distillation s'avancera , deviendra plus colorée, moins limpide, plus épaisse, & enfin sera opaque, noire, & aura la consistence de la Thérébentine.

Lorsque la cornue étant rouge, vous verrez qu'il ne passera plus rien, laissez éteindre le feu. Vous trouverez une matiere charboneuse, noire, légere & spongieuse. Si vous avez eu attention de changer de temps en temps de récipient pendant la distillation de votre Huile, vous en aurez séparément plusieurs portions, qui auront toutes différent degré de ténuité & d'épaississement, suivant qu'elles auront passé dans le commencement ou à la fin de la distillation.

REMARQUES.

La plupart des Chymistes & des Naturalistes rangent dans la classe des Minéraux la substance dont nous donnons à présent l'analyse, & toutes les autres matieres de même espece, c'est-à-dire, les Bitumes : & ils ont raison, en ce que l'on retire effectivement ces mixtes des entrailles de la terre, de même que les autres minéraux, & qu'on ne les retire jamais immédiatement d'aucun composé, soit végétal, soit animal. Nous avons cru cependant devoir en agir autrement,

& que nous ne pouvions les placer plus convenablement dans cet ouvrage, qu'à la fuite des fubftances végétales que nous nommons *Réfines*.

Plufieurs motifs nous ont déterminé à prendre ce parti. L'analyfe des Bitumes démontre qu'ils font totalement différens, par les principes qu'ils contiennent, de toute autre efpece de minéral ; qu'ils reffemblent au contraire beaucoup, & prefque à tous égards, aux matieres végétales réfineufes. Enfin, quoiqu'on ne les retire point immédiatement des Végétaux, il y a tout lieu de croire qu'ils viennent originairement du regne végétal, & qu'ils ne font autre chofe que des matieres réfineufes & huileufes d'arbres ou de plantes, qui par le long féjour qu'elles ont fait dans la terre, & l'union qu'elles ont contractée avec les Acides minéraux, ont acquis les qualités qui les font différer des Réfines.

Les Minéralogiftes n'ignorent pas, qu'on trouve abondamment dans la terre une grande quantité de matieres végétales, qui y font enfevelies depuis un fort long-temps, fouvent à une affez grande profondeur. Il n'eft pas rare de rencontrer en fouillant la terre, de

grands lits ou couches de bois foffiles ,
qui paroiffent être les debris d'immenfes
forêts. Souvent les Bitumes , & le Succin en particulier , fe rencontrent dans
ces bois fouterrains.

Ces confidérations, jointes aux preuves que nous fournit l'analyfe, donnent
plus que de la vraifemblance à ce fentiment , qui ne nous eft pas particulier ,
& qui eft auffi celui de plufieurs habiles
Chymiftes modernes.

L'analyfe que nous venons de donner
du Succin , peut fervir de modele en général pour celle des autres efpeces de
Bitumes , à la différence près , qu'il eft le
feul qui fourniffe le Sel volatil dont
nous avons parlé. C'eft ce qui nous a déterminé à en parler par préférence à tout
autre. Du refte , ils fourniffent tous du
Phlegme , un Acide en liqueur & une
Huile , qui eft d'abord tenue , & qui devient épaiffe à mefure que la diftillation
approche de fa fin : bien entendu néanmoins, que ces Acides & ces Huiles peuvent être différens fuivant la nature des
Bitumes dont on les retire , de même
que le Phlegme , l'Acide & l'Huile qui
réfultent de la décompofition des Réfines , different dans leur quantité & leur

qualité, fuivant la nature des Réfines qui les fourniffent.

Les principales différences qu'on remarque entre les Réfines & les Bitumes, c'eft que ces derniers font moins diffolubles dans l'Efprit-de-vin ; qu'ils ont une odeur particuliere dont on ne peut point donner une idée jufte , & dont l'organe feul de l'odorat peut juger , & que leur Acide eft plus fort & plus fixe. Cette derniere propriété eft un des motifs qui nous portent à croire, qu'outre l'Acide végétal, originairement combiné avec la matiere huileufe ou réfineufe qui eft devenue bitume , il eft encore entré depuis une certaine quantité d'Acide minéral dans la compofition de ce mixte. Nous allons bientôt voir que la chofe eft certaine, au moins à l'égard du Succin.

Prefque tous les Auteurs qui font mention de l'analyfe du Succin , ont parlé différemment de la volatilité du Sel de ce Bitume , & du temps de la diftillation où il commence à s'élever. Les uns le font monter immédiatement après le premier Phlegme acide : les autres difent qu'il ne commence à paroître qu'après la premiere Huile tenue : d'autres enfin,

disent qu'il s'éleve avec la derniere Huile épaisse. M. Bourdelin, qui a examiné
cette matiere à fond, dans un Mémoire
qu'il a donné à l'Académie, sur l'analyse
du Succin, remarque fort judicieuse-
ment, que la cause des différens résultats qu'ont eu ces Chymistes dans l'analyse qu'ils ont faite de notre mixte, n'est
autre chose que la maniere dont ils ont
conduit le feu pendant l'opération.

Il est certain que cela peut produire
des différences infinies, puisque le feu
étant appliqué brusquement & sans ménagement, non-seulement confond ensemble, & mêle absolument dans un dé-
sordre singulier les principes d'une substance dont on veut faire l'analyse ; mais
que souvent il fait passer cette même
substance de la cornue dans le récipient
toute entiere, & nullement décomposée : ce qui est vrai du Succin,& de presque toutes les substances un peu composées qui ne sont pas de la derniere
fixité.

Ainsi on doit observer comme une
regle générale & essentielle dans toutes
ces analyses, de donner le feu avec une
lenteur & un ménagement extrêmes : on
ne peut point pécher par excès de ce

côté-là ; & de ne l'augmenter qu'à mesure qu'on voit que cela eſt néceſſaire
pour faire continuer la diſtillation. C'eſt
en ſuivant cette méthode , qu'on parvient à faire une analyſe exacte : c'eſt
par ce moyen qu'on retire le Sel du Succin avant l'Huile , lequel , ſi on donnoit
d'abord un degré de chaleur aſſez fort
pour élever l'Huile tenue , ou même
l'Huile épaiſſe , ne paſſeroit qu'avec l'u-
ne ou l'autre de ces Huiles.

La nature du Sel de Succin a été long-
temps inconnue aux Chymiſtes , & les
Auteurs du plus grand nom ſe ſont auſſi
peu accordés ſur cet article , que ſur celui dont nous venons de parler. Les uns
ont aſſuré que c'étoit un Sel volatil de
même eſpece que celui qu'on retire des
matieres animales , c'eſt-à-dire , un Alkali volatil : d'autres ont prétendu , au
contraire , que c'étoit un Acide d'une
nature ſinguliere.

Le peu d'accord des Auteurs à ce ſujet , eſt une choſe fort étonnante , vu la
facilité qu'il y a de reconnoître ſi ce
Sel eſt effectivement un Acide ou un
Alkali. M. Bourdelin décide , avec raiſon , la choſe en faveur de ceux qui prétendent qu'il eſt Acide. En effet , ce Sel

a toutes les propriétés d'un Acide : il en a la faveur, forme des Sels neutres avec les Alkalis, & ne differe des Acides les plus décidés, qu'en ce qu'une portion d'Huile & une petite quantité de terre qui lui font unies, lui donnent une forme concréte ; ce qui n'eſt point ſans exemple en Chymie, comme le prouve la Crême de Tartre. A l'égard de ſa volatilité, elle n'a rien qui répugne aux propriétés des principes dont il eſt compoſé, l'Acide & l'Huile qui y dominent pouvant facilement communiquer la volatilité qui leur eſt naturelle à la petite portion terreuſe avec laquelle ils ſont unis.

Les Chymiſtes qui ont dit que le Sel de Succin étoit un Alkali volatil, ou ne l'ont pas examiné à fond, & s'en ſont tenus à la premiere apparence qui le fait reſſembler au Sel volatil des animaux, ou bien ont été induits en erreur par quelques circonſtances particulieres. On ſçait, par exemple, qu'il y a dans la terre des matieres animales foſſiles auſſi bien que des végétales. Les inſectes qu'on trouve quelquefois enfermés dans des morceaux même de Succin, en ſont une bonne preuve. Peut-être eſt-ce avec

de pareil Succin qu'ils ont fait leurs expériences ; ou bien celui dont ils fe font
fervi, étoit empreint de quelque fubftance animale moins fenfible. Il ne feroit pas étonnant, qu'en ce cas le Sel
volatil qu'ils ont retiré, eût donné des
marques d'Alkali ; car l'Alkali volatil
qui fe feroit dégagé de la matiere animale, ne fe feroit que mêlé, mais non
pas combiné avec le Sel de Succin, parceque la grande quantité d'Huile dont
ces deux Sels font embarraffés, eft capable de les empêcher de fe diffoudre
mutuellement pour former un Sel neutre, comme cela arriveroit dans tout
autre cas.

L'acidité ou l'alkalinité n'étoit point
la feule chofe qu'il y eût à examiner fur
le Sel de Succin. Sa qualité acide étant
une fois bien déterminée, il reftoit à
trouver de quelle nature étoit cet Acide. C'eft ce point qui eft l'objet principal du Mémoire de M. Bourdelin ; &
cette découverte eft fans contredit une
des plus belles, & en même temps des
plus difficiles, qu'il y eût à faire fur ce
Bitume.

Il eft facile de fe convaincre par plufieurs expériences dont nous avons ren-

du compte en différens endroits de cet
Ouvrage, que les Acides minéraux les
plus forts font fi confidérablement altérés, & déguifés à un tel point, lorfqu'ils
ont été combinés avec quelque matiere
huileufe, que non-feulement ils font mé-
connoiffables, mais même qu'on rifque
de les décompofer & de les détruire en
partie, par les opérations qui femblent
les plus propres à les féparer d'avec
l'Huile dont ils font embarraffés. M.
Bourdelin a eu toutes ces difficultés à
furmonter, & n'a ceffé de rencontrer
toujours de nouveaux obftacles, dans
cette ennuieufe matiere graffe, qui comme un voile impénétrable, lui cachoit
continuellement l'Acide dont il cherchoit à découvrir la nature. Mais enfin,
à force de multiplier les expériences, il
eft heureufement parvenu à fon but.
Deux parties de Nitre, dont la pureté
n'étoit altérée par le mêlange d'aucune
particule de Sel marin, & une partie de
Succin, pulvérifés & mêlés enfemble,
lui ont fourni par la détonnation un Sel,
en partie neutre, & en partie alkali;
dans la leffive duquel il s'eft formé, par
une évaporation fpontanée, un dépôt
d'une matiere mucilagineufe, mollaffe

& blanchâtre , dans laquelle il a fçu diftinguer des criftaux bien tranfparens , réguliérement figurés , de forme cubique, mais un peu allongés, de forte qu'ils repréfentoient de petits quarrés longs très-exactement faits , & de l'épaiffeur à peu près d'une demi-ligne.

La figure de ces criftaux , tout-à-fait femblables à ceux du Sel neutre qui réfulte de la combinaifon de l'Acide du Sel marin avec la bafe alkaline du Nitre , fournit à M. Bourdelin la premiere preuve que l'Acide du Succin eft de même efpece , & le même que celui du Sel marin. Le Nitre s'étant alkalifé par le moyen du phlogiftique du Succin, l'Acide de ce Bitume , qui a trouvé dans cet Alkali une matiere propre à le fixer. s'y eft uni, & s'eft trouvé par cette union en état de réfifter à l'action du feu , & de n'être point enlevé.

D'un autre côté, il a été féparé d'avec la matiere graffe qui le mafquoit , puifque c'eft à l'aide de cette matiere graffe que le Nitre s'eft alkalifé. C'eft pour cela que cet Acide ayant recouvré toutes fes propriétés , commence à les manifefter , comme nous l'avons dit , par la figure qu'il donne conftamment aux criftaux du Sel neutre dans la compofition duquel il entre.

Ce Sel neutre a d'ailleurs toutes les autres propriétés effentielles au Sel marin. Il en a la faveur ; il décrépite comme lui fur les charbons ardens : fi l'on verfe deffus de l'Huile de Vitriol, il s'en éleve des vapeurs blanches qui ont l'odeur de l'Efprit de Sel, qui font de véritable Efprit de Sel. Enfin, il précipite en blanc la diffolution de Mercure dans l'Efprit de Nitre, & en Lune-cornée la diffolution d'argent : dernieres preuves qui feules fuffiroient pour établir le fentiment de M. Bourdelin, quand même les autres lui manqueroient.

Il feroit à fouhaiter qu'on fît fur les autres Bitumes les mêmes expériences que M. Bourdelin a faites fur le Succin. Il y a lieu de croire qu'on trouveroit que leurs Acides font ou celui du Sel marin, ou le vitriolique ; car quoiqu'ils ne fourniffent point dans la diftillation de Sel volatil, comme le Succin, les Acides qu'on en retire font néanmoins très-forts, & paroiffent, comme nous l'avons dit, avoir une origine minérale.

M. Geoffroy a obfervé que le Succin réduit en poudre, & infufé dans de l'eau chaude :

chaude, y laisse son Sel, de même que
le Benjoin : ce qui pourroit faire soup-
çonner que le Succin est aux Bitumes,
ce que le Benjoin est aux Résines.

IV. PROCÉDÉ.

Analyse de la Cire, & des composés hui-
leux qui lui sont analogues.

FAITES fondre la Cire dont vous voudrez faire l'analyse, & mêlez-y,
quand elle sera fondue, assés de sablon
fin pour la réduire en pâte ferme. Mettez cette pâte par petits morceaux dans
une cornue, & distillez, comme à l'ordinaire, à un feu gradué, en commençant par une chaleur très-douce. Il montera d'abord un phlegme acide, lequel
sera suivi d'une liqueur qui aura d'abord
l'apparence d'une Huile, mais qui se
congelera aussitôt dans le récipient, &
aura la forme d'un beurre, ou d'une graif-
se. Continuez la distillation en augmentant le feu insensiblement, jusqu'à ce
qu'il ne monte plus rien.

Séparez alors le beurre qui sera dans
le récipient d'avec le phlegme acide.
Remêlez-le avec de nouveau sable, &

rediſtillez-le comme vous avez d'abord diſtillé la Cire. Il paſſera encore du phlegme acide, & il s'élevera une Huile qui ne ſe figera pas dans le récipient, mais qui ſera encore épaiſſe. Continuez la diſtillation, en gouvernant le feu de maniere que les gouttes ſe ſuccédent les unes aux autres, dans l'intervalle de ſix ou ſept ſecondes. Ne l'augmentez que quand vous vous appercevrez que les gouttes diſtillent plus lentement, & ne l'augmentez qu'autant qu'il ſera néceſſaire pour faire ſuccéder les gouttes les unes aux autres, comme nous venons de le dire. La diſtillation étant achevée, vous trouverez dans le récipient toute l'Huile qui aura paſſé, & un peu de phlegme acide. Séparez-la d'avec cette liqueur ; & ſi vous voulez la rendre plus fluide, rediſtillez-la une troiſieme fois de la même maniere,

REMARQUES.

La Cire eſt, comme toutes les autres matieres huileuſes en forme concréte, une Huile épaiſſie par un Acide : ſon analyſe nous fournit une preuve bien convaincante de cette vérité, laquelle, comme l'on voit, ſe confirme de plus en plus, à mesure que nous donnons de nouvelles analyses de pareilles substances.

Cette matiere ne se dépouille d'abord par la distillation, que d'une partie de son Acide. C'est ce qui est cause qu'elle ne se convertit pas aussi en Huile fluide dès la premiere distillation ; mais qu'elle se change en une substance qui n'a acquis qu'un degré de mollesse proportionné à la quantité d'Acide qui s'en est séparé. La même chose arrive à ce beurre, qui par une seconde distillation perdant une grande quantité de l'Acide qui lui reste, & qui lui donne de la consistence, se change en Huile par cette raison. Enfin, cette Huile, par une troisiéme distillation, devient très-fluide, d'épaisse qu'elle étoit, & suit la regle générale des Huiles, qui deviennent toujours d'autant plus fluides, qu'elles sont redistillées ou rectifiées un plus grand nombre de fois.

Ce que nous avons dit jusqu'ici de la Cire, convient aussi aux Résines, ausquelles elle ressemble d'ailleurs par sa consistence & son indissolubilité dans l'eau. Mais elle en différe aussi essentiellement à plusieurs égards ; & c'est pour cette raifon que nous avons cru qu'il étoit à propos d'en parler. Voici quelles font les propriétés qui la font différer des Réfines. Premierement, elle n'a point d'odeur aromatique, ni de faveur âcre, comme les Réfines : fecondement, elle ne fournit point d'Huile tenue & limpide, comme elles, dès la premiere diftillation.

Troifiémement, fon Huile ou fon beurre ne s'épaiffiffent point fenfiblement par la vétufté. M. Boerhaave a gardé du beurre de Cire pendant vingt années entieres, dans un vaiffeau qui n'étoit point bouché, mais feulement couvert d'un morceau de papier, fans qu'il fe foit durci pour cela. Une Huile effentielle enfermée plus exactement, auroit acquis en bien moins de temps la confiftence d'un Baume; & un Baume pendant cet efpace de temps feroit devenu Réfine.

Quatriémement, la Cire n'eft point diffoluble dans l'Efprit-de-vin, & il eft de l'effence des Réfines d'être diffolubles dans ce menftrue. Cinquiémement, j'ai obfervé que l'Efprit-de-vin a quelqu'action fur le beurre de Cire, diffout ce beurre devenu Huile, s'unit encore

plus facilement avec cette Huile, lorſqu'elle eſt rectifiée par une troiſiéme diſtillation ; & la diſſout d'autant plus facilement, qu'elle eſt diſtillée un plus grand
nombre de fois. Les Réſines, au contraire, ſont plus diſſolubles dans l'Eſprit-
de-vin, que les Huiles tenues qu'on en
retire ; & ces Huiles acquiérent de plus
en plus, par des rectifications réitérées,
la propriété de réſiſter à l'action de ce
diſſolvant.

On peut juger, par ces différences,
s'il eſt à propos de confondre la Cire avec
les Réſines, ou ſi elle ne doit pas plutôt
être regardée comme un compoſé huileux d'une eſpece ſinguliere, qui mérite
d'être rangé dans une claſſe, ou du moins
dans une diviſion différente.

Pour peu qu'on faſſe réflexion ſur les
propriétés des Huiles eſſentielles, ſur
celles des Huiles graſſes, & qu'on les
compare enſemble, il n'eſt pas poſſible
qu'on ne ſoit frappé de la reſſemblance
qu'il y a entre les propriétés des Huiles
eſſentielles & celles des Réſines, de même que de la conformité qui ſe trouve
entre les propriétés des Huiles graſſes,
& celles de la Cire. On peut conclure
de tout cela, à mon avis, avec beau-

coup de fondement, que l'Huile de la Cire n'eſt pas de même nature que celle des Réſines. L'Huile des Réſines a toutes les propriétés des Huiles eſſentielles, & eſt reconnue avec raiſon pour une Huile eſſentielle épaiſſie, & appeſantie par un Acide. L'Huile de la Cire, au contraire, a toutes les propriétés des Huiles graſſes, & il y a tout lieu de croire que cette ſubſtance n'eſt effectivement qu'une Huile graſſe durcie par un Acide.

La Cire ramaſſée par les abeilles, n'eſt pas le ſeul compoſé huileux qui paroiſſe avoir une Huile graſſe pour bâſe, on retire par la décoction, de quelques arbres de l'Amérique, une ſubſtance qui a toutes les propriétés de la Cire, & qui n'en différe que par ſa couleur qui eſt verte. Le Beurre de Cacaos eſt encore une matiere analogue à la Cire, & ſeroit une vraie Cire, s'il en avoit la dureté : il contient les mêmes principes, mais dans une proportion différente : en un mot, il eſt à la Cire, ce que les Baumes ſont aux Réſines.

V. PROCÉDÉ:

*Analyse des Sucs sucrés des plantes. Soit
pris pour exemple, le Miel.*

METTEZ dans une cucurbite de grais
le Miel que vous voudrez diftiller, & faites-en fortir la plus grande partie de l'humidité à un feu de fable modéré, jufqu'à ce que vous vous apperceviez que ce premier phlegme commence à devenir acide. Prenez alors la matiere qui refte dans la cucurbite, mettez-la dans une cornue, dont un grand tiers doit demeurer vuide, & diftillez dans un fourneau de réverbere, à une chaleur graduée. Il fortira une liqueur acide, d'une couleur ambrée. La couleur de cette liqueur deviendra d'autant plus foncée, & fa faveur fera d'autant plus acide, que la diftillation approchera davantage de fa fin. Il montera en même temps un peu d'Huile noire. Vous trouverez dans la cornue, lorfque la diftillation fera achevée, une matiere charboneufe affés abondante, laquelle étant brûlée à l'air libre & leffivée, fournit de l'Alkali fixe.

K iv

REMARQUES.

A ne confidérer que la nature des principes qu'on retire du Miel, on pourroit croire que cette fubftance eft de même efpece que les matieres réfineufes; car on trouve également d'un côté comme de l'autre, du phlegme, un Acide, de l'Huile, & du charbon. Il y a cependant une différence bien grande entre ces deux efpeces de compofés. Les matieres huileufes de l'efpece de Réfines font très-inflammables, & abfolument indiffolubles dans l'eau : le Miel, au contraire, n'eft point inflammable par luimême, ne peut s'enflammer qu'après avoir été déja à moitié confumé & réduit prefqu'en charbon par le feu, & fe mêle facilement & intimement avec l'eau. D'où peut donc venir cette différence ? Puifqu'elle n'eft point due à la nature des principes qui entrent dans la compofition de ces mixtes, il faut néceffairement qu'elle vienne de la proportion de ces mêmes principes. Auffi, en faifant attention à la quantité qu'on retire de chacun d'eux par l'une & l'autre analyfe, on verra que de ce côté la différence eft bien grande. Les compofés huileux de la nature des Réfines, ceux qui font indiſſolubles dans l'eau, fourniſſent par la diſtillation peu de phlegme, une quantité d'Huile infiniment ſupérieure à celle de l'Acide, & très-peu de matiere charboneuſe, laquelle par la combuſtion laiſſe à peine une apparence d'Alkali fixe. Le Miel, au contraire, & les autres ſucs de même nature, donnent dans leur analyſe beaucoup de phlegme, une quantité d'Acide beaucoup plus grande que celle de l'Huile, & une matiere charboneuſe aſſés abondante; de laquelle on retire après l'avoir brûlée à l'air libre, un Alkali bien ſenſible.

Il eſt facile, en comparant enſemble la quantité des principes provenans de ces deux analyſes, d'en déduire la cauſe de la différence qu'il y a entre les propriétés des mixtes qui en font l'objet. On vóit dans la grande quantité d'Huile dont les ſubſtances réſineuſes ſont preſqu'entierement compoſées, la raiſon pour laquelle elles ſont ſi inflammables & indiſſolubles dans l'eau. Il ne reſte, après la décompoſition de ces corps, que peu de matiere charboneuſe, & très-peu d'Alkali fixe, parceque leur Huile entraîne avec elle preſque tout leur Acide,

K v

& qu'il n'en reste qu'une quantité à peine sensible, fixée dans la matiere charboneuse. Or on sçait que c'est cet Acide qui
concourt le plus à la formation du Sel
alkali. Le Miel, au contraire, & les mixtes qui lui sont analogues, ne sont si peu
inflammables, & ne se mêlent si facilement avec l'eau, que parcequ'il n'entre
que très-peu d'Huile dans leur composition, en comparaison de l'Acide qui est
leur principe dominant. C'est par la même raison, qu'ils laissent après leur décomposition une plus grande quantité de
matiere charboneuse, de laquelle on retire aussi beaucoup plus d'Alkali fixe
que de celle des Résines. Peut-être ces
mixtes contiennent-ils aussi un peu plus
de terre. On voit la raison de cette plus
grande quantité d'Alkali fixe, dans ce
que nous avons déja dit plus haut, de la
combinaison & production de ces Sels.

Le Sucre, la Manne, les Sucs des fruits
& plantes sucrés, sont de même nature,
donnent les mêmes principes, & dans
les mêmes proportions que le Miel: toutes ces substances doivent être regardées
comme des Savons naturels, puisqu'elles sont composées d'une Huile rendue
miscible avec l'eau, par le moyen d'une

subftance faline. Elles différent du Savon
ordinaire artificiel à plufieurs égards ,
principalement à caufe que leur partie
faline eft un Acide, au lieu que celle du
Savon ordinaire eft un Alkali. Les Savons naturels n'en font pas moins parfaits pour cela : au contraire , ils fe diffolvent dans l'eau , fans lui faire perdre
fa tranfparence , & fans lui donner une
apparence laiteufe ; ce qui prouve que
les Acides font des intermédes auffi bons
& même meilleurs que les Alkalis pour
mettre les Huiles dans un état favoneux.

Mais il faut convenir que ces efpeces
de favons acides que la nature prépare
& combine fi parfaitement n'ont pu jufqu'à préfent être bien imités par l'art, &
que leur qualité déterfive eft bien moins
marquée que celle des favons dont le
principe falin eft un alkali.

Quoique le Miel & les autres fubftances végétales qui lui font analogues contiennent beaucoup d'Acide , ces compofés n'ont point cependant de faveur aigre
ni les autres propriétés des Acides ; au
contraire , leur faveur eft double & fu-
crée ; cela vient de ce que leur Acide eft
intimement mêlé & parfaitement combiné avec l'Huile qui l'enveloppe & l'é-
mouffe entierement.   K vj

VI. PROCÉDÉ.

*Analyse des matieres gommeuses. Soit
prise pour exemple, la Gomme
arabique.*

DIstillez dans une cornue, à un
feu gradué, de la Gomme arabique. Il en sortira d'abord un phlegme
limpide, sans odeur & sans saveur. Ensuite une liqueur acide de couleur rousse, un peu d'Alkali volatil & d'Huile
d'abord tenue, ensuite plus épaisse. Il
reste dans la cornue une matiere charboneuse assés abondante, qui brûlée & les-
sivée, fournit de l'Alkali fixe.

REMARQUES.

Les Gommes ont, au premier coup
d'œil, quelque ressemblance avec les Résines. C'est ce qui a été cause qu'on a
donné à plusieurs matieres résineuses le
nom de *Gomme*, mais bien mal à propos; car ces deux especes de substances
sont d'une nature absolument différente
l'une de l'autre. Nous avons vu que les
Résines ont une odeur aromatique; qu'elles sont indissolubles dans l'eau, disso-

lubles dans l'Efprit-de-vin; qu'elles ne
font qu'une Huile effentielle épaiffie. Les
Gommes, au contraire, n'ont point d'o-
deur, font diffolubles dans l'eau, indiffolubles dans l'Efprit-de-vin, & fe réduifent, comme nous venons de le voir,
par leur analyfe, prefqu'entierement en
eau & en Acide. La petite quantité
d'Huile qu'elles contiennent eft fi bien
unie avec l'Acide, qu'elle fe diffout dans
l'eau parfaitement, & que cette diffolution eft claire & limpide. Les Gommes
reffemblent à cet égard au Miel, & aux
autres Sucs végétaux qui lui font analogues. Elles font toutes fluides dans leur
origine; c'eft-à-dire, lorfqu'elles commencent à découler des arbres. Elles ont
alors une parfaite reffemblance avec les
mucilages, ou plutôt elles font de vrais
mucilages, qui s'épaiffiffent & fe durciffent avec le temps, par l'évaporation
d'une grande partie de leur humidité;
de même que les Réfines font de véritables Huiles, qui ayant perdu par l'é-
vaporation leurs parties les plus fluides,
deviennent enfin folides. Les infufions
ou légeres décoctions des plantes mucilagineufes, évaporées jufqu'à ficcité, dé-
viennent de véritables Gommes.

Il y a des arbres qui font abondans en même temps en Huile & en mucilages ; ces deux fubftances fe mêlent quelque-fois, & découlent confondues enfemble. Elles fe defféchent, & fe durciffent auffi l'une & l'autre en une feule maffe, qui eft par conféquent une matiere en même temps gommeufe & réfineufe. Auffi nomme-t-on ces fortes de mixtes, *Gommes-réfines*.

Mais il eft à remarquer, que les parties gommeufes & réfineufes ne fouffrent par ce mêlange aucune altération, & confervent chacune leurs propriétés, comme fi elles étoient feules. Cela vient de ce qu'elles ne font pas véritablement unies enfemble. Les Gommes étant indiffolubles par les Huiles ou par les Réfines, leurs parties font feulement interpofées les unes entre les autres, à la faveur de leur vifcofité. De-là vient que fi on met dans l'eau une Gomme-réfine, cette eau diffout feulement la partie gommeufe, & ne touche point à la réfineufe. Si, au contraire, on met la Gomme-réfine dans de l'Efprit-de-vin, ce menftrue diffout la Réfine & laiffe la Gomme. Nous parlerons plus particulierement à l'article de l'Efprit-de-vin de cette diffolution.

Si au lieu de laiffer fimplement infufer dans l'eau la Gomme-réfine , on la
triture dans l'eau, elle s'y diftribue toute
entiere ; mais la partie réfineufe qui n'eft
que divifée par ce mouvement, & non
point diffoute par l'eau , donne à la liqueur une couleur laiteufe comme les
émulfions. C'eft une véritable émulfion ;
celles qui font faites avec les Amandes
n'étant, de même que celle-ci , qu'une
Huile divifée ; étendue par le mouvement, & foutenue dans l'eau à la faveur
d'une matiere mucilagineufe.

SECTION SECONDE.

Des opérations qui se font sur les substances végétales fermentées.

CHAPITRE PREMIER.

DU PRODUIT DE LA FERMENTATION SPIRITUEUSE.

PREMIER PROCEDÉ.

Changer en Vin les substances susceptibles de fermentation spiritueuse.

METTEZ dans un tonneau une liqueur propre & disposée à la fermentation spiritueuse. Placez ce tonneau dans un cellier, dont l'air soit d'une chaleur tempérée, & que l'ouverture du bondon soit simplement couverte avec un morceau de toile. Après un temps plus ou moins long, suivant la nature de la liqueur qui doit fermenter, & du degré de chaleur de l'air, cette liqueur commencera à se gonfler & à se raréfier.

Il s'y excitera un mouvement inteſtin , accompagné d'un petit bruit, d'un bouil- lonnement , de bulles qui s'éleveront à la ſurface de la liqueur , de vapeurs qui ſe dégageront, & les parties groſſieres , viſqueuſes & épaiſſes , pouſſées par le mouvement de la fermentation , & ren- dues légeres par les petites bulles d'air qui s'attachent à elles, s'éleveront à la ſu- perficie , où elles formeront une eſpece de croûte molle & ſpongieuſe qui cou- vrira exactement la liqueur. Le mouve- ment de fermentation continuant tou- jours, cette croûte ſera ſoulevée , & fen- due de temps en temps par des vapeurs qui s'échapperont; mais ces ouvertures ſe refermeront auſſitôt, juſqu'à ce que la fermentation venant à diminuer, & à ceſ- ſer entierement , cette croûte tombera par parties au fond de la liqueur, qui s'é- claircira inſenſiblement. Bouchez alors le tonneau exactement avec ſon bon- don, & mettez-le dans un lieu plus frais.

REMARQUES.

Les matieres ſuſceptibles de fermen- tation ſpiritueuſe , ſont rarement toutes diſpoſées par la nature, comme il con- vient qu'elles le ſoient pour éprouver cette fermentation. Si on excepte les Sucs qui découlent naturellement de quelques arbres, & plus souvent encore par des incisions faites exprès à ces mêmes arbres, toutes les autres substances ont besoin de quelques préparations.

M. Boerhaave, qui a très-bien traité ce sujet dans sa Chymie, divise en cinq classes les matieres propres à la fermentation spiritueuse. Il met dans la premiere classe toutes les semences farineuses, légumineuses, & les amandes de presque tous les fruits. Sa seconde classe renferme les Sucs de tous les fruits qui ne tendent point à la putréfaction. Dans la troisiéme classe sont rangés les Sucs des plantes entieres, qui tendent plutôt à l'Acide qu'à la putréfaction : il en faut exclure par conséquent celles qui fournissent beaucoup d'Alkali volatil. La quatriéme classe comprend les Sucs ou féves, qui découlent d'eux-mêmes, ou par incision, de plusieurs sortes d'arbres & de plantes. Enfin il forme sa cinquiéme classe des Sucs savoneux, sucrés, & concrets ou épais des Végétaux. Les matieres résineuses, ou purement gommeuses, sont exclues comme n'étant point propres à la fermentation.

Ces cinq classes peuvent se réduire à deux, dont l'une renfermera tous les Sucs végétaux, & l'autre toutes les farines, susceptibles de fermentation. Les Sucs n'ont besoin, pour être disposés à la fermentation, que d'être exprimés des matieres qui les contiennent, & délayés dans une suffisante quantité d'eau. S'ils sont très-épais, le mieux est de les étendre dans de l'eau, de maniere que la liqueur soit en état de soutenir seulement un œuf frais. A l'égard des farines, comme elles sont presque toutes huileuses ou mucilagineuses, elles demandent quelques préparations de plus. La maniere dont on fait la Biere peut fournir des exemples de ces préparations. Voici comme M. Boerhaave a décrit ce travail.

On met le grain dans de grandes cuves pendant un temps chaud, & on verse dessus une assés grande quantité d'eau de pluie, ou de riviere très-pure. On le laisse tremper dans cette eau, jusqu'à ce qu'il en soit bien imbibé, & qu'il soit beaucoup renflé. Cette premiere opération s'appelle la *Macération*.

Le grain étant ainsi bien renflé, on le retire de l'eau, on le met par grands monceaux dans des endroits ouverts ; mais qui ne soient point trop exposés au vent. Il s'excite en assés peu de temps dans ces monceaux de grains, une chaleur qui développe le germe , & fait pousser de petits commencemens de feuilles & de racines. L'habileté de ceux qui président à ces opérations , consiste à saisir le temps précis dans lequel il faut arrêter cette germination : c'est de-là que dépend en grande partie tout le succès du travail. Car si on laissoit le grain trop long-temps dans cet état , il seroit à craindre qu'il ne commençât à se pourrir , ou que les feuilles & les racines prenant trop d'accroissement , ne consumassent presque toute la substance farineuse, qui seule doit fournir la matiere de la fermentation ; & si on arrêtoit trop tôt cette germination , on n'en retireroit pas l'avantage qu'elle doit procurer , sçavoir, l'atténuation des matieres mucides.

Aussitôt donc qu'on s'apperçoit que la germination est parvenue à son point, il faut l'arrêter le plus promptement qu'il est possible. On porte pour cela le grain dans des endroits ouverts & exposés au vent du Nord. On l'étend sur des plan-

chers, & on le fait fécher : ce qui l'empêche de germer davantage. Quand il
eft en cet état, on le fait couler lentement par un canal fort échauffé ; ce qui
achéve de le deffécher radicalement avec
une grande promptitude, & le rôtit en
quelque maniere, mais très-légerement.
Le grain qui a fouffert ces préparations
fe nomme *Malt*.

L'effet que produifent la germination,
la déficcation, & la légere torréfaction
du grain, c'eft d'atténuer confidérablement la fubftance farineufe, & de détruire fa vifcofité naturelle, qui empêche, lorfqu'on le fait bouillir dans l'eau,
que la farine ne fe mêle & ne fe diffolve
en quelque maniere dans cette eau, comme il convient qu'elle le foit pour former
une liqueur difpofée à la fermentation
fpiritueufe.

M. Boerhaave remarque que fi on
broye fous fes dents du grain qui n'a
point reçu ces préparations, la farine
qu'il contient fait une colle qu'on a beaucoup de peine à atténuer, & à diffoudre
entierement avec la falive ; au lieu que
fi on mâche du grain réduit en Malt, fa
farine fe mêle promptement & parfaitement avec la falive ; il a outre cela une

faveur douce & agréable, qu'on ne trouve point dans le grain ordinaire.

Lorfque le grain eft réduit en Malt,
on le moud, & on verfe deffus de l'eau
chaude, dans laquelle on le laiffe infufer
pendant trois ou quatre heures. Pendant
ce temps l'eau fe charge de toute la farine atténuée du Malt; ce qui n'arriveroit point à du grain qui n'auroit point
reçu ces préparations. Puis on décante
l'eau de deffus le marc groffier, & on
la fait bouillir pour lui donner le degré
d'épaiffiffement convenable; après quoi
on laiffe refroidir cette décoction, puis
on la met dans des tonneaux pour la faire fermenter, ainfi qu'il a été dit dans le
procédé.

Comme la Biere eft fujéte à s'aigrir,
& ne fe garde point auffi long-temps
que le Vin; on fait bouillir quelques
plantes ameres dans la décoction, pour
la rendre plus durable, & l'empêcher de
tourner à l'aigre auffi vîte. On choifit
pour cela les plantes qui ont une faveur
amere agréable: c'eft ordinairement le
Houblon qu'on employe par préférence
aux autres.

Outre ces préparations qui concernent principalement le vin de grain ou

la Biere, il y a encore plufieurs autres chofes à obferver qui concernent en général la fermentation fpiritueufe, & toutes les matieres fufceptibles de cette fermentation. Il faut, par exemple, que toutes les graines & fruits qu'on deftine à la fermentation, foient en pleine maturité, fans quoi ils ne fermenteroient que difficilement, & ne produiroient point, ou prefque point, d'Efprit ardent. Les matieres trop acerbes, trop âcres, & aftringentes ne font, par la même raifon, point propres à la fermentation fpiritueufe; les fubftances trop abondantes en huile n'y font point propres non plus.

Il eft effentiel, pour faire réuffir pleinement la fermentation, & faire le meilleur Vin que puiffe donner la liqueur qui fermente, de la laiffer en repos & de ne la pas agiter, de peur que la croûte qui fe forme à fa furface ne fe réduife en petits fragmens, & ne fe mêle avec la liqueur. Cette croûte eft une efpece de couvercle, qui empêche les parties fpiritueufes de s'exhaler à mefure qu'elles font formées. Le libre accès de l'air eft encore une des conditions néceffaires à la fermentation : c'eft pour-

quoi il ne faut point boucher exactement le vaiſſeau qui contient la liqueur
fermentante. On couvre ſeulement l'ouverture qu'on y laiſſe avec un morceau
d'étoffe, pour empêcher les ordures &
les inſectes de tomber dedans. Il ne faut
pas non plus laiſſer une trop grande ouverture, de peur qu'il ne ſe perde beaucoup de parties ſpiritueuſes.

Enfin, une des conditions les plus néceſſaires au ſuccès de la fermentation,
c'eſt le juſte degré de chaleur; car il ne
ſe fait point du tout de fermentation
dans un grand froid; & une trop grande chaleur précipite tellement la fermentation, que tout eſt troublé, & qu'il ſe
diſſipe une grande quantité de parties fer-
mentantes ou fermentées.

Si nonobſtant qu'on ait obſervé tout
ce qui eſt néceſſaire pour exciter une
heureuſe fermentation, la liqueur avoit
de la peine à ſe mettre en mouvement,
ce qui n'arrive guères qu'à la Biere, on
peut la hâter en y mêlant quelque matiere très-ſuſceptible de fermentation, ou
qui eſt actuellement fermentante. On
nomme ces matieres des *Ferments*. La
croûte qui ſe forme à la ſurface des liqueurs qui fermentent, eſt un des ferments

ments les plus efficaces, & à cause de cela très-ufité.

Il arrive quelquefois qu'on veut faire ceffer la fermentation déja excitée dans une liqueur, avant qu'elle finiffe d'elle-même. Il faut, pour cela, employer les moyens contraires à ceux qui favorifent la fermentation, & dont il vient d'être fait mention. On parvient au même but, en mêlant dans la liqueur une affés grande quantité de matieres alkalines, pour abforber l'Acide qu'elle contient ; mais on n'employe pas ordinairement ce moyen, parceque cela gâte la liqueur, qui n'eft plus après cela fufceptible de fermentation fpiritueufe, & qui ne peut que fe putréfier.

On arrête auffi la fermentation, en mêlant dans la liqueur une grande quantité de quelqu'Acide minéral ; mais cela en altere auffi la nature, parceque ces Acides qui font fixes, y demeurent toujours confondus, & ne s'en féparent point.

Le meilleur moyen qu'on ait trouvé pour arrêter la fermentation fans gâter la liqueur fermentante, eft de l'impregner de la vapeur du Soufre allumé. Cette vapeur eft, comme on fçait, un

Acide, & c'est en cette qualité qu'elle suspend la fermentation. Mais cet Acide est en même temps extrêmement volatil ; ce qui fait qu'il se sépare de lui-même de la liqueur au bout d'un certain temps, & la remet en état de continuer sa fermentation.

Ainsi, quand on veut avoir du vin qui ne soit qu'à moitié fermenté, & qui conserve une partie de la saveur sucrée qu'il avoit lorsqu'il n'étoit que du moust, (c'est ainsi qu'on nomme le suc des raisins non fermenté) on le met dans des tonneaux dans lesquels on a brûlé du Soufre, & retenu sa vapeur. On nomme ces vins, *Vins soufrés*. Si on fait la même opération sur du moust, on l'empêche de fermenter. Il conserve toute sa saveur sucrée ; on le nomme, *Vin mûté*. Comme l'Acide sulphureux se dissipe de lui-même au bout d'un certain temps, on est obligé, si on veut empêcher pendant long-temps la fermentation de s'exciter dans les vins soufrés ou mutés, de les resoufrer de temps en temps.

II. PROCÉDÉ.

Retirer un Esprit ardent des substances qui ont éprouvé la fermentation spiritueuse. Analyse du Vin.

METTEZ du Vin dans une grande cucurbite de cuivre, ensorte qu'elle ne soit qu'à moitié pleine. Couvrez-la de son chapiteau & réfrigérent. Adaptez un récipient que vous lutterez avec de la vessie mouillée, & distillez à petit feu, ensorte cependant que les gouttes qui sortent du bec de l'alembic se succédent assés promptement les unes aux autres, & forment une espece de petit ruisseau continu. Distillez ainsi jusqu'à ce que vous vous apperceviez que la liqueur qui coule dans le récipient commence à n'être plus inflammable. Cessez alors la distillation. Vous trouverez dans le récipient une liqueur d'un blanc un peu ambré, d'une odeur suave & pénétrante, & qui jettée dans le feu s'enflammera aussitôt. Sa quantité sera à peu près le quart de ce que vous aurez mis de Vin dans l'alembic ; c'est ce qu'on appelle *Eau-de-vie*, c'est-à-dire, l'Esprit ardent du Vin chargé de beaucoup de phlegme.

Pour la rectifier & la réduire en Esprit-de-vin, mettez-la dans un matras à long col, qui ne soit qu'à moitié-plein, Adaptez sur ce matras un chapiteau. Luttez-y un récipient : posez votre matras sur un pot à demi-plein d'eau, & placez le pot sur un feu modéré, pour faire distiller au bain de vapeurs l'esprit qui montera pur. Continuez ce degré de feu, jusqu'à ce qu'il ne distille plus rien. Vous trouverez dans le récipient un Esprit-de-vin bien blanc, d'une odeur vive, mais suave, & qui s'enflammera subitement par le seul contact d'une matiere enflammée.

REMARQUES.

Nous avons vu que le Miel & les Sucs végétaux qui lui sont analogues, tels que le moust & les sucs de tous les fruits & plantes sucrées, ne donnent par la distillation, que du phlegme, de l'Acide, & une petite quantité d'Huile. L'analyse du Vin, & de toutes les matieres qui ont éprouvé la fermentation spiritueuse, nous fait voir que cette fermentation produit & fait naître en quelque sorte dans ces mixtes un principe qui n'y étoit

point avant ; je veux dire, l'Esprit ardent, qui est une liqueur inflammable,
& miscible avec l'eau. Cette liqueur résulte de la combinaison plus étroite de
l'Acide & de l'Huile, atténués & liés
ensemble par la fermentation. C'est à
l'Huile qui entre dans sa combinaison
qu'elle doit son inflammabilité, & l'A-
cide donne à cette Huile la propriété
d'être miscible avec l'eau plus parfaitement & plus intimement, que quand elle fait partie de tout autre composé. Il
entre même dans la composition de l'Esprit ardent une certaine quantité d'eau
qui lui est nécessaire, qui est une de ses
parties essentielles, & sans laquelle il
n'auroit point les propriétés qui le caractérisent. Nous aurons bientôt occasion
de voir, que quand on a déphlegmé les
Esprits ardens jusqu'à un certain point,
on ne peut plus leur enlever de parties
aqueuses, sans décomposer une portion
de l'Esprit proportionnée à la quantité
d'eau dont on le dépouille.

Les Esprits ardens sont plus volatils
qu'aucun des principes des mixtes dont
ils sont produits, & par conséquent plus
volatils aussi que le phlegme, l'Acide
& l'Huile, dont ils sont cependant uni-

quement compofés. Cela ne peut venir
que d'une difpofition particuliere de ces
principes, qui font atténués d'une façon
finguliere, par le mouvement de la fermentation ; ce qui les rend plus fufceptibles d'expenfion & de raréfaction.

Cette grande volatilité de l'Efprit ardent, fournit un moyen facile de le féparer d'avec les autres principes qui compofent le Vin, & de le déphlegmer. Il
ne faut, pour cela, que le diftiller à une
chaleur capable feulement de l'enlever ;
mais trop foible pour produire le même
effet fur les autres matieres d'avec lefquelles on veut le féparer. Ainfi, plus
on diftille le Vin lentement, & à petit
feu, plus l'Eau-de-vie qu'on en retire eft
forte & fpiritueufe. Il en eft de même de
la feconde diftillation qu'on fait fubir à
l'Eau-de-vie pour la changer en Efprit-
de-vin, c'eft-à-dire, pour la déphlegmer. L'Efprit-de-vin qu'on en retire,
eft d'autant meilleur, qu'on obferve plus
exactement les conditions dont nous venons de parler.

En faifant fur l'Efprit-de-vin la même
opération que fur l'Eau-de-vie, c'eft-à-
dire, en le rectifiant par la diftillation,
toujours avec les mêmes attentions, on

parvient à le déphlegmer autant qu'il eſt poſſible. Il ſe nomme *Alkohol* quand il eſt ainſi déphlegmé. On le dépouille, par cette rectification, non-ſeulement du phlegme qui lui eſt ſurabondant, mais encore de quelques particules acides & huileuſes, leſquelles, quoique beaucoup moins volatiles que lui, s'élevent cependant dans la premiere diſtillation avec lui, ſans qu'il ſoit poſſible d'éviter entierement cet inconvénient.

M. Boerhaave propoſe, pour parvenir à déphlegmer plus facilement & plus exactement l'Eſprit-de-vin, de le diſtiller ſur du Sel marin décrépité, & mêlé encore chaud avec cet Eſprit. Cette pratique ne peut être que fort utile, parceque le Sel marin décrépité attire puiſſamment l'humidité: il eſt, par conſéquent, très-propre à ſe charger de celle qui eſt dans l'Eſprit ardent, & à la retenir. L'Eſprit-de-vin ne diſſout point le Sel marin; ainſi il n'eſt point à craindre dans cette occaſion, que ſa pureté ſoit altérée en aucune maniere.

Toutes les liqueurs fermentées ne fourniſſent point, à beaucoup près, une égale quantité d'Eſprit ardent: cela vient de ce qu'elles ne contiennent pas toutes

également, avant la fermentation, dans
la proportion ou dans la difposition la
plus avantageufe, les principes qui doivent concourir à former l'Efprit ardent.

On a imaginé plufieurs moyens de reconnoître fi l'Efprit-de-vin eft autant déphlegmé qu'il puiffe l'être, c'eft-à-dire,
s'il ne contient d'humidité, précifément
que celle qui lui eft néceffaire, & fans
laquelle il ne feroit point de l'Efprit-de-
vin; & plufieurs Chymiftes ont réputé
tel, celui qui brûle & fe confume entierement, fans laiffer après lui le moindre veftige d'humidité: ou bien, qui brûlé fur de la poudre à canon, fait prendre
dre feu à cette poudre lorfqu'il ceffe de
brûler.

Mais M. Boerhaave remarque avec raifon, que ni l'une ni l'autre de ces épreuves n'eft fuffifante, parceque quand même l'Efprit-de-vin qu'on éprouve ainfi
contiendroit du phlegme fuperflu, fi ce
phlegme eft en petite quantité, il peut
très-bien être évaporé & diffipé pendant
la déflagration de l'Efprit-de-vin. Il propofe une autre épreuve qui eft beaucoup
plus fure : c'eft de mêler & d'agiter avec
l'Efprit-de-vin dont on veut reconnoître
la qualité un peu d'un Sel alkali très-

fec, réduit en poudre. Si ce Sel, après avoir été ainfi agité, & même chauffé avec l'Efprit-de-vin, demeure auffi fec qu'il étoit d'abord, c'eft une marque que l'Efprit - de - vin eft bien déphlegmé.

M. Boerhaave a éprouvé de cette maniere de l'Efprit-de-vin qui avoit allumé la poudre à canon, lequel s'eft trouvé contenir affés de phlegme, pour humecter fon Sel très-fenfiblement ; & une feule goutte d'eau mêlée avec une affés grande quantité d'Efprit-de-vin qui laiffoit le Sel alkali parfaitement fec, s'eft fait reconnoître dans cette épreuve, par l'humidité qu'elle a communiqué à ce même Sel.

La pureté de l'Efprit-de-vin peut encore être altérée par le mélange de quelques fubftances qui lui font étrangeres ; par exemple, par des matieres acides, alkalines ou huileufes. Des expériences très-faciles peuvent donner à ce fujet toutes les connoiffances convenables : car l'Efprit-de-vin acide ou alkali mêlé avec du Syrop violat, lui donnera une couleur rouge ou verte, fuivant la nature de la matiere faline qu'il contient, & s'il eft uni avec de l'Huile, on le recon-

L v

noîtra bientôt par la couleur blanche
laiteuse qu'il communiquera à l'eau avec
laquelle on le mêlera.

Le Vin contient, outre l'Esprit ardent
dont nous venons de parler, un Acide
lié avec une portion de terre & d'Huile, qui lui donnent une forme concréte, qui se sépare pour la plus grande partie de lui-même du Vin, & se dépose
sous la forme d'incrustations pierreuses
sur les parois des tonneaux. C'est ce
qu'on nomme le *Tartre*, qui est, à proprement parler, le Sel essentiel du Vin.
Nous donnerons l'analyse du Tartre, &
nous en parlerons plus amplement dans
un Chapitre particulier.

La lie du Vin est un composé des parties les plus grossieres de la liqueur fermentée, lesquelles ne pouvant se tenir
en dissolution, tombent au fond, en y
formant un sédiment. Elle contient aussi
un peu de Tartre & d'Esprit ardent.

Ce qui reste dans la cucurbite, après
qu'on a retiré l'Esprit ardent, est une espece d'extrait du Vin. Cette liqueur a
une saveur extrêmement acerbe, & même acide. Elle fournit, par la distillation, un phlegme Acide, dont l'acidité
augmente à mesure qu'il distille, & une

Huile empyreumatique fœtide. On retire du *caput mortuum* brûlé, une affés grande quantité d'Alkali fixe.

Il résulte de tout cela, que le Vin est un composé d'Esprit ardent & d'un Acide tartareux étendus dans beaucoup d'eau, avec quelques parties huileuses & terreuses.

La Biere contient infiniment moins de Tartre que le Vin; mais elle est chargée de plus que lui d'une matiere mucilagineuse qui devient très-sensible, lorsqu'étant étendue sur quelque corps, elle vient à se dessécher; car elle forme alors une espece de vernis. Cette matiere mucilagineuse, qui n'est pas suffisamment atténuée, sur-tout lorsque la Biere est nouvelle, est cause que quand on en veut retirer l'Esprit ardent par la distillation, elle est fort sujéte à se gonfler & à monter avec rapidité. Ainsi lorsqu'on fait cette distillation, il faut prendre plus de précautions, & aller beaucoup plus doucement que lorsqu'on distille du Vin.

III. PROCÉDÉ.

*Déflegmer l'Esprit-de-vin par le moyen
des Alkalis fixes. Analyse
de l'Esprit-de-vin.*

METTEZ dans une cucurbite de ver-re l'Esprit-de-vin que vous vou-drez déphlegmer, & mêlez-y environ le tiers de son poids d'un Sel alkali fixe nouvellement calciné, bien sec, encore chaud, & pulvérisé. Remuez le vaisseau, afin que les deux matieres se mêlent & se confondent ensemble. Le Sel alkali s'humectera peu à peu; & si l'Esprit-de-vin est fort aqueux, le Sel se résoudra en liqueur, qui occupera toujours le fond du vase, & ne s'unira point avec l'Esprit-de-vin qui la surnagera.

Lorsque vous verrez que le Sel alkali ne s'humectera pas, & ne se liquifiera pas davantage, décantez votre Esprit-de-vin de dessus la liqueur inférieure, & remêlez-y de nouveau Sel alkali bien sec, comme la premiere fois. Ce Sel s'humectera encore un peu ; mais il ne se liquifiera pas, parceque l'Esprit-de-vin qui a déja passé une fois sur l'Alkali, contient trop peu de phlegme pour ce-la. Décantez-le encore de deſſus ce Sel, & continuez à l'agiter ainſi avec de nou-veau Sel, juſqu'à ce que vous voyiez que le Sel demeure auſſi ſec après, qu'avant d'avoir été mêlé avec l'Eſprit-de-vin. Diſtillez alors votre Eſprit-de-vin à une douce chaleur dans un petit alembic : il ſera auſſi déphlegmé qu'il puiſſe l'être.

REMARQUES.

Les Sels alkalis fixes bien calcinés, ſont, après les Acides minéraux, les ſub-ſtances qui ont la plus grande affinité avec l'eau : ainſi il n'eſt pas étonnant qu'ils ſoient très-propres à déphlegmer l'Eſprit-de-vin, & à lui enlever toute l'humidité qui lui eſt étrangere. Il n'y a même que par leur moyen qu'on puiſſe parvenir à déphlegmer parfaitement l'Eſ-prit-de-vin ; car quand on n'employe pour cela que la ſeule diſtillation, on ne peut empêcher, quelques précautions qu'on prenne, qu'il ne monte un peu dé phlegme avec l'Eſprit-de-vin. De-là vient que l'Eſprit-de-vin le mieux rectifié par la diſtillation, humecte toujours un peu le Sel alkali avec lequel on le mêle pour en éprouver la bonté.

Mais en même temps que le Sel alkali s'empare du phlegme furabondant de l'Efprit-de-vin, il produit fur cette liqueur, & éprouve lui-même des changemens remarquables.

L'Efprit-de-vin, après avoir été déphlegmé par un Alkali, jufqu'au point que, tenu en digeftion avec ce Sel, il le laiffe parfaitement fec, a une couleur rouge, une odeur un peu différente de celle qui lui eft propre quand il eft parfaitement pur, une faveur dans laquelle on démêle celle de l'Alkali fixe, & fait une légere effervefcence avec les Acides : ce qui prouve manifeftement qu'il s'eft uni avec une portion de l'alkali qu'on a employé pour le déphlegmer.

M. Boerhaave croit, avec baaucoup de vraifemblance, que cette portion d'Alkali s'unit avec l'Efprit-de-vin, à peu près de la même maniere qu'il s'unit aux Huiles ; c'eft-à-dire, qu'il forme avec cette liqueur une efpece de matiere favoneufe. Il a remarqué, que cet Efprit alkalifé nettoie les doigts ; & que les endroits qu'il en avoit mouillés, ne fe féchoient point avec rapidité comme ceux qui ont été mouillés avec de l'Efprit-devin pur. Cet Efprit-de-vin alkalifé fe nomme auffi, *Teinture alkaline.*

Lorfqu'on a intention de faire cette Teinture alkaline, il faut avoir grand foin d'employer de l'Efprit-de-vin déphlegmé autant qu'il eft poffible ; car tant qu'il dépofe du phlegme dans l'Alkali, il n'acquiert point par le mêlange de ce Sel la couleur rouge, & les autres propriétés qui marquent qu'il en a diffous une partie. On obferve auffi alors de jetter le Sel alkali très-chaud dans l'Efprit-de-vin, qui eft déja chaud lui-même, & qui devient bouillant par l'addition de ce Sel. On les laiffe pendant quelque temps l'un & l'autre en digeftion, pour rendre la teinture encore plus forte. On retire après cela une partie de l'Efprit-de-vin par la diftillation, & ce qui refte a une couleur plus rouge & une faveur plus âcre.

La portion d'Efprit-de-vin qu'on retire par la diftillation, eft blanche, décolorée, & ne donne point les mêmes marques de qualité alkaline que la teinture ; c'eft pour cela que dans le préfent procédé, où il s'agit feulement de déphlegmer & de purifier l'Efprit-de-vin par le moyen d'un Alkali fixe, nous avons prefcrit de le diftiller, lorfque ce Sel en a abſorbé toute l'humidité.

L'Eſprit-de-vin déphlegmé & rectifié de cette maniere, ne doit cependant point être regardé comme abſolument pur; car on lui reconnoît encore une petite ſaveur alkaline; mais cela n'empêche point qu'il ne puiſſe être employé avec ſuccès dans pluſieurs opérations chymiques, où la principale qualité requiſe dans l'Eſprit-de-vin, eſt qu'il ſoit parfaitement déphlegmé.

M. Boerhaave propoſe pour débarraſſer l'Eſprit-de-vin de la petite quantité de matiere alkaline dont il eſt encore empreint après la diſtillation, d'y mêler quelques gouttes d'Acide vitriolique, avant de le rediſtiller. Mais il eſt bien à craindre qu'on ne retombe par ce moyen dans l'inconvénient contraire; c'eſt-à-dire, qu'au lieu d'un caractere alkalin, on ne communique à l'Eſprit-de-vin une impreſſion d'acidité; car il faudroit, pour éviter cet inconvénient, ne mêler d'Acide avec l'Eſprit-de-vin, préciſément que ce qui eſt néceſſaire pour ſaouler l'Alkali qu'il contient: ce qui eſt difficile.

Vanhelmont dit, qu'en diſtillant l'Eſprit-de-vin ſur du Sel de Tartre parfaitement calciné, il en fait paſſer la moitié en eau pure ; & M. Boerhaave, à qui cela a paru fort ſurprenant, a entrepris de répéter l'expérience de Vanhelmont, pour s'en aſſurer, & voir par lui même quel en ſeroit le réſultat. Dans cette vue, il a fait une Teinture alkaline, de la maniere dont nous venons de la décrire, la plus forte & la plus chargée qu'il lui a été poſſible. Il l'a miſe en digeſtion avec ſon Alkali pendant pluſieurs mois, & enſuite l'a laiſſée pendant quatre ans ſans y toucher. Après ce temps, il a verſé le tout dans une cucurbite, & a retiré l'Eſprit-de-vin de deſſus le Sel par la diſtillation. L'Eſprit-de-vin qui avoit une couleur très-rouge, eſt devenu blanc après avoir été diſtillé, & a laiſſé ſa couleur au Sel, qui étoit demeuré au fond de la cucurbite. Il a reverſé l'Eſprit-de-vin ſur le Sel, & a diſtillé comme la premiere fois. Il a remarqué que dans cette ſeconde diſtillation, l'Eſprit-de-vin montoit un peu plus difficilement, & que le Sel qui reſtoit, étoit plus chargé de couleur, & étoit devenu d'un rouge brun. Il a cohobé & diſtillé ainſi vingt fois de ſuite ſon Eſprit-de-vin ſur le même Sel alkali. L'Eſprit-de-vin avoit acquis une saveur cauſtique & brûlante, & la maſſe ſaline qui étoit demeurée au fond de la cucurbite, étoit devenue noire. Il a pouſſé ce réſidu ſalin à un feu plus fort, & en a retiré une liqueur qui étoit de l'eau, & non pas de l'Eſprit-de-vin.

Quoiqu'il paroiſſe que M. Boerhaave avoit fait réuſſir par ce long travail, au moins en partie, l'expérience de Vanhelmont, cependant ce célébre & ſcrupuleux Phyſicien ne s'eſt point flaté d'avoir réſolu le problême. Il remarque d'abord, qu'il eſt bien éloigné d'avoir retiré la quantité d'eau que Vanhelmont dit en avoir retirée, c'eſt-à-dire, la moitié du poids de l'Eſprit-de-vin. En ſecond lieu, il a de la peine à croire que même ce qu'il en a retiré, provienne effectivement de l'Eſprit-de-vin. La choſe lui paroît ſi ſinguliere, & ſi difficile, qu'il eſt porté à croire que cette eau eſt étrangere à ſon Eſprit-de-vin & à ſon Sel, & qu'elle a été fournie par l'air, qu'il n'a pu s'empêcher d'admettre en cohobant l'Eſprit-de-vin, un ſi grand nombre de fois ſur le Sel alkali.

M. Boerhaave avoit encore en vue, en entreprenant ce long & pénible travail, de voir s'il ne pourroit pas, par le même moyen, réfoudre un autre problême fameux parmi les Chymiftes, je veux dire la volatilifation du Sel de Tartre. Il dit auffi qu'il n'a pas réuffi fur ce point. La chofe eft très-croyable; mais je penfe qu'il a été plus heureux qu'il ne l'a cru lui-même fur le premier article, & que l'eau qu'il a retirée dans fon opération a été fournie immédiatement par l'Efprit-de-vin. On en fera aifément convaincu, fi l'on fait attention à toutes les circonftances qui accompagnent ces expériences.

Nous avons vu que l'Efprit-de-vin eft un compofé d'Huile, d'Acide, & d'eau avec laquelle l'Huile eft intimement mêlée par le moyen de l'Acide; que l'Efprit-de-vin qui n'eft point parfaitement déphlegmé, peut être dépouillé d'une affés grande quantité d'eau qui lui eft furabondante, & qu'il n'en reçoit aucun changement, finon d'être plus léger, plus fort, plus inflammable, en un mot, plus Efprit-de-vin; mais que quand il a été une fois dépouillé de ce phlegme furabondant; on feroit d'inutiles efforts pour en retirer une plus grande quantité d'eau. Celle qui lui refte alors eft effentielle à fa mixtion, c'eft elle qui lui donne ses propriétés, & sans elle il ne seroit plus Esprit-de-vin ; mais seulement une Huile chargée d'Acide.

Cela posé, cette eau qu'on ne peut retirer de l'Esprit-de-vin tant qu'il est Esprit-de-vin, doit devenir sensible lorsqu'on le décompose. C'est aussi ce qui arrive ; car si on enleve à l'Esprit-de-vin un de ses principes, son Huile, par exemple, & qu'on le fasse pour cela brûler sous une cloche de verre, comme on brûle le Soufre, on rassemblera par ce moyen une grande quantité d'eau, quand même on employeroit l'Esprit-de-vin le mieux déphlegmé : ce qui prouve que cette eau étoit une des parties essentielles qui composoient l'Esprit-de-vin.

Si au lieu d'enlever à ce mixte son principe huileux, on en sépare un de ses autres principes, tel que l'Acide, il est clair qu'il se décomposera pareillement, & qu'alors l'Huile & l'eau, qui n'étoient combinées ensemble que par le moyen de cet Acide, se sépareront & paroîtront l'une & l'autre sous leur forme naturelle. Or c'est précisément ce qui arrive dans l'expérience de Vanhelmont répétée par M. Boerhaave. L'Alkali fixe sur lequel on cohobe l'Esprit-de-vin, a une plus grande affinité avec l'Acide de ce mixte, qu'avec son phlegme ou son Huile. Ainsi il s'unit avec une partie de cet Acide ; ce qui ne se peut faire sans qu'une quantité proportionnée d'Huile & d'eau ne se séparent l'une de l'autre, & que par conséquent une portion de l'Esprit-de-vin ne soit décomposée. Aussi M. Boerhaave a-t-il remarqué que dans la déphlegmation de l'Esprit-de-vin par l'Alkali fixe, il se sépare toujours une portion d'Huile, & que l'Alkali qui a servi à cette opération est empreint d'Acide, de telle sorte que quand il y a servi plusieurs fois, il est presque changé en Sel neutre, & acquiert les propriétés de la Terre foliée du Tartre. Celui sur lequel on a cohobé de l'Esprit-de-vin un grand nombre de fois, doit parconséquent être chargé de beaucoup d'Acide; & comme cet Acide entraîne avec lui beaucoup d'eau, il n'est pas étonnant qu'en poussant au feu ce Sel alkali chargé d'Acide & de phlegme, on en sépare ce même phlegme, qui ne lui est uni que foiblement.

Ainsi, on voit que l'eau que M. Boerhaave a retirée dans son expérience, vient immédiatement de l'Esprit-de-vin, conformément à l'idée de Vanhelmont ; dont les sectateurs les plus éclairés ont expliqué clairement sa pensée à ce sujet, & ont dit que cet Auteur prétendoit positivement , que dans son expérience *l'Esprit-de-vin le plus pur dépose un de ses principes dans le Sel de Tartre ; qu'un autre est changé en eau qui est séparée ainsi de ce même Esprit , & du principe attiré par le Sel de Tartre ; que par conséquent l'Esprit-de-vin est certainement composé de ces deux principes qui peuvent être séparés l'un de l'autre , & que celui des deux qui se joint avec l'Alkali du Tartre , change ce Sel en un médicament , ou Baume d'une vertu admirable pour la guérison des blessures , lequel est connu sous le nom de Samech de Paracelse.*

On pourroit demander , à ce sujet ; pourquoi M. Boerhaave n'a retiré par son expérience qu'une petite quantité d'eau , puisque Vanhelmont prétend qu'elle doit égaler la moitié du poids de l'Esprit-de-vin ? La réponse la plus naturelle à cette question , c'est que Vanhelmont n'ayant point communiqué tout le détail de son expérience , il y a lieu de penser que M. Boerhaave n'a pas fait l'expérience de la même maniere que Vanhelmont.

Je crois, pour moi, qu'il auroit réuſſi parfaitement, & qu'il auroit retiré de ſon Eſprit-de-vin la quantité d'eau qu'il deſiroit, ſi au lieu de le cohober toujours ſur le même alkali, il eût pris de nouvel Alkali à chaque fois ; qu'il en eût retiré la teinture ; qu'il en eût retiré l'Eſprit-de-vin de deſſus ce Sel par la diſtillation, & qu'après avoir raſſemblé toutes les portions d'Alkali qui auroient été les réſidus de ces diſtillations, il les eût pouſſé à un feu fort, pour en ſéparer toute l'humidité dont ils auroient été chargés. Peut-être même n'auroit-il point eu beſoin de faire un auſſi grand nombre de cohobations & de diſtillations, pour décompoſer entierement l'Eſprit-de-vin par cette méthode, ſur-tout s'il eût employé une plus grande quantité de Sel alkali pour chaque opération. Car il eſt évident que l'Alkali fixe qui s'eſt déja chargé d'une certaine quantité de l'Acide & de l'eau de l'Eſprit-de-vin, perd beaucoup de ſa force & de ſon activité ; ce qui le met enfin hors d'état d'en abſorber davantage ; enſorte que lorſqu'il eſt entierement ſaoulé, il n'eſt pas plus capable d'agir ſur l'Eſprit-de-vin pour le décompoſer, que le Tartre vitriolé ou

le Sable. On voit par-là, qu'il y a encore de fort belles expériences à faire sur
cette matiere, & qu'en suivant ce travail, on peut espérer de résoudre parfaitement bien le problême de Vanhelmont.

Nous allons encore parler, dans les
procédés suivans, d'un autre moyen de
décomposer l'Esprit-de-vin, qui consiste
à le dépouiller de son eau essentielle ou
principe, en le traitant avec des Acides
très concentrés.

CHAPITRE II.

COMBINAISONS DE L'ESPRIT-DE-VIN AVEC DIFFERENTES SUBSTANCES.

PREMIER PROCÉDÉ.

Combiner l'Esprit-de-vin avec l'Acide vitriolique. Décomposition de cette combinaison. Eau de Rabel. Æther. Huile douce de Vitriol. Liqueur minérale anodine de M. Hoffman.

METTEZ dans une cornue de verre
à l'angloise deux livres d'Esprit-
de-vin parfaitement déphlegmé : versez
dessus .

deſſus tout-à-la-fois deux livres d'huile de vitriol bien concentrée ; remuez la cornue doucement , & à diverſes repriſes afin de mêler les deux liqueurs ; ce mélange, bouillonnera, & s'échauffera conſidérablement , il en ſortira des vapeurs avec un ſifflement aſſez fort , qui auront une odeur très-aromatique , & il prendra une couleur plus ou moins rouge , ſuivant que l'eſprit-de-vin ſera plus ou moins huileux ; placez la cornue ſur un bain de ſable échauffé à-peu-près au même dégré qu'elle : luttez-y un balon percé , & diſtillez ce mélange par un feu de charbon aſſez fort pour entretenir la liqueur toujours bouillante ; il paſſera d'abord dans le balon un eſprit-de-vin très-aromatique , après lequel viendra l'Æther. Lorſqu'il y en aura environ cinq ou ſix onces de paſſé , il ſe formera à la voûte de la cornue une infinité de petits points en forme de ſtries , qui paroîtront fixes , & qui cependant ſont autant de petites gouttes d'Æther qui roulent les unes ſur les autres , & paſſent dans le récipient. Ces petits points paroiſſent , & ſe ſuccédent juſqu'à la fin de l'opération. Soutenez le même dégré de feu juſqu'à ce que le trou du balon étant ouvert vous apperceviez que des vapeurs qui rem-

pliffent tout d'un coup le récipient (*)
ayent une odeur fuffocante d'efprit fulphureux volatil.

Délatez alors le balon, & verfez la
liqueur qu'il contient dans un flacon de
cryftal bien bouché. Il y en aura à-peu-
près dix-huit onces. Relutez le récipient
à la cornue, & continuez la diftillation
avec un dégré de feu moins fort. Il paffera une liqueur aqueufe acide, ayant une
forte odeur d'efprit fulphureux, laquelle
n'eft point inflammable. Elle fera accompagnée de vapeurs ondulantes, qui con-
denfées, formeront une Huile le plus fouvent jaune dont une partie furnagera la
liqueur & l'autre fe précipitera au fond.

Vers la fin de la diftillation de la liqueur acide, & de l'Huile jaune dont
elle eft le véhicule, le refte du mélange

____

(*) Ces vapeurs blanches ne paroiffent point, lorfque les vaiffeaux font exactement fermés. M. Hellot, à
qui on eft redevable de cette obfervation, s'étant fervi
pour faire cette diftillation d'une cornue de cryftal de
Londres, dont le col avoit été ufé avec l'embouchure
de fon récipient, par le moyen de l'émeri, de forte que
ces deux vaiffeaux fe joignoient, enfemble avec la
derniere exactitude, a vu diftiller la liqueur æthérée
affez vîte, mais fans vapeurs blanches. M. Hellot a
defferré le récipient, en le tournant un peu fur le col
de la cornue, enforte que l'air extérieur pût s'y introduire, auffitôt les vapeurs blanches ont paru. En
refferrant le récipient, ces vapeurs ont difparu. La
même chofe a été répétée cinq fois de demi heure en
demi-heure, & les vapeurs en queftion ont paru & difparu autant de fois.

qui fera devenu noir dans la cornue, commencera à s'élever en écume. Supprimez alors le feu tout d'un coup. Arrêtez la diftillation, & changez encore de récipient. Lorfque la chaleur des vaiffeaux fera beaucoup diminuée, achevez cette diftillation au feu de lampe, que vous entretiendrez pendant douze ou quinze jours, & qui ne fera monter pendant ce tems que très-peu d'Efprit fulphureux. Caffez après cela la cornue, vous y trouverez une maffe noire & folide, reffemblante à un Bitume : elle aura une faveur acide, qui lui vient d'un refte d'acide qui n'a pu fe combiner parfaitement.

On peut féparer cet Acide furabondant, en lavant dans l'eau à plufieurs reprifes ce Bitume artificiel. Mettez-le enfuite dans une cornue de verre, & diftillez-le à un bon feu de réverbere. Vous en retirerez une Huile rougeâtre qui furnage l'eau, fort reffemblante à l'Huile qu'on retire dans la diftillation des Bitumes naturels. Cette Huile fera auffi accompagnée d'une liqueur acide aqueufe. Il refte dans la cornue une matiere charbonneufe, qui étant mife au feu dans un creufet, y brule pendant quelque temps, & laiffe une terre blanche après qu'elle eft bien calcinée.

M ij

Les liqueurs qui ont monté les premieres dans cette diftillation, & que nous avons preſcrit de mettre à part, ſont un mélange 1°. d'un eſprit-de-vin très-déphlegmé & d'une odeur très-ſuave. 2°. D'Æther que cet eſprit-de-vin avec lequel il eſt uni rend miſcible à l'eau. 3°. D'une portion de l'huile qui monte ordinairement avec l'Æther ſur la fin de l'opération. 4°. Et quelquefois enfin d'un peu d'acide ſulphureux ſi l'on a un peu trop différé à retirer le récipient.

Pour ſéparer l'Æther d'avec ces autres ſubſtances mettez le tout dans une cornue angloiſe avec un peu d'huile de tartre par défaillance pour abſorber l'acide ſulphureux, & diſtillez très-lentement au bain de ſable & au feu de lampe, juſqu'à ce que vous ayez fait paſſer à peu près la moitié de la liqueur. Ceſſez alors la diſtillation : mettez dans une fiole avec de l'eau la liqueur qui aura paſſé dans le récipient, & l'agitez. Vous la verrez monter rapidement à la partie ſupérieure de la fiole, & gagner le deſſus de l'eau, c'eſt l'Æther.

REMARQUES.

Cette opération n'eſt autre choſe qu'une décompoſition de l'Eſprit-de-vin par le moyen de l'Huile de Vitriol. Nous

Nous avons vu, dans le procédé précédent, que cet Esprit composé de trois principes essentiels, sçavoir, d'Huile, d'Acide & d'eau, ne peut être privé d'un de ces principes, sans être décomposé aussi-tôt, les deux autres qui restent n'ayant plus ensemble après cette séparation la liaison & l'union intime qu'ils avoient avant. Nous avons vu aussi que l'Esprit-de-vin mêlé, mis en digestion, & distillé à plusieurs reprises sur un Alkali fixe bien caustique, dépose son Acide dans ce Sel : d'où il arrive que l'Huile & l'eau privées du principe qui leur servoit de lien, sont séparées l'une de l'autre, & paroissent sous leur forme naturelle.

L'Acide vitriolique décompose l'Esprit-de-vin d'une maniere différente dans l'expérience dont il s'agit à présent. On sçait que cet Acide agit puissamment sur les Huiles, & que quand il est bien concentré, comme il est nécessaire qu'il le soit pour la réussite de l'opération, il a une force surprenante pour se saisir, & s'emparer de l'humidité de tous les corps qu'il peut toucher. Ainsi, quand on le mêle avec l'Esprit-de-vin, il agit en même temps sur le principe aqueux, & sur

le principe huileux de ce mixte. C'eſt
la rapidité & l'activité avec leſquelles il
ſe joint avec ces ſubſtances, qui ſont la
cauſe de la chaleur, du bouillonnement
& du bruit qui ſe font remarquer dans les
premiers inſtans du mêlange.

La couleur rouge, que les deux liqueurs confondues enſemble acquierent
au bout de quelque temps, eſt due à la
combinaiſon de l'Acide avec la partie
huileuſe ; car on ſçait que des Huiles
auſſi blanches que de l'Eſprit-de-vin,
telle qu'eſt l'Huile eſſentielle de Thérébentine, deviennent d'un rouge brun,
quand elles ont été diſſoutes par un Acide concentré. Auſſi Kunekel a-t-il remarqué, que plus l'Eſprit-de-vin qu'on
mêle avec l'Huile de vitriol eſt huileux,
plus la couleur rouge, qu'il acquiert
avec cet Acide, eſt foncée. Il donne même cette expérience comme une épreuve aſſurée, par laquelle on peut reçon-
noître ſi l'Eſprit-de-vin eſt plus ou moins
huileux ; & il ajoute, que l'Eſprit-de-
vin qu'on a dépouillé d'une partie de
ſon Huile, en le rectifiant ſur la chaux,
eſt celui de tous qui devient le moins
rouge, par le mêlange de l'Huile de
vitriol.

Lorsque le mélange a acquis cette couleur, & avant qu'on le soumette à la distillation, il ressemble à une liqueur homogène. Il n'y a point encore de décomposition, au moins sensible, & l'Acide vitriolique est uni en même temps avec l'Huile, l'Acide & l'eau de l'Esprit-de-vin, avec l'Esprit-de-vin tout entier. Ce mélange, quand on le fait avec trois parties d'Esprit-de-vin sur une Huile de vitriol, est un remede astringent fort usité dans les hémorragies, & connu sous le nom d'*Eau de Rabel*.

La véritable décomposition de l'Esprit-de-vin se fait pendant la distillation. La premiere liqueur, ou la premiere portion de la liqueur qui monte d'abord, a l'odeur & toutes les propriétés de l'Esprit-de-vin. C'est effectivement une partie de l'Esprit-de-vin qu'on a fait entrer dans le mélange ; mais qui s'étant séparée d'avec l'Huile de vitriol très-concentrée, laquelle est de toutes les substances connues celle qui a le plus de force pour attirer l'humidité, est parfaitement dépouillée de tout son phlegme surabondant, & ne conserve que celui qui fait partie de lui-même comme un de ses principes, & sans lequel il ne seroit point Esprit-de-vin.

La liqueur qui succede à ce premier Esprit-de-vin, est d'une nature différente. Elle peut être considérée comme l'Æther; car quoiqu'elle ne soit point un Æther pur, c'est elle qui le contient en entier: c'est elle seule dont on le retire; elle n'est qu'un Æther mêlé d'une partie de l'Esprit-de-vin qui passe d'abord, & de la liqueur acide qui lui succede. Or la production de l'Æther est dûe à un commencement de décomposition de l'Esprit-de-vin: c'est un Esprit-de-vin altéré, à demi-décomposé; un Esprit-de-vin trop déphlegmé, c'est-à-dire, qui a perdu une partie de son phlegme principe, de celui par lequel il étoit Esprit-de-vin: c'est une liqueur encore composée de parties huileuses mêlées avec des parties aqueuses, & qui, à cause de cela, doit conserver de la ressemblacce avec l'Esprit-de-vin; mais dont les parties huileuses n'étant point dissoutes & étendues par une assez grande quantité de parties aqueuses, sont rapprochées les unes des autres plus qu'elles ne le doiv nt être pour former de véritable Esprit-de-vin; ce qui est cause qu'elle n'est plus miscible avec l'eau, qu’elle fe rapproche autant de la nature de l’Huile, qu’elle s’éloigne par-là de celle de l’Efprit-de-vin : une liqueur, en un mot, qui n’étant ni de l’Efprit-de-vin, ni une Huile pure, a cependant des propriétés qui lui font communes avec celles de ces deux fubftances, & par conféquent qui tient le milieu entre l’une & l’autre.

Cette explication de la nature de l’Æther, qui, je crois, n’a encore été donnée par perfonne, eft la même que celle que nous avons propofée dans nos Elémens de Chymie théorique, qu’on peut confulter à ce fujet.

On pourroit faire, contre notre fentiment, une objection tirée d’une expérience très-connue en Chymie. Si l’Æther, nous diroit-on, n’eft autre chofe qu’un Efprit-de-vin altéré qui ceffe d’être mifcible avec l’eau, parceque la perte qu’il a faite d’une portion de l’eau qui entre dans fa compofition, dérange la proportion qui doit être entre fes parties aqueufes & huileufes, & de laquelle il tient cette propriété, il devroit être très-facile de changer l’Efprit - de - vin en Æther, par un moyen tout contraire à celui qui eft ufité ; c’eft-à-dire, en char-

M v

geant l'Esprit-de-vin d'une suffisante quantité d'Huile surabondante ; car il paroît indifférent de changer la proportion entre les parties aqueuses & huileuses de l'Esprit-de-vin, ou en diminuant la quantité des premieres, comme dans l'opération ordinaire de l'Æther, ou en augmentant celle des dernieres, comme dans le cas proposé ; puisqu'on peut, par ce dernier moyen, mettre ces deux principes dans telle proportion qu'on jugera à propos. Or il est certain, que quelque quantité d'Huile qu'on fasse dissoudre à l'Esprit-de-vin, on ne le rend jamais pour cela *immiscible* avec l'eau, & l'on sçait que si on mêle avec de l'eau un Esprit-de-vin ainsi chargé d'Huile, il s'unit avec cette eau comme à l'ordinaire, & se sépare d'avec l'Huile qu'il tenoit en dissolution.

Cette objection, très-spécieuse en apparence, peut être détruite avec la derniere facilité, pour le peu qu'on se rappelle quelques-uns des principes que nous avons déja établis ailleurs. Nous avons dit, & nous en avons même donné des exemples, que certaines substances peuvent être unies ensemble de plusieurs manieres différentes, en sorte qu'il réfulte de ces unions, quoique faites dans les mêmes proportions, des compofés qui ont des propriétés abfolument diffemblables. La combinaifon dont il s'agit à préfent, eft encore une preuve de cette vérité. Il eft vrai que dans l'Æther, aufli bien que dans un Efprit-de-vin chargé d'Huile, la proportion des parties huileufes par rapport aux aqueufes, peut être exactement la même ; mais on ne peut difconvenir aufli, que la maniere dont l'Huile eft combinée dans l'un & l'autre cas, ne foit bien différente.

Celle qui faifoit d'abord partie de l'Efprit-de-vin, & qui fait enfuite partie de l'Æther, eft unie aux autres principes de ces mixtes, je veux dire, à l'Acide & à l'eau, par le moyen de la fermentation qui l'a atténuée, & combinée d'une maniere bien plus intime, que celle dont on furcharge l'Efprit-de-vin, en la lui faifant diffoudre. Aufli cette Huile étrangere tient-elle fi peu à l'Efprit-de-vin, qu'on l'en fépare aifément par la fimple diftillation, ou par la mixtion avec l'eau ; au lieu que celle qui fait partie de l'Efprit-de-vin, comme un de fes principes, y eft unie de telle forte, que non-feulement ni l'un ni l'autre de ces moyens n'eft capable de l'en féparer, mais même qu'il faut employer pour cela les agens les plus actifs & les plus puiffans. Ainfi, c'eft à la différente maniere dont l'Huile eft combinée dans l'Æther & dans l'Efprit-de-vin huileux, qu'on doit rapporter les principales différences qui fe trouvent entre ces deux compofés; & je ne doute point, que fi on pouvoit unir à l'Efprit-de-vin une fuffifante quantité d'Huile furabondante, de telle forte que cette Huile, fans être dans un état favoneux, ne pût cependant en être féparée par l'eau, on ne rendît cet Efprit-de-vin parfaitement femblable à l'Æther, quant à fa *non-mifcibilité* avec l'eau.

Mais revenons à notre diftillation, & fuivons la décompofition de l'Efprit-de-vin par l'Acide vitriolique. Nous avons vu que cet Acide commence par s'emparer d'une partie de l'eau principe de l'Efprit-de-vin; ce qui altere la nature de ce mixte, lui enleve la propriété d'être mifcible avec l'eau, & le rapproche autant de la nature de l'Huile, qu'il s'eft éloigné par-là de celle de l'Efprit-de-vin.

On voit clairement, en fuivant la théorie déja établie, que fi l'Acide con-

tinue à agir toujours de la même maniere fur l'Efprit-de-vin ainfi altéré , &
devenu Æther , c'eft-à-dire, à s'emparer
du peu d'eau principe qui lui refte , & à
laquelle il doit les propriétés qu'il a encore de communes avec l'Efprit-de-vin ,
cela occafionnera enfin une décompofition totale , & que les parties huileufes
n'étant plus divifées & diffoutes par les
parties aqueufes , doivent fe raffembler,
fe réunir , & reparoître fous leur forme
naturelle , avec toutes leurs propriétés.
C'eft auffi précifément ce qui arrive.
L'Acide vitriolique monte après l'Æther
dans la diftillation ; mais confidérablement altéré lui-même , parcequ'il eft
chargé de tous les débris de l'Efprit-de-
vin décompofé. Il eft comme noyé dans
l'eau qu'il a enlevée à ce mixte : c'eft
pour cela qu'il paroît fous la forme d'u-
ne liqueur acide fort aqueufe. Il porte
avec lui l'Huile qu'il a féparée d'avec cette eau , c'eft celle dont nous avons parlé
dans le procédé : elle eft par conféquent
la véritable Huile principe de l'Efprit-
de-vin. Enfin , comme il a agi auffi fur
cette Huile , il s'eft chargé d'une portion
de phlogiftique qui le rend fulphureux.

Ce qui refte dans la cornue eft enco-

re une portion de l'Huile qui étoit contenue dans l'Esprit-de-vin, avec laquelle
une partie de l'Acide s'est combinée : elle est par cette raison noire & épaisse.
C'est un composé fort semblable aux Bitumes, duquel on retire par l'analyse les
mêmes principes que des Bitumes naturels, ou d'une Huile essentielle qu'on
auroit épaissie & à moitié brûlée, en la
combinant avec de l'Huile de vitriol
concentrée.

A l'égard de l'Acide de l'Esprit-de-vin,
il y en a une partie qui reste combinée
dans l'Æther ; mais il y a tout lieu de
croire, que l'Acide vitriolique, en enle-
vant à l'Esprit-de-vin sa partie aqueuse,
lui enleve en même temps une grande
partie de cet Acide, qui étant lui-même
très-aqueux, peut être considéré comme
de l'eau pure par rapport à l'Huile de vitriol concentrée, par laquelle il est attiré, & avec laquelle il se confond.

Les propriétés qui caractérisent l'Æ-
ther, s'accordent très-bien avec ce que
nous avons dit de sa nature, & de la
maniere dont il est produit. Cette liqueur est une des plus légeres qu'on connoisse : elle s'évapore si promptement,
que quand on en met sur sa main, à pei-

ne s'apperçoit-on que l'endroit qu'elle a touché a été mouillé : elle eſt plus volatile que l'Eſprit-de-vin : ce qui n'a rien de ſurprenant , puiſqu'elle n'en differe que parcequ'elle contient une moindre quantité d'eau , & que l'eau eſt le principe le plus peſant qui faſſe partie de l'Eſprit-de-vin.

L'Æther eſt plus inflammable que l'Eſprit-de-vin ; il ſuffit qu'il ſoit dans le voiſinage de quelque flamme , pour prendre feu auſſitôt. Ce qui vient de ce que les parties huileuſes dont il eſt compoſé , auſſi tenues & auſſi ſubtiles d'ailleurs que celles de l'Eſprit-de-vin , ſont en plus grande proportion relativement à la quantité des parties aqueuſes. La facilité qu'il a à diſſoudre les matieres huileuſes quelconques, doit être rapportée à la même cauſe.

L'Æther brûle ſans fumée , & ſans laiſſer de matiere charboneuſe ou terreuſe , de même que l'Eſprit-de-vin , parceque les parties inflammables ou huileuſes qu'il contient , ſont diſpoſées à cet égard comme celles de l'Eſprit-de-vin.

Les propriétés qu'il a de ne ſe point mêler avec l'eau, & de ſe charger de l'or diſſous dans l'Eau-régale, lui ſont communes avec les Huiles essentielles ; mais il possede cette derniere propriété d'une maniere bien plus marquée qu'aucune Huile ; car les Huiles essentielles qui se sont ainsi chargées d'or, ne le soutiennent que pendant peu de temps, au lieu que l'Æther ne le laisse point précipiter.

Il paroît que les anciens Chymistes n'ont point connu l'Æther ; ou du moins s'ils en ont eu connoissance, ils en ont fait un mystère suivant leur coutume, & n'en ont parlé qu'en termes énigmatiques. Entre les Modernes, M. Frobenius Chymiste Allemand, semble être le premier qui l'ait porté à sa perfection. M. Godfrei Hankwit, aussi Allemand, mais établi en Angleterre, en a fait mention à peu près vers le même temps dans les Transactions Philosophiques. Suivant ce dernier, MM. Boyle & Newton sçavoient faire l'Æther, & avoient chacun un procédé différent pour cela. Mais aucun de ces Chymistes n'a communiqué au public un procédé précis & exact, par lequel on pût parvenir à faire cette liqueur. Aussi MM. Duhamel, Grosse & Hellot, qui depuis ont fait des recherches sur cette matiere, & qui ont trouvé & communiqué au public des procédés faciles & sûrs pour la composition de l'Æther, n'ont-ils eu d'autres secours dans leur travail, que leurs lumieres & leur sagacité, ce qui leur donne à juste titre le mérite de l'invention. M. Beaumé très-habile Artiste de Paris, qui a beaucoup travaillé sur cette matiere, a aussi communiqué depuis peu à l'Académie, un Mémoire qui, entre plusieurs observations très-importantes, contient le procédé commode & abbrégé pour faire cette liqueur, que nous avons inséré ici. Le Mémoire de M. Hellot, renfermant beaucoup d'expériences qui s'accordent très-bien avec ce que nous avons dit jusqu'à présent sur la décomposition de l'Esprit-de-vin par l'Acide vitriolique, nous croyons qu'il est à propos d'en faire ici mention, & de les examiner au moins sommairement.

La quantité, la couleur & la pesanteur de l'Huile qui monte dans la distillation en même temps que la liqueur acide aqueuse, varient suivant les différentes doses d'Esprit-de-vin & d'Huile de vitriol dont on compose le mélange. M. Hellot a remarqué, qu'en augmentant la quantité d'Acide vitriolique, on retire davantage de cette Huile, & moins de l'Esprit ardent qui contient l'Æther. La raison en est, que plus il y a d'Huile de vitriol dans le mélange, plus il doit y avoir d'Esprit-de-vin totalement décomposé, & par conséquent plus on doit retirer de cette Huile, laquelle, comme nous avons vû, est un des principes résultans de la décomposition de l'Esprit-de-vin.

» Cette Huile est légere ou pesante » aussi, suivant la quantité d'Huile de » vitriol qu'on a versée sur l'Esprit-de- » vin. Celle qui vient du mélange de » six, de cinq, de quatre, & même de » trois parties d'Esprit-de-vin sur une » d'Huile de vitriol concentrée, surna- » ge toujours l'eau, & reste blanche. » Celle qui distille de deux parties d'Es- » prit-de-vin est jaune, & se précipite le » plus souvent; enfin celle qu'on retire » de parties égales des deux liqueurs, est » verdâtre, & se place constamment » sous l'eau. »

M. Hellot remarque à cette occasion, qu'une partie de l'Acide, qui sert d'in-termede

termede pour féparer cette Huile, fe joint avec elle ; & c'eft à la quantité plus ou moins grande de l'Acide combiné avec l'Huile, qu'il attribue fa plus ou moins grande pefanteur : ce qui eft d'autant plus vraifemblable, que l'Huile la plus pefante, eft toujours celle qu'on retire du mêlange dans lequel l'Acide eft en plus grande proportion, & *vice versâ*. Peut-être la différente pefanteur fpécifique des Huiles effentielles n'a-t-elle d'autre caufe que la quantité plus ou moins grande d'Acide dont elles font chargées.

M. Hoffman a fait fur cette Huile plufieurs obfervations qui prouvent avec évidence, qu'elle contient beaucoup d'Acide. Il dit que fi on la conferve pendant un certain temps dans une bouteille, elle devient rouge, perd fa tranfparence ; que fa faveur agréable & aromatique devient acide & corrofive, & que fi on la met fur le feu dans une cuilliere d'argent, elle la ronge & y laiffe une tache noire, & qu'elle ronge auffi le Mercure, fi on la fait chauffer avec cette fubftance métallique dans un matras.

M. Pott ajoute à cela, qu'elle fait une efferveſcence bien marquée avec les Al-

kalis fixes, & qu'après avoir été rectifiée
fur ces Sels, elle n'a plus aucune des
propriétés acides obfervées par M. Hoffman.

M. Hellot eft encore parvenu à augmenter confidérablement la quantité de
cette Huile, en ajoutant au mêlange
d'Efprit-de-vin & d'Acide vitriolique,
trois ou quatre onces d'une Huile graffe.
Or comme elle a les propriétés des Huiles effentielles, & qu'elle eft diffoluble
dans l'Efprit-de-vin, M. Hellot remarque que l'Huile de vitriol *effentifie* les
Huiles graffes, en fe joignant avec elles:
ce qui s'accorde très-bien avec notre
fentiment fur la caufe de la diffolubilité
des Huiles dans l'Efprit-de-vin, que nous
attribuons dans le Mémoire que nous
avons déja cité en d'autres occafions, à
un Acide joint fuperficiellement & grof-
fierement avec les Huiles.

L'Huile qui monte ainfi dans la diftillation du mêlange de l'Efprit-de-vin, &
de l'Acide vitriolique, eft connue fous
le nom d'*Huile douce de vitriol*. Ce nom
eft affez impropre, parcequ'il pourroit
faire préfumer, comme l'ont cru mal-à-
propos quelques Chymiftes, qu'elle tire
fon origine de l'Acide vitriolique, au

lieu qu'elle vient uniquement de l'Esprit-de-vin, ainsi que nous l'avons prouvé. S'il y a quelque raison qui puisse faire tolérer cette dénomination, c'est la quantité assez considérable d'Acide vitriolique, qui reste combinée avec elle, & qui est dulcifiée par cette union.

Cette Huile entre dans la fameuse Liqueur minérale anodine de M. Hoffman. On croit que cette liqueur n'est autre chose, que cette même Huile dissoute & combinée avec les deux liqueurs qui montent les premieres dans la distillation, & qui précedent immédiatement le phlegme acide sulphureux. Elle se dissout très-facilement & très-promptement dans ces menstrues spiritueux. Ainsi, si l'on a intention de l'avoir seule, & d'empêcher qu'elle ne se recombine avec les liqueurs qui ont passé avant elle, comme cela est à propos, attendu qu'elle fait obstacle à la séparation de l'Æther, il faut avoir grand soin de changer de récipient aussitôt que le phlegme acide avec lequel elle monte, commence à paroître.

On a vu que par les moyens indiqués d'après M. Hellot, on peut augmenter l'Huile douce de vitriol, tant par rapport à son poids, qu'eu égard à sa quantité. On trouve aussi dans le Mémoire de cet habile Chymiste, d'autres moyens par lesquels on l'empêche de monter dans la distillation. Le tout consiste à ajouter quelques corps absorbans, lesquels, dit M. Hellot, détournent au moins en partie l'action de l'Acide vitriolique sur la partie inflammable de l'Esprit-de-vin. Voici un de ces moyens.

« Mettez dans de l'Esprit-de-vin du
» Savon noir autant qu'il en pourra dissoudre. Filtrez-le, & versez dessus de
» l'Huile de vitriol la plus pesante & la
» plus concentrée. Agitez le mélange.
» Le Savon se décomposera dans l'instant, & son Huile surnagera, parce-
» que l'Acide vitriolique lui ravit le Sel
» alkali qui la rendoit miscible à l'Esprit-
» de-vin. Distillez ; vous n'aurez que
» très-peu d'Esprit de Rabel, encore aura-t-il l'odeur desagréable de l'Huile
» la plus rance. Il viendra ensuite beau-
» coup d'Esprit-de-vin de même odeur,
» puis une liqueur aqueuse, acide & sulphureuse ; mais pas une goutte d'Huile
» jaune. Il se forme cependant un champignon bitumineux, qui a de la consistence, qui s'éleve au-dessus de la

» couche d'Huile du Savon, laquelle fur-
» nage le refte du liquide. »

La meilleure partie de l'Acide vitriolique ayant été abforbée dans cette expérience par l'Alkali du Savon, comme
le remarque M. Hellot, il n'eft pas étonnant qu'il n'ait pu agir fur l'Efprit-de-vin
avec affez d'efficacité pour le décompofer, & en féparer l'Huile : c'eft pour la
même raifon, qu'il ne paffe que peu d'Efprit de Rabel, & que prefque tout l'Efprit-de-vin monte fans avoir éprouvé
d'altération fenfible. L'odeur défagréable dont ces liqueurs font accompagnées,
leur vient de l'Huile de Savon, laquelle
étant naturellement pefante, demeure
dans la cornue, où elle fe rancit & fe
brûle en partie.

La derniere expérience du Mémoire
de M. Hellot, dont nous ferons mention, eft un procédé particulier pour faire l'Æther, par le moyen duquel, avec
le fecours d'un intermede terreux, il eft
facile de diftiller l'Efprit acide vineux
qui contient l'Æther, fans aucun changement fenfible d'odeur, depuis le commencement jufqu'à la fin de l'opération;
fans qu'il foit fuivi de liqueur acide &
fulphureufe, d'huile, d'écume noire, de

Tome II.

résine ni de bitume ; sans qu'on soit obligé de prendre de grandes précautions pour la conduite du feu, puisqu'on peut entretenir la liqueur toujours bouillante dans la cornue, & la distiller ainsi jusqu'à sec sans aucun danger. Cet intermede est la terre glaise ordinaire des Potiers. M. Hellot en met six onces bien pulvérisées & bien séches, dans une grande cornue, avec une livre d'Esprit-de-vin & huit onces d'Huile de vitriol. Il fait digérer pendant trois ou quatre jours. Le mélange ne prend point de teinte sensible. Il place la cornue sur un bain de sable, & continue la distillation jusqu'à sec, par un feu modéré de charbon. À l'exception des premieres goutes qui viennent d'abord, & qui ne sont que de l'Esprit-de-vin, tout le reste de la liqueur qui distille a toujours une odeur d'Æther, un peu plus pénétrante même que celle de l'Esprit acide vineux fait sans cet intermede terreux.

Nous avons vu que la production de la liqueur æthérée, est dûe à une demi-décomposition de l'Esprit-de-vin procuré par l'Acide vitriolique pendant la distillation ; que cet Acide continuant à agir, occasionne une décomposition totale,

tale, par laquelle l'Huile & le phlegme de l'Esprit-de-vin sont séparés entierement l'un de l'autre ; & l'Acide vitriolique se joignant à l'un & à l'autre de ces principes , forme le phlegme sulphureux, l'Huile fluide , & la matiere bitumineuse, dont nous avons déja parlé plusieurs fois. Pourquoi donc, dans l'expérience de M. Hellot, ne retire-t-on que de l'Esprit-de-vin chargé d'Æther, & qu'il ne paroît aucun de ces autres produits ? La raison en est bien simple, & bien claire ; c'est que la Terre glaise contenant une terre du nombre de celles que l'on nomme *absorbantes*, à cause de la propriété qu'elles ont de s'unir avec les Acides, cette terre se joint avec l'Acide vitriolique contenu dans le mêlange , le réduit en Sel neutre, & empêche par-là qu'il ne continue à agir sur l'Esprit-de-vin, comme il faudroit qu'il le fît pour le décomposer entierement.

» M. Hellot dit à cette occasion ;
» qu'une partie de l'Acide vitriolique ,
» portant son action sur cette terre ou
» Bol dissoluble qu'il trouve dans la
» Glaise, cet Acide cesse d'agir sur le
» principe inflammable de l'Esprit-de-
» vin ; que par conséquent n'y ayant plus

» de combinaison immédiate & continue
» de ces deux substances , il n'en peut
» résulter ni Résine ni Bitume. *Cela est si*
» *vrai*, qu'on peut retirer de la Terre
» glaise une bonne partie de l'Huile de
» vitriol aussi blanche qu'on l'a employée.

M. Hellot se sert de la méthode suivante, pour retirer l'Æther de l'Esprit
acide vineux que lui produit cette distillation. » Il faut , dit-il, verser toute
» cette liqueur dans un alembic de ver-
» re d'une seule piece avec son chapi-
» teau ; faire tomber dessus, par le trou
» qui est au haut du chapiteau, deux ou
» trois fois autant d'eau de puits, la plus
» dure au goût & la plus chargée de ma-
» tiere gypseuse qu'on peut trouver. M.
» Hellot a observé qu'avec de l'eau bien
» pure on a beaucoup moins d'Æther.

» Si l'Esprit acide vineux a une odeur
» sulphureuse , ce qui doit y faire soup-
» çonner un peu trop d'Acide vitrioli-
» que volatil , on doit ajoûter à l'eau
» deux ou trois gros de Sel de potasse ,
» pour absorber cet Acide. On distille
» ensuite à feu de lampe.

» Tant qu'il y a de véritable Æther
» dans le mélange , on le voit monter
» comme une colonne blanche placée

» au milieu de la liqueur, & compofé
» d'une infinité de bulles d'air d'une pe-
» titeffe prefqu'inconcevable. Rien ne
» paroît fe condenfer dans la voûte du
» chapiteau: il refte toujours clair, fans
» aucune humidité fenfible à la vue. Les
» gouttes qui tombent fur les parois du
» récipient, au lieu d'y former un filet
» comme fait l'Efprit-de-vin un peu
» aqueux, s'y étendent lorfque c'eft de
» véritable Æther, de la largeur de deux
» pouces & plus. Quand on voit cette
» trace fe retrécir confidérablement, il
» faut éteindre le feu: car ce qui vient
» dans la fuite fe mêleroit à l'eau, &
» communiqueroit ce défaut à l'Æther
» qui eft déja dans le récipient.

» On furvuide enfuite la liqueur æthé-
» rée dans une bouteille longue. On ver-
» fe deffus une égale quantité d'eau de
» puits. En fecouant la bouteille, la li-
» queur devient laiteufe, & dans l'inf-
» tant le véritable Æther fe fépare, fur-
» nage, & ne fe mêle plus à l'eau; on
» l'en fépare par le fyphon, & on le
» conferve dans un flacon exactement
» bouché d'un bouchon de criftal.

I I. PROCÉDÉ.

Combiner l'Esprit-de-vin avec l'Esprit de Nitre. Esprit de Nitre dulcifié.

METTEZ de l'Esprit-de-vin bien dé-phlegmé dans une cornue de cristal à l'angloife : verfez fur cet Esprit-de-vin, par le moyen d'un entonnoir de verre à long tuyau, quelques gouttes d'Efprit de Nitre fumant. Il s'excitera dans la cornue une effervefcence accompagnée de chaleur, de vapeurs rouges, & d'un fifflement femblable à celui d'un charbon ardent qu'on éteint dans l'eau. Secouez un peu le vaiffeau, afin que le mélange fe faffe exactement, & que la chaleur fe communique également de tous cotés. Verfez, après cela, de nouvel Efprit de Nitre, mais en très-petite quantité, & avec les mêmes précautions que la premiere fois. Continuez à verfer ainfi de l'Efprit de Nitre à plufieurs reprifes, jufqu'à ce que vous en ayez fait entrer dans la cornue une quantité trois fois moindre que celle de l'Efprit-de-vin.

Laiffez, après cela, le mélange en repos, dans un lieu frais, pendant dix ou douze heures, puis mettez-le en digeſtion à une très-douce chaleur pendant huit à dix jours, ayant eu ſoin de lutter un récipient à la cornue. Il paſſera, pendant ce temps, une petite quantité de liqueur dans le récipient, qu'il faut reverſer dans la cornue. Diſtillez enſuite à une chaleur un peu plus forte; mais cependant encore très-douce, juſqu'à ce qu'il ne reſte plus dans la cornue qu'une matiere épaiſſe. Vous trouverez dans le récipient une liqueur ſpiritueuſe, d'une odeur pénétrante & agréable, & qui ſera ſur la langue une impreſſion très-vive, mais exempte d'acrimonie corroſive. C'eſt l'Eſprit de Nitre dulcifié.

REMARQUES.

Cette opération eſt une combinaiſon de l'Eſprit de Nitre & de l'Eſprit-de-vin, dans laquelle ces deux liqueurs ſont unies l'une à l'autre, à peu près comme l'Acide vitriolique & ce même Eſprit-de-vin le ſont dans l'Eau de Rabel.

Les dôſes de liqueurs qu'on fait entrer dans cette combinaiſon ne ſont point abſolument déterminées, & les différens Auteurs qui en ont parlé varient beau-

coup fur cet article. Les uns demandent
parties égales ; les autres depuis deux
jufqu'à dix parties d'Efprit-de-vin fur
une d'Efprit de Nitre. Cela dépend du
degré de conçentration de l'Efprit de
Nitre qu'on employe, & de la plus ou
moins grande acidité qu'on veut donner
à l'Efprit de Nitre dulcifié.

Le Difpenfaire de la Faculté de Médecine prefcrit de mêler une partie d'Efprit de Nitre diftillée avec l'Argile fé-
chée, c'eft-à-dire, de celui qui n'eft point
fumant ; avec deux parties d'Efprit-de-
vin rectifié, & de mettre le tout en digeftion pendant un mois, fans diftiller
enfuite le mêlange. Cette pratique eft
très-bonne, parceque la longue digestion fupplée à la diftillation, & que l'Efprit de Nitre n'étant point fi concentré,
altére moins l'Efprit-de-vin, outre qu'on
évite par-là beaucoup d'inconvéniens
dont nous allons bientôt parler.

Comme notre intention n'eft point
de donner uniquement la defcription
des préparations chymiques qui fervent
ordinairement de médicamens ; mais que
notre objet demande que nous parlions
particulierement de celles qui peuvent
donner des connoiffances fur les pro-

priétés fondamentales des corps, le procédé que nous avons donné nous a paru
préférable, à caufe que l'action de l'Efprit de Nitre fur l'Efprit-de-vin y eft plus
forte & plus marquée.

Une des premieres fingularités qu'offre le mélange des deux liqueurs, eft la
grande effervefcence accompagnée de
chaleur violente, de vapeurs abondantes, & de fifflement bruyant, qui s'excite
auffitôt que l'Efprit de Nitre & l'Efprit-
de-vin fe touchent mutuellement. Il y
a tout lieu de croire que ces phénomènes ne font que les effets de la rapidité
& de l'activité avec lefquelles l'Acide nitreux fe joint à la partie inflammable de
l'Efprit-de-vin. Nous avons vu, en parlant de l'Æther, qu'il paroît des phénomènes femblables dans le moment de
l'union de l'Acide vitriolique & de l'Efprit-de-vin ; mais tous ces effets font
moindres dans cette occafion, quelque
concentré que foit l'Acide vitriolique,
que ceux qui font produits dans l'expérience dont il s'agit à préfent, parceque
l'Efprit de Nitre, quoique moins fort
que l'Acide vitriolique, agit en général
avec beaucoup plus d'activité & de violence fur les corps aufquels il s'unit, que

toute autre espece d'Acide.

M. Pott remarque à l'occasion de ces mélanges d'Acides avec l'Esprit-de-vin, qu'il n'est pas indifférent de verser l'Esprit-de-vin sur l'Acide, ou l'Acide sur l'Esprit-de-vin ; mais que tout se passe beaucoup plus doucement quand on verse l'Acide sur l'Esprit-de-vin, que quand on fait le contraire : & il en donne la vraie raison, sçavoir, que l'Acide versé sur l'Esprit-de-vin, trouve dans cette liqueur une grande quantité d'eau, avec laquelle il se joint d'abord : ce qui l'affoiblit, & l'empêche d'agir sur la partie inflammable avec autant d'impétuosité qu'il feroit sans cela. Il conseille, à cause de cela, de s'y prendre toujours de cette maniere pour faire ces sortes de mêlanges. Mais il est évident qu'on ne peut jouir de cet avantage, qu'autant qu'on ne verse l'Acide sur l'Esprit-de-vin que peu à peu, & par petites parties, comme nous l'avons dit dans le procédé, & comme M. Pott le recommande lui-même. Car si on mêloit les deux liqueurs ensemble d'un seul coup, & tout à la fois, il est certain que l'Acide ne trouveroit pas une seule goutte de phlegme de plus ni de moins, d'une façon comme de l'autre.

La principale, & en quelque forte la feule précaution qu'il faut donc prendre en faifant ces mêlanges , pour éviter la violente effervefcence , & les inconvé- niens qui en réfultent, comme l'explo- fion & la rupture des vaiffeaux , eft donc de ne verfer à la fois qu'une très - petite quantité d'une liqueur dans l'autre , & de n'en verfer de nouvelle , que quand l'effervefcence , & même la chaleur pro- duite par la premiere portion , feront en- tierement paffées. Avec ces précautions. on eft toujours fûr , de quelque maniere qu'on s'y prenne , d'éviter la rupture des vaiffeaux , parcequ'on eft le maître de ne verfer à la fois qu'une fi petite quantité de liqueur, qu'à peine l'effer- vefcence qu'elle produira fera fenfible. Nous ne difconvenons cependant point pour cela , que l'obfervation de M. Pott ne foit fort bonne. Il y a même quelqu'a- vantage à verfer , comme il le prefcrit , l'Acide fur l'Efprit-de-vin: c'eft de pou- voir faire le mélange un peu plus vîte , fans rifquer.

Nous avons vu que l'Acide vitriolique devient aqueux & fulphureux par le mê- lange de l'Efprit-de-vin ; l'Acide nitreux éprouve avec ce mixte des changemens

qui ne font pas moins remarquables.
M. Pott obferve que quand l'Efprit de
Nitre eft dulcifié, c'eft-à-dire, qu'il eft
parfaitement combiné avec l'Efprit-de-
vin, il quitte l'odeur défagréable qui lui
eft propre, pour en prendre une qui eft
pénétrante & affés agréable ; il ne monte plus fous la forme de vapeurs rouges :
il s'éleve à un degré de chaleur moindre
que quand il eft pur ; il agit d'une maniere moins vive fur les Alkalis fixes, &
fur les Terres abforbantes. Enfin, nous
allons rapporter une expérience de ce
Chymifte, qui femble prouver que l'A-
cide nitreux perd les propriétés qui le
caractérifent le mieux, & qu'il change
entierement de nature après avoir été
combiné avec l'Efprit-de-vin.

M. Pott a examiné la liqueur épaiffe
qui refte dans la cornue après la diftillation de l'Efprit de Nitre dulcifié. Il en
a retiré par l'analyfe une liqueur acide,
de couleur jaune, d'une odeur un peu
empyreumatique. Cet Acide a été fuivi
par quelques gouttes d'une Huile rouge
empyreumatique, & il eft refté au fond
du vaiffeau qui avoit fervi à la diftillation, une matiere charboneufe noire &
brillante, femblable à celle qui refte après

la premiere rectification d'une Huile
fœtide.

L'Huile qu'on retire de ce réſidu eſt
une portion de celle qui entroit dans la
compoſition de l'Eſprit-de-vin , laquelle
en a été ſéparée par l'Acide nitreux , de
la même maniere que celle dont nous
avons parlé dans le précédent procédé ,
& qu'on nomme *Huile douce de Vitriol*,
en eſt ſéparée par l'Acide vitriolique.
Mais comme l'Acide nitreux , qui eſt
moins fort que le vitriolique , ne décompoſe point auſſi efficacement l'Eſprit-de-vin, cette Huile, dans l'expérience dont il s'agit à préſent, eſt en moindre quantité, proportion gardée , que
celle qu'on retire dans la diſtillation du
mêlange de l'Acide vitriolique & de l'Eſprit-de-vin.

A l'égard de l'Acide que M. Pott a
retiré dans ſon expérience , il y a tout
lieu de croire que c'eſt une portion de
celui qui étoit entré dans le mêlange ,
c'eſt-à-dire, de l'Acide nitreux. Cependant M. Pott ayant ſaoulé avec un Alkali fixe une partie du réſidu qu'il vouloit
examiner avant d'en avoir ſéparé l'Acide par la diſtillation , & ayant mis ſur
les charbons ardens cette matiere qu'il

croyoit contenir un Nitre régénéré, a été fort furpris de voir qu'elle brûloit fans donner la moindre marque de détonnation, il en conclut, que l'Acide nitreux avoit changé de nature. Cette expérience, felon lui, peut fournir des vûes pour les tranfmutations des Acides, & il croit que dans le cas préfent, l'Acide nitreux n'a perdu fa vertu de détonner, que parceque la partie inflammable qui lui eft unie, & à laquelle il doit les propriétés qui le caractérifent, l'a quitté pour fe joindre avec celle de l'Efprit-de-vin.

Effectivement, fi l'Acide qu'a retiré M. Pott, & qui, réduit en Sel neutre, ne détonne point, doit fon origine à l'Acide nitreux qui a été combiné avec l'Efprit-de-vin, il n'y a point à douter qu'il ne foit altéré d'une façon finguliere, & n'ait entierement changé de nature. Mais ne pourroit-on pas lui foupçonner une autre origine? Ne feroit-il point l'Acide même de l'Efprit-de-vin, réfultant de la décompofition qu'auroit fouffert ce mixte pendant la diftillation?

M. Navier, dont nous avons parlé dans nos Elémens de Chymie théorique, a retiré du mélange de l'Efprit-de-vin

& de l'Esprit de Nitre, sans la distillation, sans même le secours du feu, une
liqueur huileuse fort singuliere. Il a mêlé pour cela parties égales des deux liqueurs en mesure, & non en poids, dans
une bouteille qu'il a bouchée exactement
avec un bon bouchon de liége assujéti
avec une ficelle. Neuf jours après, il a
trouvé environ un sixiéme du mélange,
séparé & surnageant le reste de la liqueur.
C'étoit une très-belle Huile æthérée très-
claire, & presque blanche.

Dans une autre expérience, M. Navier à substitué à l'Esprit de Nitre pur,
une dissolution de Fer dans cet Acide,
& il a mêlé avec cette dissolution un
poids égal d'Esprit-de-vin. Il a retiré de
ce mélange, par la même méthode, après
une fermentation qui s'y est excitée, une
Huile æthérée semblable à celle de l'expérience précédente, excepté que cette
derniere, qui est d'abord blanche comme l'autre, acquiert une couleur rouge
dans l'espace d'environ trois semaines.
M. Navier conjecture, avec vraisemblance, que cette couleur lui vient de quelques particules de fer qui lui sont unies,
& qui s'exhalent peu à peu.

Si on verse sur cette Huile, lorsqu'elle

vient d'être séparée, quelques gouttes d'Huile de Tartre par défaillance, il ne s'y forme point d'abord de changement sensible ; mais au bout de quelque temps, il s'y forme des cristaux en aiguilles, qui sont de véritable Nitre régénéré : elle répand alors, si l'on débouche la bouteille qui la contient, une odeur nitro-sulphureuse des plus pénétrantes ; ce qui ne laisse aucun doute que cette Huile ne contienne de l'Acide nitreux. Quand on lui a ainsi enlevé son Acide par le moyen de l'Huile de Tartre, elle est bien plus volatile qu'auparavant.

Ni l'Acide vitriolique, ni celui du Sel marin, ne peuvent extraire une pareille Huile de l'Esprit-de-vin ; & l'Acide nitreux réussit toujours pour cela, quand même il ne seroit point concentré ni fumant.

Il est bien certain, que cette Huile doit son origine à l'Esprit-de-vin ; mais il n'y a pas encore là-dessus un assés grand nombre d'expériences de faites, pour pouvoir rien dire de bien précis sur la maniere dont cette liqueur est rassemblée, & sur la cause par laquelle elle est séparée de l'Esprit-de-vin.

III. PROCÉDÉ.

Combiner l'Esprit-de-vin avec l'Acide du Sel marin. Esprit de Sel dulcifié.

MESLEZ ensemble, peu à peu, dans une cornue de verre, ou un matras, deux parties d'Esprit-de-vin, & une partie de bon Esprit de Sel. Faites digérer le mélange pendant un mois à une chaleur douce, & distillez-le jusqu'à ce qu'il ne reste plus qu'une matiere épaisse dans la cornue.

REMARQUES.

L'Acide du Sel marin a beaucoup moins de disposition que les deux autres Acides minéraux, à s'unir avec les matieres inflammables: aussi, quelque concentré qu'il soit lorsqu'on le mêle avec l'Esprit-de-vin, il ne fait jamais une effervescence comparable à celle que produit l'Esprit de Nitre. La dôse ni la force de l'Esprit de Sel ne sont point fixées unanimement par les Auteurs, pour faire l'Esprit de Sel dulcifié. Les uns demandent parties égales des deux liqueurs; les autres depuis deux jusqu'à quatre ou cinq parties d'Esprit - de - vin sur une d'Esprit de Sel. Les uns employent simplement de l'Esprit de Sel ordinaire; les autres demandent de l'Esprit de Sel fumant distillé par l'intermède de l'Esprit de vitriol. Enfin, quelques-uns prescrivent de distiller le mélange après quelques jours de digestion, & les autres se contentent de le faire simplement digérer. Tout cela dépend du degré de force qu'on veut donner à l'Esprit de Sel dulcifié. Cette composition, ainsi que l'Esprit de Nitre dulcifié, sont regardés en Médecine comme de grands apéritifs, & diuretiques.

Lorsqu'on distille le mélange d'Esprit de sel & d'Esprit - de - vin, il ne passe qu'une seule liqueur qui paroît homogène. C'est l'Esprit de Sel dulcifié. La nature de l'Acide marin n'est point changée dans cette combinaison. Cet Acide est affoibli & adouci; mais il conserve d'ailleurs les propriétés qui le caractérisent.

Quelques Auteurs prétendent qu'on retire une Huile par la distillation du mélange de l'Esprit de sel dulcifié; mais d'autres nient formellement le fait. Cette diversité peut venir de la qualité de l'Efprit-de-vin qu'on a employé. Il ne feroit point étonnant qu'un Efprit-de-vin qui contiendroit beaucoup d'Huile furabondante à fa mixtion, & qui lui feroit comme étrangere, fournît de l'Huile lorfqu'on le diftilleroit avec de l'Efprit de fel.

Le réfidu épais qu'on trouve dans la cornue après la diftillation, contient la partie la plus pefante de l'Acide, unie avec une portion d'Efprit-de-vin. Si on continue la diftillation jufqu'à fec, il refte dans la cornue une matiere noire charboneufe, à peu près femblable à celle que laiffent les combinaifons d'Efprit-de-vin avec les autres Acides.

On peut faire auffi de l'Efprit de fel dulcifié, en diftillant ou faifant digérer l'Efprit-de-vin fur des compofés métalliques, chargés de beaucoup d'Acide du Sel marin qui leur eft peu adhérent, comme font le fublimé corrofif, & le Beurre d'antimoine. Une partie de cet Acide, qui eft extrêmement concentré, quitte la fubftance métallique à laquelle il n'eft uni que fuperficiellement, pour fe combiner avec l'Efprit-de-vin. Si on fe fert pour cela du Beurre d'Antimoine, M. Pott qui a fait ces expériences, obferve, qu'il fe précipite un Mercure de vie, qui n'eft autre chofe, comme nous l'avons dit dans fon lieu, que la partie réguline du Beurre d'Antimoine abandonnée par fon Acide.

IV. PROCÉDÉ.

Extraire des Végétaux, & diſſoudre par le moyen de l'Efprit-de-vin, les Huiles ou matieres huileuſes diſſolubles dans ce menſtrue. Teintures. Elixirs. Vernix. Eaux ſpiritueuſes aromatiques.

METTEZ dans un matras les fubftances dont vous voudrez tirer la teinture, après les avoir réduites en petits morceaux ou en poudre, fi elles en font fufceptibles. Verſez de l'Efprit-devin par-deſſus, à la hauteur de trois travers de doigt. Fermez le matras avec un morceau de veffie mouillée, que vous affujétirez avec une ficelle : faites un petit trou dans ce morceau de veffie, avec une épingle, que vous laiſſerez dans le trou qu'elle aura fait, pour le tenir bouché. Placez le matras fur un bain de fable d'une chaleur fort douce. Si l'Efprit-de-vin diſſout quelque partie du mixte, il se chargera d'une couleur plus ou moins foncée. Continuez la digestion, jusqu'à ce que vous vous apperceviez que la couleur qu'a pris l'Esprit-de-vin ne change plus, & ne devient pas plus foncée. Débouchez de temps en temps le petit trou d'épingle, pour donner issue aux vapeurs, ou à l'air raréfié, qui pourroient faire crever le matras. Décantez cet Esprit-de-vin, & gardez-le dans une bouteille bien bouchée. Reversez-en de nouveau à sa place. Recommencez la digestion comme la premiere fois, & continuez de cette maniere, à reverser & à décanter de nouvel Esprit-de-vin, jusqu'à ce qu'il ne se charge plus d'aucune couleur.

REMARQUES.

On dit communément que l'Esprit-de-vin est le dissolvant des Huiles & des matieres huileuses ; mais cette proposition est trop générale ; car il y a plusieurs especes d'Huiles & de matieres huileuses que ce menstrue ne dissout point. Les Huiles grasses, la Cire & les autres composés huileux de même espece, sont de ce nombre. Il ne dissout, à proprement parler, que deux sortes de ſubſtances huileuſes, ſçavoir, les Huiles eſſentielles, & les Baumes, ou Réſines; matieres de même eſpece, qui ne different les unes des autres que par le plus ou le moins d'épaiſſiſſement; & les Huiles qui ſont dans l'état ſavoneux.

Nous avons expliqué, dans nos Elémens de Chymie théorique, d'après un Mémoire ſur cette matiere, imprimé dans le volume de l'Académie pour l'année 1745, notre ſentiment à ce ſujet, qui ſe réduit, pour le rappeller en deux mots, à regarder comme cauſe de la diſſolubilité des Huiles dans l'Eſprit-de-vin un Acide qui ne leur eſt uni que ſuperficiellement, & de maniere qu'il conſerve encore ſes propriétés.

Les principales preuves de ce ſentiment, ſont fondées ſur la propriété qu'ont les Huiles eſſentielles, les Baumes & les Réſines naturellement diſſolubles dans l'Eſprit-de-vin, de devenir d'autant moins diſſolubles dans ce menſtrue, qu'ils ſont diſtillés ou rectifiés un plus grand nombre de fois; & ſur celle qu'ont les Huiles graſſes, & autres matieres huileuſes naturellement indiſſolubles dans l'Eſprit-de-vin, d'acquérir, à meſure qu'on les diſtille, la faculté de s'y diſſoudre. Nous avons fait voir que la diſtillation ne diminue la diſſolubilité des Huiles eſſentielles, Baumes & Réſines, que parcequ'elle enleve à ces ſubſtances une partie de l'Acide développé qu'elles contiennent, qui eſt la cauſe de leur diſſolubilité ; & que cette même diſtillation ne rend diſſolubles dans l'Eſprit-de-vin, les Huiles graſſes & autres matieres huileuſes qui y ſont naturellement indiſſolubles, que parcequ'elle développe en elles, & en dégage en partie un Acide qui leur eſt naturellement ſi intimement uni, qu'il eſt entierement privé d'action, & qu'on ne peut reconnoître aucune de ſes propriétés.

Ces principes étant bien préſens à l'eſprit, & ſi on ſe reſſouvient avec cela que l'Eſprit-de-vin ſe joint avec l'eau par préférence aux Huiles, de maniere que quand on le mêle avec de l'eau lorſqu'il tient une Huile en diſſolution, il abandonne cette Huile pour s'unir avec l'eau; que par la même raiſon il n'eſt en état de diſſoudre aucune Huile lorſqu'il eſt fort aqueux, parceque l'Huile & l'eau ne pouvant contracter d'union enſemble, il faudroit qu'il ſe dépouillât de ſon phlegme pour ſe joindre à l'Huile, ce

qu'il ne peut faire, attendu qu'il a plus
d'affinité avec ce phlegme qu'avec l'Huile ; qu'enfin si l'Huile est unie avec quelque substance saline qui la rende dissoluble dans l'eau, c'est-à-dire, qu'elle soit
dans l'état savoneux, alors elle se tiendra dissoute dans l'Esprit-de-vin, sans
être précipitée par l'eau, ou bien sera
dissoute par de l'Esprit-de-vin extrêmement aqueux, & souvent même beaucoup mieux que par un Esprit-de-vin
bien déphlegmé : on appercevra très-facilement ce qui doit arriver en faisant
digérer dans l'Esprit-de-vin une matiere
végétale quelconque.

L'Esprit-de-vin dissout d'une substance végétale ce qu'elle contient d'Huile
essentielle, de Baume & de Résine ; &
comme ces matieres ne sont point dissolubles dans l'eau, on peut les séparer d'a-
vec l'Esprit-de-vin qui les tient en dissolution, en noyant le mélange avec beaucoup d'eau. Il devient aussitôt blanc &
opaque comme du lait ; les parties huileuses se réunissent peu à peu, & forment
des masses considérables, sur-tout si elles
sont résineuses. On se sert communément
de cette méthode pour extraire les Résines de la Scammonée, du Jalap, du

Gayac, & de plusieurs autres substances végétales dont on retireroit difficilement les Résines par d'autres moyens.

Si les matieres qu'on fait digérer dans l'Esprit-de-vin contiennent des Sucs savoneux, l'Esprit-de-vin se chargera aussi de ces Sucs. Mais comme les Savons sont dissolubles dans l'eau, aussi-bien que dans l'Esprit-de-vin, on ne peut les séparer, par l'addition de l'eau, d'avec l'Esprit-de-vin qui les tient en dissolution. On pourra donc mêler avec l'Esprit-de-vin chargé de ces sortes de Sucs, autant d'eau qu'on voudra, sans occasionner aucune séparation ; & par la même raison, on pourra dissoudre ces matieres savoneuses avec de l'Esprit-de-vin chargé de beaucoup de phlegme.

On nomme communément *Teinture*, l'Esprit-de-vin chargé des parties qu'il a pu dissoudre de quelque substance végétale. Plusieurs teintures mêlées ensemble, ou la teinture de plusieurs substances végétales faites en même temps, & dans le même vaisseau, prennent le nom d'*Elixir*. Les Teintures ou Elixirs qui ne sont chargés que de matieres résineuses, sont de véritables Vernix. Toutes ces préparations se font de la même maniere; c'eſt celle que nous avons donnée dans le procédé. Nous ajoûtons ſeulement ici, que ſi les ſubſtances avec leſquelles on veut faire une teinture ou un Elixir, contiennent beaucoup d'humidité, il eſt bon de les priver, par une légere déſiccation, de cette humidité ſurabondante, principalement ſi on a intention que la teinture ſoit bien impregnée des parties huileuſes & réſineuſes; car cette humidité ſe joignant à l'Eſprit-de-vin, l'affoibliroit, & le mettroit hors d'état d'agir ſur ces matieres qu'il ne peut diſſoudre quand il eſt aqueux.

Les ſubſtances végétales ſur leſquelles on a fait digérer de l'Eſprit-de-vin à pluſieurs repriſes, juſqu'à ce qu'il ne ſe charge plus d'aucun principe, ſont cenſées épuiſées d'Huile eſſentielle, de Réſines & de Sucs ſavoneux; mais ſi elles contenoient outre cela de l'Huile graſſe, de la Cire & de la Gomme, elles contiennent encore ces principes après la digeſtion, en auſſi grande quantité qu'avant, parceque l'Eſprit-de-vin ne peut les diſſoudre.

Cela n'a rien d'étonnant à l'égard de l'Huile graſſe & de la Cire: nous avons expliqué ailleurs pourquoi ces matieres

ne

ne fe laiffent point diffoudre par les Ef-
prits ardens ; mais pour la Gomme, il
paroît qu'en fuivant les principes géné-
raux dont nous avons parlé, elle devroit être diffoluble dans ce menftrue,
même encore plus facilement que les
Réfines ; car cette fubftance eft prefque
entierement compofée d'eau, avec laquelle l'Efprit-de-vin s'unit, comme on
fait, plus facilement qu'avec les Huiles.
Il entre auffi, à la vérité, un peu d'Huile dans fa compofition ; mais cette Huile
paroît être dans un état parfaitement favoneux ; car la Gomme fe diffout en entier dans l'eau, avec beaucoup de facilité, fans en altérer la tranfparence en
aucune maniere.

J'avoue qu'il eft extrêmement difficile de donner fur ce point une explication bien fatisfaifante. On pourroit cependant hafarder quelques conjectures
à ce fujet, en fe rappellant ce que nous
avons dit fur la caufe de la diffolubilité
des Huiles dans l'Efprit-de-vin. Nous a-
vons fait voir que les Huiles qui font diffolubles dans ce menftrue, ne doivent
cette propriété qu'à un Acide développé, qui ne leur eft uni que fuperficiellement, & de maniere qu'il conferve pref-

que toute fa vertu ; mais que fi ce même Acide eft uni trop intimement avec l'Huile, en forte qu'il n'ait plus d'action marquée, qu'il foit comme détruit, & en quelque forte réduit en Sel neutre, il ne produit plus cet effet.

Un Auteur moderne (*) rapporte deux expériences qui s'accordent très-bien avec ce fentiment, & en font de nouvelles preuves. Il a mêlé enfemble de l'Huile de Vitriol & de l'Huile de Thérébentine, dans le deffein d'imiter par l'art une matiere bitumineufe, qui, comme on fçait, n'eft point, ou du moins n'eft que très-peu diffoluble dans l'Efprit-de-vin. Ces deux matieres unies enfemble, ont fourni un compofé rouge & épais, qui eft devenu par l'évaporation femblable à un Bitume naturel.

L'Auteur a remarqué, que lorfque ce mélange eft nouvellement fait, il fe diffout aifément dans l'Alkool ; mais qu'au bout de quelque temps il change de nature, & ne communique prefque rien de fa fubftance à ce diffolvant. D'où peut venir cette différence, finon de ce que

____

(*) M. Eidous, dans un petit ouvrage Anglois, traduit en François, fous le titre de *Pharmacien moderne.*

quand le mélange eſt nouveau, l'Acide
n'eſt encore uni que ſuperficiellement
avec l'Huile, & que cet Acide ſe combine d'autant plus intimement, que le
mélange vieillit davantage?

Le même Auteur ayant répété l'expérience avec de l'Eſprit de Vitriol, a fait
un compoſé qui eſt toujours demeuré
très-diſſoluble dans l'Eſprit-de-vin, parceque l'Eſprit de Vitriol étant beaucoup
plus foible & plus aqueux que l'Huile de
Vitriol, n'a pu ſe combiner auſſi étroitement avec l'Huile de Thérébentine, que
cet Acide concentré de la premiere expérience. Il y a tout lieu de croire, pour
le dire en paſſant, que l'union trop intime d'un Acide minéral avec une matiere huileuſe, eſt la véritable cauſe pour
laquelle les Bitumes ne ſe laiſſent point
diſſoudre par l'Eſprit-de-vin.

Il paroît donc aſſez vraiſemblable,
que l'Acide qui rend l'Huile des matieres gommeuſes diſſoluble dans l'eau, &
la met dans l'état ſavoneux, eſt uni ſi intimement avec cette Huile, qu'il perd
ſes propriétés, & eſt comme réduit en
Sel neutre. Or on ſçait que ces ſortes
de Sels ſont diſſolubles dans l'eau, & ne
le ſont point dans l'Eſprit-de-vin.

O ij

Si les Teintures ou Elixirs ne font point auffi forts & auffi chargés qu'on le defire, on peut retirer par la diftillation une partie de l'Efprit-de-vin qu'ils contiennent, & leur donner par ce moyen tel degré d'épaiffiffement qu'on jugera à propos. Mais l'Efprit-de-vin qu'on retire ainfi, emporte toujours avec lui beaucoup du principe aromatique. C'eft une véritable Eau aromatique fpiritueufe. Cet Efprit-de-vin emporte même auffi une portion d'Huile tenue, qui eft d'autant plus confidérable, qu'on le fait diftiller à un degré de chaleur plus fort ; c'eft pourquoi il blanchit lorfqu'on le méle avec de l'eau.

Quand on ne veut faire qu'une Eau aromatique fpiritueufe, il n'eft pas néceffaire de tirer d'abord la teinture de la fubftance végétale, avec laquelle on a deffein de compofer cette eau ; il fuffit de la mettre dans une cucurbite, de verfer deffus de l'Efprit-de-vin, & de diftiller à une douce chaleur. On obtient par ce moyen un Efprit-de-vin chargé de toute l'odeur de la plante.

CHAPITRE III.
DU TARTRE.

PREMIER PROCÉDÉ.

Analyser le Tartre par la distillation. Esprit, Huile & Sel alkali de Tartre.

METTEZ dans une cornue de grais, ou de verre, enduite de lut, du Tartre blanc réduit en petits morceaux, en observant que la moitié, ou tout au moins un grand tiers de ce vaisseau, demeure vuide. Placez la cornue dans un fourneau de réverbere. Adaptez un grand balon percé d'un petit trou, & luttez-le exactement avec du lut gras, recouvert d'un linge enduit de lut fait avec la chaux & le blanc d'œuf. Donnez d'abord une chaleur extrêmement douce, qui fera monter une eau limpide, aigrelette, pénétrante, ayant un peu d'odeur, & une saveur mêlée de quelque amertume.

Quand ce premier phlegme cessera de distiller, augmentez un peu le feu,

& donnez à peu près le degré de chaleur de l'eau bouillante. Il montera une Huile tenue & limpide, qui sera accompagnée de vapeurs blanches, & d'une prodigieuse quantité d'air, lequel sortira avec une telle impétuosité, que si vous ne débouchez pas à temps le petit trou du récipient, pour lui donner issue, il fera crever les vaisseaux avec explosion. Il montera en même temps une liqueur acide. Continuez la distillation, en augmentant la chaleur par degrés insensibles, en débouchant souvent le petit trou du récipient, jusqu'à ce que ces vapeurs élastiques cessent de sortir, & l'Huile de distiller.

Augmentez alors le feu plus hardiment. L'Esprit acide continuera à distiller, & sera accompagné d'une Huile noire, fœtide, empyreumatique, pesante, & fort épaisse. Poussez le feu jusqu'à la derniere violence, en sorte que la cornue soit toute rouge. Ce grand feu fera sortir un peu d'Alkali volatil, & encore quelque portion d'Huile aussi épaisse que de la poix. Vous trouverez dans la cornue, lorsque la distillation sera achevée, une matiere noire, saline & charboneuse, qui s'échauffe, si on l'humecte, qui attire l'humidité de l'air, tombe en *deli-quium*, & a toutes les propriétés d'un Alkali fixe.

Cette maffe brûlée à feu ouvert prend feu, fe confume, & fe réduit en matiere blanche, qui eft un Alkali fixe cauftique & brûlant.

REMARQUES.

Les matieres propres à donner par la fermentation une liqueur fpiritueufe, ne contiennent point toutes une proportion jufte & exacte de l'Acide qui doit entrer dans la combinaifon de l'Efprit ardent. Plufieurs d'entre elles, les Sucs des fruits, par exemple, & fur-tout celui des raifins, font chargés d'une quantité furabondante d'Acide qui ne concoure point à la formation de ce produit de la fermentation. Cet Acide furabondant, combiné avec une partie de l'Huile & de la terre contenue dans la liqueur fermentée, forme une efpece de Sel qui fe foutient pendant quelque temps dans cette liqueur ; mais qui au bout d'un certain temps, lorfque le Vin eft en repos & dans un lieu frais, fe dépofe, & forme une efpece d'incruftation pierreufe en apparence, fur les parois intérieurs des tonneaux où l'on conserve le Vin. Cette matiere porte le nom de *Tartre.*

La lie de Vin reſſemble au Tartre, en ce qu'elle contient & fournit dans l'analyſe les mêmes principes que lui ; mais elle en differe, en ce qu'elle eſt chargée outre cela d'une plus grande quantité de terre, de phlegme, & d'un peu d'Eſprit ardent, qui ne ſont que mêlés, & point unis avec ſon Acide tartareux.

Le réſidu ou eſpece d'extrait qui demeure dans la cucurbite, après qu'on a privé le Vin de ſon Eſprit ardent par la diſtillation, a auſſi beaucoup de reſſemblance avec le Tartre. Il contient même la portion de Tartre qui étoit encore ſuſpendue dans le Vin lorſqu'on l'a ſoumis à la diſtillation : auſſi ce réſidu du Vin fournit-il, par l'analyſe, les mêmes principes que le Tartre.

On voit par-là, que les liqueurs qui ont paſſé par la fermentation ſpiritueuſe, ſont compoſées d'un Eſprit ardent, & d'un Acide tartareux ; ſuſpendus dans une certaine quantité d'eau.

Il y a pluſieurs choſes dignes de remarque dans l'analyſe du Tartre. La premiere, c'eſt la prodigieuſe quantité d'air que fournit ce mixte quand il commence à se décomposer. La principale difficulté de cette analyse vient de cet air, qui se dégageant, & déployant son ressort avec impétuosité, oblige de prendre toutes les précautions dont nous avons parlé, pour prévenir la rupture des vaisseaux.

La nature singuliere de l'Huile tenue & limpide, qui monte avec cet air après le premier phlegme acide, mérite aussi beaucoup d'attention. Cette Huile est une des plus pénétrantes qu'on connoisse. M. Boerhaave, qui a distillé le Tartre sans se servir d'un récipient percé, & qui a été obligé, pour tenir lieu de l'évent de ce vaisseau, & en prévenir la rupture, de ne le joindre à sa cornue qu'avec un lut peu compact, & à travers duquel la plus grande partie des vapeurs élastiques pouvoient passer, a observé que nonobstant que le col de la cornue qui lui servoit à cette distillation entrât de plus de cinq pouces dans le récipient, & qu'elle y fût luttée le plus exactement qu'il étoit possible au récipient avec le lut dont je viens de parler, cette Huile légere du Tartre n'a jamais manqué, dans un grand nombre de diftillations qu'il en a faites , de retourner en quelque sorte sur ses pas , & de pénétrer à travers le lut , en sorte qu'il en tomboit une bonne partie hors du récipent dans un vase placé exprès dessous pour la recevoir. Cette Huile n'est vraisemblablement si active & si pénétrante , que parcequ'elle a été extrêmement atténuée par le mouvement de la fermentation. Cette expérience est une de celles qui prouvent le mieux la nécessité d'employer des récipiens percés d'un petit trou , qu'on peut ouvrir & fermer suivant le besoin.

La derniere remarque que nous ferons sur les produits de la distillation du Tartre , aura pour objet le *caput mortuum* qu'on trouve dans la cornue , lorsque cette distillation est achevée. Ce résidu est bien différent de ceux que fournissent les autres matieres végétales , lesquelles ne laissent , après leur décomposition dans les vaisseaux fermés , qu'une substance absolument charboneuse , dans laquelle on n'apperçoit aucune propriété saline , & dont on ne peut retirer d'Alkali fixe , qu'en poussant la décomposition à son dernier période ; c'est-à-dire , en les consumant à feu ouvert. Le

Tartre, au contraire, sans avoir été brulé à l'air libre, & par la seule distillation dans les vaisseaux clos, se change en une matiere à laquelle il ne manque aucune des propriétés des Alkalis fixes. Cela arrive vraisemblablement, parceque le Tartre contient en beaucoup plus grande quantité qu'aucune autre substance, les principes propres à former l'Alkali fixe. Comme le Tartre alkalisé ainsi dans les vaisseaux fermés, contient encore beaucoup de matiere inflammable, il pourroit être employé avec succès dans plusieurs opérations de la Métallique en qualité de flux réductif.

Le Tartre est de toutes les matieres végétales connues, celle qui fournit par la combustion une plus grande quantité d'Alkali fixe. Cet Alkali est aussi trèspur : c'est pour cela qu'il est très-usité dans les opérations chymiques.

La lie de Vin brulée fournit aussi une grande quantité d'Alkali fixe, qui est de même nature que celui du Tartre. On se sert de ce Sel dans différens Arts, & particuliérement dans celui de la Teinture. Les Vinaigriers amassent de la lie qu'ils font sécher & durcir : elle se nomme *gravelle* ou *gravelée*, lorsqu'elle est

O vj

en cet état ; & *cendre gravelée*, lorsqu'elle eſt brulée.

Si on faiſoit évaporer doucement , juſqu'à ſiccité , l'extrait de Vin qui reſte
après qu'on en a retiré l'Eſprit , & qu'on
fît brûler cette matiere comme le Tartre & la gravelle , elle ſe réduiroit auſſi
en une eſpece de cendre gravelée , très-
riche en Sel alkali.

II. PROCÉDÉ.

Purification du Tartre. Crême & Criſtaux
de Tartre.

Reduisez en poudre fine le Tartre
que vous voudrez purifier. Faites-
le bouillir dans vingt-cinq ou trente fois
autant d'eau. Filtrez la liqueur toute
bouillante à travers une chauſſe d'étoffe
de laine. Faites évaporer enſuite légerement une partie de la liqueur filtrée : il
ſe formera bientôt à ſa ſurface une croûte ſaline , qui eſt la Crême de Tartre.
Laiſſez refroidir la liqueur : il s'attachera aux parois du vaiſſeau une grande
quantité de matiere ſaline criſtaliſée ,
c'eſt le Criſtal de Tartre.

REMARQUES.

Le Tartre, tel qu'on le retire des tonneaux dans lesquels il s'est formé, est mêlé avec une assez grande quantité de parties terreuses, qui ne font point unies intimement avec lui, & ne font qu'altérer sa pureté. Cette terre étrangere est dans le Tartre ordinaire environ les deux cinquiemes du poids total, & le Tartre blanc qui est le meilleur, n'en contient qu'environ un tiers.

Le moyen de purifier le Tartre, & de le débarrasser de cette terre étrangere, est très-simple, comme on peut le voir par le procédé. Les matieres terreuses qui ne font point intimement dissoutes, & unies fous la forme de Sel neutre avec un Acide, ne font point dissolubles dans l'eau; c'est pourquoi l'eau dans laquelle on fait bouillir le Tartre crud, dissout seulement la partie saline qui passe avec elle par le filtre; mais ne dissout point la terre du Tartre, parceque cette terre n'étant point combinée avec la partie saline, & n'étant que suspendue dans la liqueur, reste sur le filtre.

Les parties salines du Tartre, quoique

féparées d'avec la terre groffiere avec laquelle elles étoient mêlées, ne font point encore bien pures pour cela. Ces premiers Criftaux de Tartre ne font point diaphanes, & ont une couleur rouffe défagréable : cela leur vient de ce qu'ils font comme enduits d'une matiere graffe, qui leur eft étrangere auffi, & dont on peut les féparer fans leur faire fouffrir aucune décompofition.

On fait rarement dans les Laboratoires de Chymie, cette parfaite dépuration des Criftaux du Tartre, parcequ'elle ne réuffit pas ordinairement en petit, & qu'il y a des Manufactures dans lefquelles on fait ces travaux en grand, qui fourniffent pour la Chymie, & pour les différens Arts, du Criftal de Tartre très-beau & très-pur. C'eft principalement aux environs de Montpellier que ces Manufactures font établies. M. Fifes, célebre Profeffeur en Médecine, a donné dans les Mémoires de l'Académie, année 1725, la defcription du travail d'une Manufacture de cette efpece. On voit dans fon Mémoire, qu'après qu'on a féparé des Criftaux de Tartre, par l'ébullition & la filtration, la partie terreufe dont nous avons parlé, on les met bouillir dans de grands chaudrons avec de l'eau chargée d'une terre blanche favoneufe, qui les dégraiffe & les blanchit parfaitement.

Cette terre fe trouve dans les environs de la Manufacture ; mais elle n'eft point la feule qui puiffe fervir à cette dépuration, puifque, comme le remarque M. Fifes, dans cette Manufacture on a employé à cet ufage fucceffivement plufieurs terres différentes, & que celle dont on fe fert préfentement n'eft point ufitée depuis fort long-temps. Il y a lieu de croire que la plupart des terres favoneufes pourroient fervir à la dépuration du Criftal de Tartre ; mais une condition qu'une terre doit néceffairement avoir pour pouvoir être employée à cet ufage, c'eft d'être abfolument indiffoluble par le Criftal de Tartre, qui étant acide, diffout un grand nombre de terres ; car fi elles n'avoient point cette indiffolubilité, elles formeroient un Sel neutre avec la partie faline du Tartre, de laquelle elles changeroient abfolument la nature, & la réduiroient en Tartre foluble, comme nous allons le voir par les expériences fuivantes.

CHAPITRE IV.

COMBINAISONS DU CRISTAL DE TARTRE AVEC DIFFÉRENTES SUBSTANCES.

PREMIER PROCÉDÉ.

Combiner le Criſtal de Tartre avec les Terres abſorbantes. Tartres ſolubles.

METTEZ bouillir dans une baſſine avec de l'eau une Terre abſorbante pulvériſée ; de la Craye, par exemple. Lorſque la terre vous paroîtra bien diviſée, & également diſtribuée dans l'eau, jettez à différentes repriſes dans la baſſine, du Criſtal de Tartre réduit en poudre ; il s'excitera une efferveſcence conſidérable. Continuez à faire de nouvelles projections, juſqu'à ce que vous vous apperceviez qu'il ne s'excite plus d'efferveſcence. Toute la Terre abſorbante qui troubloit la tranſparence de l'eau, & la rendoit d'un blanc opaque, diſparoîtra à meſure que le Criſtal de Tartre ſe combinera avec cette Terre ; & quand la combinaiſon ſera parfaite, la liqueur

fera claire & limpide. Filtrez-la alors ;
il ne reftera fur le filtre qu'une très-petite quantité de terre. Faites évaporer à
une douce chaleur toute la liqueur filtrée ; puis mettez-la dans un lieu frais à
criftalifer. Il s'y formera des Criftaux ,
ayant la figure de prifmes quarrés, termi-
nés par deux furfaces plates : prefque toujours un & quelquefois deux des angles
du prifme font abattus , & alors les furfaces des deux bouts font échancrées aux
endroits qui répondent à ces angles abattus. Ces Criftaux font un Sel neutre qui
fe diffout facilement dans l'eau , un vrai
Tartre foluble.

REMARQUES.

Le Criftal de Tartre eft une fubftance
faline d'une nature finguliere. Quoique
criftalifé comme un Sel neutre, il n'en eft
point un ; il n'en a que la forme , & a les
principales propriétés d'un Acide. Il n'eft
cependant point non plus un Acide pur;
car il eft uni à une certaine quantité d'huile & de terre qui lui donnent la propriété
de fe criftalifer , & n'eft prefque pas diffoluble dans l'eau. C'eft une fubftance
qui tient le milieu entre l'Acide & le Sel
neutre. C'eft un Acide qui n'eft qu'à de-

mi neutralisé ; ce qui est cause qu'il est en état d'agir comme un Acide sur toutes les substances dissolubles par les Acides , & d'achever , en se combinant avec elles jusqu'au point de saturation , de se réduire en Sel parfaitement neutre. ·

Dans les premieres expériences qui ont été faites pour neutraliser le Cristal de Tartre, on a employé les Sels alkalis fixes. MM. Duhamel & Grosse sont les premiers qui aient reconnu que les Terres absorbantes pouvoient être substituées aux Sels alkalis, & qu'elles produisoient à peu près les mêmes effets avec le Cristal de Tartre. Les expériences que ces deux Académiciens ont faites conjointement l'un & l'autre , sont détaillées dans deux Mémoires curieux qu'ils ont donné en commun sur cette matiere , qui sont imprimés avec ceux de l'Académie pour les années 1732. & 1733. Ce sont ces Mémoires qui nous ont fourni le procédé que nous venons de donner , & qui vont nous fournir aussi la plupart des remarques que nous allons faire à ce sujet.

Les Chaux pierreuses tiennent en quelque sorte le milieu entre les pures Terres absorbantes , & les Alkalis fixes. Or

puifque le Criftal de Tartre peut être réduit en Sel neutre par l'une & l'autre de
ces fubftances, il s'enfuit que la Chaux
doit produire fur lui le même effet. C'eft
auffi ce que l'expérience a montré à
MM. Duhamel & Groffe, qui ont formé avec le lait de chaux & le Criftal de
Tartre un Sel neutre, tout - à - fait femblable à celui qui réfulte de l'union de
cette fubftance faline avec la Craye. La
Crême de chaux, ou cette pellicule *fa-
lino - terreufe* qui fe forme fur l'eau de
chaux, a produit le même effet; mais
ce qu'il y a de plus fingulier, c'eft que
l'eau de chaux même qui eft claire &
limpide, & qui par conféquent ne paroît
point contenir de particules terreufes,
a cependant produit une grande effervefcence avec le Criftal de Tartre, &
l'a auffi-bien neutralifé que la Crême de
chaux, ou l'eau la plus chargée de Craye.
Cela vient de ce que l'eau de chaux tient
en diffolution une grande quantité de la
matiere *falino-terreufe* qui forme la Crême de chaux.

Quoique l'eau de chaux neutralife le
Criftal de Tartre auffi parfaitement que
la Craye, & que les criftaux de Tartre
foluble, ou de Tartre neutralifé qu'elle

produit foient femblables à ceux qui ont la Craye pour bafe, MM. Duhamel & Groffe ont cependant obfervé quelques différences dignes de remarque entre les phénomènes qui accompagnent la production de ces deux Sels neutres, qui par leurs reffemblances ne paroiffent être qu'une feule & même efpece de Sel. La principale de ces différences, confifte en ce que l'eau qui contient le Tartre neutralifé par la Craye eft très-limpide, & ne laiffe fur le filtre qu'une fort petite quantité de terre, au lieu que l'eau de chaux avec laquelle on a neutralifé ce même Tartre, laiffe fur le filtre une quantité confidérable de terre.

Cela doit paroître d'autant plus étonnant, que l'eau chargée de Craye avant fon union avec le Criftal de Tartre, étoit trouble & opaque, au lieu que l'eau de chaux étoit d'abord claire & limpide. MM. Duhamel & Groffe foupçonnent que cela vient de ce que l'effervefcence qui fe fait lorfque le Criftal de Tartre diffout la matiere contenue dans l'eau de chaux, eft plus grande que celle qui eft produite par l'union de cet Acide avec la Craye fufpendue dans l'eau.

» Si l'on fait attention, difent ces

» Meſſieurs, que dans les grandes effer-
» veſcences , il s'évapore une grande
» quantité d'Eſprits acides , on concevra
» aiſément que plus il s'échappera de ces
» Eſprits , plus il ſe précipitera de terre
» du Tartre. Or l'efferveſcence étant
» plus conſidérable avec l'eau de chaux,
» & y ayant moins de terre alkaline
» pour brider en quelque maniere , &
» retenir les Acides, que dans l'expérien-
» ce de la Craye , il peut s'échapper une
» plus grande quantité d'Eſprits acides,
» qui étant en pure perte, laiſſeront pré-
» cipiter beaucoup plus de terre que
» dans le cas où les Acides ſe trouveront
» tout de ſuite engagés dans beaucoup
» de terre alkaline : ce qui a fait auſſi
» que notre Tartre diſſous par la Craye
» a dépoſé dans le temps de la criſtali-
» ſation , une terre griſe que nous n'a-
» vons preſque pas apperçue dans l'ex-
» périence faite avec la chaux.

» Peut-être cependant continuent-
» ils, un Acide que nous ſoupçonnons
» dans la chaux, pourroit-il auſſi avoir
» part à la précipitation de cette terre.
L'exiſtence de cet Acide que ces Meſſieurs ont ſoupçonné & annoncé dès
ce temps-là, a été démontrée depuis par

plusieurs expériences, & en particulier
par celles de M. Malouin. C'est l'Acide
vitriolique, qui uni avec une partie de
la terre de la chaux, forme une espece
de Sel sélénitique. Cela augmente beaucoup la vraisemblance de cette derniere
conjecture de MM. Duhamel & Grosse.
Voici comment je conçois que cet Acide vitriolique existant dans la chaux,
peut être la cause du précipité abondant
qui se forme dans l'eau de chaux lorsqu'elle neutralise le Cristal de Tartre.

La quantité d'Acide vitriolique contenue dans la Chaux est très-peu considérable, ensorte que cet Acide ne peut
être réduit en Sel neutre, & uni intimement qu'avec une assés petite quantité
des parties terreuses & absorbantes. Il
arrive de-là, que lorsqu'on verse de
l'eau sur la Chaux, pour en faire l'eau
de chaux, cette eau divise en quelque
sorte la Chaux en deux parties. Toutes
les parties de Terres absorbantes qui
n'ont point contracté d'union avec l'A-
cide, se tiennent d'abord seulement suspendues dans la liqueur dont elles trou-
blent la transparence, & à laquelle elles donnent une couleur d'un blanc opaque; c'est ce qui forme le lait de chaux;

mais elles s'en féparent bientôt, & tombent au fond, fous la forme d'un précipité, parcequ'elles ne font point diffolubles dans l'eau. La liqueur devient limpide par cette précipitation, & demeure feulement chargée des parties terreufes unies, fous la forme d'une efpece de Sel neutre, avec l'Acide vitriolique, & qui par cette union ont acquis de la diffolubilité. Mais comme l'Acide vitriolique a trouvé dans la Chaux beaucoup plus de parties abforbantes qu'il ne lui en faut pour fe neutralifer, il s'eft comme furchargé de parties terreufes; ce qui l'éloigne de la parfaite neutralité.

Nous avons vu, d'un autre côté, que le Criftal de Tartre eft auffi un Sel neutre imparfait; mais ces deux Sels neutres manqués, s'éloignent de la parfaite neutralité, par des propriétés précifément oppofées l'une à l'autre, puifque la matiere félénitique de la Chaux péche par excès de qualité abforbante ou d'alkalinité, & que le Criftal de Tartre péche au contraire par excès d'acidité.

Que doit-il donc arriver, fi on mêle enfemble ces deux matieres falines ? ce qui arrive quand on mêle enfemble un

Acide avec un Alkali fixe; c'eſt-à-dire,
que le Sel péchant par excès d'Acide,
doit ſe combiner avec la terre alkaline
ſurabondante du Sel ſélénitique, enſorte que ces deux matieres ſalines deviennent l'une & l'autre des Sels neutres parfaits. Mais ces deux Sels neutres n'ont
pas un même degré de diſſolubilité dans
l'eau. Le Criſtal de Tartre neutraliſé,
qu'on nomme auſſi à cauſe de cela, *Tartre ſoluble*, ſe diſſout très-facilement dans
l'eau : le Sel ſélénitique, au contraire,
n'y eſt preſque point diſſoluble. Or la
regle eſt, que quand deux Sels de cette
nature ſe trouvent en concurrence, c'eſt
toujours celui qui a le plus de diſſolubilité qui demeure uni avec l'eau, au pré-
judice de l'autre qui eſt obligé de ſe précipiter. C'eſt, je crois, ce qui arrive
dans l'occaſion préſente ; & le précipité
qu'on voit naître dans l'eau de chaux
qui a ſervi à neutraliſer le Criſtal de
Tartre, ne me paroît être autre choſe
que le Sel ſélénitique de la Chaux, qui,
comme inférieur en diſſolubilité au Tartre neutraliſé ou ſoluble, lui cede ſa place, & ſe ſépare de la liqueur.

En effet, on ne peut, ce me ſemble,
donner d'autre origine au précipité dont

il s'agit, qu'en fuppofant qu'il eft ou une portion de la terre du Criftal de Tartre ou une portion de la Chaux. Or l'une & l'autre de ces terres font diffolubles par les Acides; au lieu que le précipité en queftion, fuivant les obfervations de MM. Duhamel & Groffe, ne l'eft point, ce qui doit être ainfi, en fuppofant que ce précipité n'eft autre chofe que le Sel félénitique de la Chaux, qui étant un Sel neutre, dans la compofition duquel entre le plus puiffant de tous les Acides, doit être inaltérable par un Acide quelconque.

MM. Duhamel & Groffe ont fait un fort grand nombre d'expériences fur les combinaifons du Criftal de Tartre avec différentes efpeces de terres. Le réfultat des expériences de ces Meffieurs eft, qu'il y a des terres que cet Acide diffout, & qui contractent avec le Criftal de Tartre une telle union, qu'elles changent non - feulement le caractere extérieur de ce Sel, c'eft-à-dire, fa criftalifation & le rendent acceffible à l'eau froide; mais qu'elles lui changent encore entierement fon goût & fes autres qualités. En un mot, ces terres produifent fur ce Sel tous les effets des Sels alkalis. Ces terres font celles que l'on nomme *abforbantes* ; les Chaux pierreu-fes, les Chaux animales, les crayes, une portion des gyps calcinés & des cendres leffivées ; en un mot, toutes celles que peut diffoudre le Vinaigre diftillé ; c'eft la marque à laquelle on peut reconnoî-tre le plus facilement les terres qui font propres à neutralifer le Criftal de Tartre, & à le rendre foluble.

L'expérience a auffi appris à MM. Du-hamel & Groffe, qu'il y a d'autres ter-res, au contraire, qui font, pour ainfi di-re, inacceffibles à l'Acide du Criftal de Tartre, qui fe chargent bien à la vérité d'une Huile très - groffiere & furabon-dante du Tartre, mais fans altérer en aucune maniere la partie faline ; & fi l'on remarque que ces terres forment quel-qu'union avec les Criftaux du Tartre, comme cela arrive à celui qu'on purifie auprès de Montpellier, cette union n'eft point intime : elle n'eft que fuperficielle ; ce qui fait qu'elle ne change aucun des caracteres de ce Sel. Du nombre de ces terres font les Terres argilleufes, bolai-res, fabloneufes, & autres de la même efpece. De-là MM. Duhamel & Groffe concluent que ce font ces terres qu'il faut employer pour purifier & blanchir le Criſtal de Tartre. C'eſt encore le Vinaigre, qui peut ſervir de pierre de touche pour reconnoître qu'une terre qu'on a deſſein d'employer à cet uſage, y eſt propre. On peut être aſſuré qu'elle ne formera aucune union avec le Criſtal de Tartre, ſi l'Acide du Vinaigre eſt incapable de le diſſoudre.

II. PROCÉDÉ.

Combiner le Criſtal de Tartre avec les Alkalis fixes. Sel végétal. Sel de Saignette. Décompoſition des Tartres ſolubles.

DISSOLVEZ dans huit parties d'eau une partie de Sel alkali très-pur, & bien dépouillé de phlogiſtique par la calcination. Faites chauffer cette leſſive ſur un bain de ſable, dans une terrine de grais, & jettez à pluſieurs repriſes de la Crême ou du Criſtal de Tartre réduit en poudre. Il s'excitera à chaque projection une grande effervelcence, accompagnée de beaucoup de bulles qui s'éleveront conſidérablement les unes ſur les autres. Remuez la liqueur quand l'effervefcence fera appaifée : vous la verrez fe renouveller.

Quand il ne fe fera plus aucune effer-vefcence , nonobftant l'agitation de la liqueur, jettez dedans une nouvelle por-tion de Crême de Tartre. Les mêmes phénomènes reparoîtront. Continuez ain-fi , jufqu'à ce que vous ayez atteint le point de la faturation parfaite.

Filtrez enfuite la liqueur. Si vous avez employé l'Alkali de la foude, faites éva-porer promptement la liqueur jufqu'à pellicule : il s'y formera des Criftaux re-préfentant une efpece de tombeau , à neuf faces; la bâfe de ces Criftaux eft concave , & parfemée d'une grande quantité de lignes paralléles; c'eft le Sel de Saignette. Si vous avez employé tout autre Alkali que celui de la foude, ou la bâfe du Sel marin , faites évaporer len-tement la liqueur, jufqu'en confiftence de fyrop : il s'y formera , lorfqu'elle fe-ra en repos, des Criftaux ayant la figu-re de parallélepipedes applatis : c'eft le Sel végétal.

REMARQUES.

Puifque les pures Terres abforbantes ont la propriété de neutralifer le Criftal de Tartre, & de le réduire en Tartre soluble, à plus forte raison les Sels alkalis fixes, qui ont une beaucoup plus grande affinité avec les Acides, doivent-ils avoir la même propriété. Aussi le Cristal de Tartre ne manque-t-il pas de former avec ces Sels, de quelque nature qu'ils soient, un Sel neutre qui est un Tartre soluble.

Il y a déja assés long-temps que le Tartre soluble, formé par l'union du Cristal de Tartre avec du Tartre réduit en Sel alkali par la combustion, est usité en Médecine comme un purgatif doux & savoneux, connu sous les noms de *Tartre tartarisé*, ou de *Sel végétal*. Mais le Tartre soluble qui naît de la combinaison du Cristal de Tartre avec l'Alkali que fournit la soude, lequel, comme nous l'avons dit ailleurs, est analogue à la bâse du Sel marin, & différe de tous les autres Alkalis, n'a été bien connu des Chymistes que depuis l'année 1731, temps auquel M. Boulduc a fait connoître sa composition, dans un Mémoire imprimé dans le Recueil de l'Académie pour la même année. (*)

(*) Ce Sel ne pouvoit pas demeurer plus long-temps inconnu ; car M. Geoffroy, qui de son côté

Ce n'est pas qu'il ne fût fort usité dès avant ce temps-là : il avoit, au contraire, depuis plusieurs années une fort grande réputation, & on le substituoit au Sel végétal, qu'il a fait même presque oublier. Mais M. Saignette, Médecin de la Rochelle, qui en est le premier inventeur, & qui en a le premier distribué, n'avoit point rendu publique la composition de ce Sel dont il faisoit un mystere. Ce qui, vraisemblablement, n'a pas peu contribué à donner à ce reméde la grande réputation qu'il s'est acquise ; car les hommes sont naturellement portés à estimer beaucoup davantage les secrets, que ce qui est connu de tout le monde. Il lui avoit donné le nom de *Sel Polycreste*. Le Public l'a nommé aussi *Sel de Saignette*, *Sel de la Rochelle*. Depuis la publication de la découverte de MM. Geoffroy & Boulduc, ce Sel n'a plus été un secret. La maniere de le composer a été décrite dans les Dispensaires, & tous les Apoticaires ont commencé dès-lors à le préparer.

---

avoit fait des expériences sur la même matiere, sans avoir eu connoissance du travail de M. Boulduc avoit fait aussi la même découverte. *Voyez l'Histoire de l'Académie pour l'année 1731, p. 35.*

Le Sel de Saignette , de même que tous les autres Tartres folubles , étant mis fur les charbons ardens , fe fond , bouillonne , donne de la fumée , & enfuite laiffe une matiere noire & charboneufe. Cette reffemblance du Sel de Saignette avec le Sel végétal , jointe avec celle de l'odeur de la fumée qu'il exhaloit en brûlant , laquelle eft la même que celle du Tartre , ont été les premiers indices qui ont fait préfumer à M. Boulduc , que le Sel de Saignette étoit un Tartre foluble. L'examen du charbon alkali qui refte après la combuftion du Sel de Saignette , & la comparaifon qu'il en a faite avec celui que laiffe le Sel végétal , ont commencé à lui faire voir quelques différences. Enfin , M. Groffe , ami de M. Boulduc , l'ayant exhorté , comme il le dit dans fon Mémoire , à combiner le Criftal de Tartre avec le Sel de la foude , & à examiner le nouveau Sel qui réfulteroit de cette union , M. Boulduc foupçonna auffitôt que cela devoit former une efpece de Tartre foluble , qui pourroit bien être le Sel de Saignette , & il ne fe trompa pas. Il compofa effectivement avec ces deux fubftances falines , un Sel abfolument femblable à celui de M. Saignette.

Nous avons dit à l'article du Borax, que cette matiere faline contient un Alkali femblable à la bâfe du Sel marin. Cet Alkali n'eft pas entierement neutralifé, par le Sel fédatif que contient auffi le Borax ; enforte qu'il a des propriétés alkalines, affés fenfibles pour avoir fait croire à quelques Chymiftes, que le Borax n'étoit qu'un Sel alkali d'une nature finguliere. Cela a fait naître l'idée à M. le Févre, Médecin d'Uzès, & Correfpondant de l'Académie, de combiner le Criftal de Tartre avec le Borax, & d'examiner ce qui en réfulteroit. Il a communiqué à l'Académie les expériences qu'il a faites fur cette matiere. La combinaifon de ces deux matieres falines forme un Tartre foluble, mais bien différent du Sel de Saignette, principalement en ce qu'il ne fe criftalife point, qu'il demeure fous la forme d'une matiere gommeufe, & qu'il conferve toute l'acidité qu'a naturellement la Crême ou le Criftal de Tartre pur : circonftance très-remarquable.

M. Lémeri a été curieux de répéter l'expérience de M. le Févre, & a trouvé à ce fingulier Tartre foluble, les pro-

priétés que lui attribue son Auteur. Voici le procédé que donne M. Lémeri pour
faire réussir l'expérience.

» Prenez quatre onces de Cristal
» de Tartre en poudre fine, deux on-
» ces de Borax en poudre grossiere.
» Mettez les deux Sels dans une cucur-
» bite de verre blanc. Jettez dessus deux
» onces d'eau. Placez la cucurbite sur
» un bain de sable : échauffez-la par un
» petit feu ; augmentez - le ensuite jus-
» qu'à faire bouillir la liqueur pendant
» un quart-d'heure : ce qui opérera la
» dissolution parfaite de la Crême de
» Tartre & du Borax : & la liqueur après
» la dissolution de ces deux Sels unis en-
» semble, demeurera claire & limpide,
» quoique l'ébullition en ait dissipé une
» bonne partie. Si on fait évaporer en-
» core davantage la liqueur, ce qui res-
» tera aura une consistence de Miel ou
» de Thérébentine ; & si on pousse l'é-
» vaporation plus loin, & par une dou-
» ce chaleur, le résidu sera une matiere
» semblable en couleur à la gomme
» de prunier, & maniable de même ; &
» si on l'expose à l'air dans un lieu hu-
» mide, elle s'humectera & se liqui-
» fiera presque comme le Sel de Tartre :

P v

nouvelle & singuliere propriété que
n'ont ni le Borax, ni le Cristal de Tartre quand ils ne sont pas combinés ensemble.

Tous les Tartres solubles se décomposent facilement à l'aide d'un certain
degré de chaleur. On en retire, par la
distillation, les mêmes principes que du
Tartre, & l'Alkali qui reste après leur
entiere combustion, est composé de celui que fournit naturellement le Tartre ;
& de la matiere alkaline avec laquelle
il avoit été réduit en Sel neutre.

Les Sels neutres résultans de l'union
du Cristal de Tartre avec une matiere
alkaline, se décomposent aussi par tous
les Acides, même par celui du Vinaigre, qui est pourtant un Acide végétal
huileux, & par conséquent de même espece que le Cristal de Tartre. La raison
de cela, est que l'Acide du Vinaigre,
quoiqu'émoussé par beaucoup de phlegme & d'huile, doit être regardé comme
un Acide libre & pur, si on le compare
au Cristal de Tartre, lequel est encore
beaucoup plus embarrassé par des matieres étrangeres qui en font un demi
Sel neutre.

Lorsqu'on se sert d'un Acide pour décompofer le Tartre foluble, on retire en entier le Criftal de Tartre qui étoit entré dans la compofition de ce Sel neutre. Cette matiere faline féparée ainfi d'avec celle qui la rendoit diffoluble dans l'eau, ceffe alors d'y être diffoluble: ce qui eft caufe qu'elle fe précipite au fond de la liqueur.

Le Sel neutre qui réfulte de la décompofition du Tartre foluble par un Acide, eft différent, fuivant la bâfe qu'a le Tartre foluble, & fuivant l'Acide dont on fe fert dans cette décompofition. La décompofition du Sel de Saignette par l'Acide vitriolique, a fourni à M. Boulduc un vrai Sel de Glauber, & du Criftal de Tartre précipité : ce qu'il rapporte avec raifon comme une preuve démonftrative, que le Sel de Saignette n'eft autre chofe que le Criftal de Tartre neutralifé par un Alkali fixe analogue à la bâfe du Sel marin.

Quoique les Tartres folubles fe décompofent par les Acides, comme nous venons de le voir, ils n'abandonnent point cependant leur bâfe avec une égale facilité. Voici dans quel ordre MM. Duhamel & Groffe ont obfervé que cela fe faifoit, en commençant par ceux où la précipitation se fait le plus promptement & le plus abondamment. 1°. le Tartre soluble fait par les cendres lessivées ; 2°. celui qui l'est par la Craye ; 3°. par les écailles d'huitres non calcinées ; 4°. par la Chaux ; 5°. par les écailles d'huitres calcinées ; 6°. par le Sel de Tartre ; 7°. par le Sel de soude ; 8°. enfin, le Tartre rendu soluble par le Borax ne se précipite point par le Vinaigre distillé.

Il n'est pas aisé d'expliquer d'où vient cette différence entre les Tartres solubles. Si le Sel de Soude étoit plus alkali que le Sel de Tartre, & le Borax plus alkali que le Sel de soude, on pourroit croire que plus les matieres avec lesquelles on neutralise le Cristal de Tartre ont d'alkalinité, plus l'union qu'il contracte avec elles est intime, puisqu'on voit, par ce qui vient d'être dit à ce sujet, que les Tartres solubles qui n'ont pour bâse que des Terres absorbantes qui ne sont point réduites en Chaux, se décomposent plus facilement que ceux qui sont rendus solubles par des Chaux ; & ceux-ci plus facilement que ceux dont la bâse est un Alkali fixe. Mais le Sel de soude paroît, au contraire, moins alkali que le Sel de

Tartre ; & le Borax encore moins que le
Sel de foude.

III. PROCÉDÉ.

*Combiner le Criftal de Tartre avec le Fer.
Tartre martial. Teinture de Mars tar-
tarifée. Tartre martial foluble.*

MESLEZ quatre onces de limaille de
fer, avec une livre de Tartre blanc
bien pulvérifé. Faites bouillir le mélange environ dans douze fois autant d'eau
que vous aurez employé de Tartre.
Quand la partie faline du Tartre fera diffoute, filtrez la liqueur toute chaude dans
une chauffe d'étoffe , & mettez - la ,
quand elle fera filtrée, dans un lieu frais.
Il s'y formera des criftaux roux en très-
peu de temps. Décantez la liqueur de
deffus ces criftaux : faites - la évaporer
jufqu'à pellicule : remettez-la à criftalifer. Continuez ainfi jufqu'à ce qu'elle ne
fourniffe plus de criftaux. Raffemblez
tout le Sel que vous aurez eu par les criftalifations : c'eft ce qu'on nomme *Tartre
martial.*

Pour faire la Teinture de Mars tarta-
rifée, mêlez enfemble fix onces de li-

maille de fer non rouillée, & une livre
de Tartre blanc réduit en poudre. Mettez le mélange dans une grande chau-
diere de fer. Versez dessus une quantité
d'eau de pluie, suffisante pour humecter
le mélange : faites-en une pâte que vous
laisserez en masse pendant vingt-quatre
heures. Versez alors dessus douze livres
d'eau de pluie : faites bouillir le tout au
moins pendant douze heures, en remuant le mélange, & en ajoûtant de
l'eau chaude de temps en temps, pour
remplacer celle qui s'évapore. Après cette ébullition, laissez reposer la liqueur ,
& la décantez de dessus le sédiment qui
se sera formé au fond. Filtrez-la, & faites-
la évaporer jusqu'à consistence de syrop:
c'est la Teinture de Mars tartarisée. Les
Dispensaires prescrivent ordinairement
de verser sur cette Teinture une once
d'Esprit-de-vin rectifié, pour la conserver & la garantir de la moisissure à laquelle elle est fort sujette.

Le Tartre martial soluble se prépare
en mêlant quatre onces de Tartre soluble, communément nommé *Sel végétal*,
avec une livre de Teinture de Mars tartarisée, & en les faisant évaporer ensemble dans un vaisseau de fer , jusqu'à

ſiccité ; & on le conſerve dans un vaiſſeau bien bouché, de peur qu'il ne s'humecte à l'air.

REMARQUES.

Les trois préparations dont il eſt parlé dans ce procédé, ſont des médicamens très-connus & fort uſités. Il y a
même lieu de croire que ceux qui ont
imaginé de combiner ainſi le Tartre avec
le Fer, ont plutôt eu intention de faire
des compoſés utiles à la Médecine, que
de nouvelles combinaiſons, de la con-
noiſſance deſquelles la Chymie pût retirer quelqu'avantage. En effet, à ne s'en
tenir qu'à la ſeule expoſition de la maniere dont ſont préparées ces trois compo-
ſitions, on ſeroit porté à croire que le
Criſtal de Tartre ne pourroit diſſoudre
intimement & radicalement le Fer, de
maniere qu'il réſultât de l'union de ces
deux ſubſtances un Sel neutre métallique, un Tartre neutraliſé & rendu ſoluble par le Fer. Car il eſt bien certain
que la premiere de ces préparations,
qui porte le nom de *Tartre martial*,
n'eſt que la partie ſaline du Tartre diſſoute par de l'eau bouillante, précipitée
& criſtaliſée enſuite confuſément avec

des particules de Fer réduites tout au plus en rouille ou en *crocus ;* mais qui n'ont point contracté d'union avec ce Cristal de Tartre, lequel est aussi acide & indissoluble après cette préparation qu'auparavant. Aussi l'a-t-on nommé simplement *Tartre martial,* & non pas *Tartre martial soluble ;* & comme on ne donne le nom de *Tartre martial soluble* qu'à la Teinture de Mars tartarisée, avec laquelle on mêle du Sel végétal, c'est-à-dire, du Tartre rendu soluble par un Alkali fixe, & non pas par le Fer, il y a lieu de présumer qu'on n'a pas cru que cette Teinture de Mars pût porter seule le nom de *Tartre martial soluble,* & que ce n'est qu'à un composé de Teinture de Mars & d'un vrai Tartre soluble, qu'on peut donner ce nom, qui dans ce sens exprimeroit un Tartre rendu soluble par le Mars.

Il est cependant très - certain que la Teinture de Mars faite par le Tartre, contient un vrai Tartre martial soluble, c'est-à-dire, un Sel neutre composé de Cristal de Tartre uni avec le Fer, & devenu soluble par cette union. La longue ébullition qu'on est obligé d'employer pour faire cette Teinture, donne le temps à l'Acide du Tartre de diffoudre radicalement le Fer, & de s'unir très-étroitement avec ce métal; ce qui n'arrive pas dans la préparation du Tartre martial, pour laquelle on ne laiffe bouillir le Tartre dans l'eau, qu'autant de temps qu'il eft néceffaire pour la diffolution de fa partie faline, c'eft-à-dire, pendant environ un quart-d'heure ou une demi-heure, temps pendant lequel l'Acide du Tartre peut à peine commencer à effleurer le Fer, car il n'en eft point des Métaux par rapport aux Acides, comme des Alkalis & des Terres abforbantes : les fubftances métalliques étant infiniment plus compactes, ne font point diffoutes, à beaucoup près, auffi promptement par les Acides, & fur-tout par les Acides végétaux affoiblis par des matieres hétérogènes, tel qu'eft celui du Tartre.

La diffolution du Fer par le Tartre m'a paru une matiere affés importante pour mériter un peu plus d'attention qu'on n'y en a fait jufqu'à préfent : c'eft pourquoi j'ai voulu examiner & fuivre avec exactitude les phénomènes qui arrivent dans cette opération.

Comme le Tartre crud qu'on employe pour faire la Teinture de Mars tartarisée, est chargé de beaucoup de parties terreuses & huileuses qui ne peuvent que nuire à la dissolution du Fer, & empêcher qu'on observe bien ce qui se passe dans cette dissolution, j'ai cru qu'il valoit mieux employer la Crême ou le Cristal de Tartre, qui, purs & dégagés de toutes ces parties hétérogénes, se dissolvent dans l'eau bouillante sans troubler sa transparence.

J'ai donc fait dissoudre dans de l'eau bouillante tout ce qu'elle pouvoit dissoudre de Crême de Tartre pulvérisée, & j'ai versé cette dissolution toute chaude dans un matras, au fond duquel j'avois mis du fil de fer très-fin, coupé en petits morceaux. J'ai placé le matras sur un bain de sable assés chaud pour faire bouillir la liqueur; & l'instant d'avant qu'elle se mît en ébullition, j'ai remarqué que cette liqueur commençoit à agir très-sensiblement sur le Fer, de la même maniere que les autres Acides agissent sur les substances métalliques; c'est-à-dire, qu'il se formoit sur la surface des petits morceaux de Fer de petites bulles qui s'élevoient aussitôt jusqu'à

la superficie de la liqueur, & se succé-
doient les unes aux autres avec tant de
rapidité, qu'elles formoient des lignes
ou jets qui ne paroissoient point inter-
rompus depuis la surface du Fer jusqu'à
celle de la liqueur, qui a pris peu à peu
une petite teinte jaune.

Lorsque la liqueur a été échauffée jusqu'au point de bouillir, la dissolution a
continué à se faire; mais avec beaucoup
plus de vivacité: la couleur est devenue
aussi plus foncée. Après environ une
heure d'ébullition, la liqueur qui étoit
d'abord très-limpide, s'est troublée, &
est devenue d'un blanc opaque; ce qui
m'a fait juger qu'une partie de la Crême
de Tartre qu'elle tenoit en dissolution,
se précipitoit.

J'ai laissé encore bouillir le tout pendant quelque temps, & le précipité blanc
étant encore devenu plus considérable,
j'ai pris le parti de filtrer la liqueur, qui
a passé claire & teinte d'une couleur jaune verdâtre. Il est resté sur le filtre un
sédiment blanchâtre, que j'ai reconnu
être effectivement de la Crême de Tartre. La liqueur filtrée avoit une saveur
à peu près semblable à celle du Vitriol
verd. Je l'ai fait évaporer sur un bain

de fable, dans une capfule de verre , &
il ne s'y eft point formé de pellicule ; ce
qui ma fait juger qu'elle ne fourniroit
point de criftaux ; & effectivement j'en
ai retiré une partie de dedans la capfule
lorfqu'elle a été confidérablement réduite
par l'évaporation , & l'ai mis dans un
lieu frais , mais il ne s'y eft fait aucune
criftalifation.

J'ai continué l'évaporation du refte
de la liqueur jufqu'à ficcité : elle a laiffé
un réfidu d'un brun noirâtre, qui avoit
la même faveur que la liqueur avant l'é-
vaporation ; mais beaucoup plus marquée. Ce réfidu fe fondoit très-promptement dans la bouche, fans laiffer fur
la langue la moindre particule grave-
leufe. Expofé très-fec à l'air , il s'humecte , & fe réfout en liqueur en affés peu
de temps. Il fe fond facilement & promptement , dans une fort petite quantité
d'eau froide. Cette folution mêlée avec
des Alkalis fixes en dôfes variées , ne fe
trouble point , & il ne s'y forme aucun
précipité ; mais elle fait de l'encre avec
la décoction de noix de galle. Les Acides en éclairciffent confidérablement la
couleur , & n'y forment d'abord aucun
précipité ; mais dans l'efpace d'un quart

d'heure on y voit paroître un précipité qui a à peu près la même couleur que la solution. Ce précipité n'eft autre chofe que de la Crême de Tartre ; mais colorée & rouffie par la liqueur, qui fe trouble quand il commence à fe former, & devient un peu blanchâtre.

Toutes les expériences dont je viens de parler, & les circonftances qui les accompagnent , ne permettent point de douter de ce que j'ai dit de la Teinture de Mars faite par le Tartre , fçavoir, qu'elle n'eft autre chofe que du Criftal de Tartre qui tient du Fer en diffolution, & qui eft rendu foluble par ce métal. On voit d'abord que le Criftal de Tartre agit fur le Fer , de même que les autres Acides. Cette diffolution metallique n'eft point, à la vérité , précipitée par les Alkalis ; mais on fçait que les Alkalis ont la propriété de diffoudre le Fer , furtout quand il a été divifé d'abord par un Acide. Ainfi il y a lieu de croire que c'eft ce qui arrive dans le mêlange de l'Alkali & de notre Tartre martial foluble.

Ce Tartre foluble étant un Sel favoneux & huileux , peut même fort bien être diffous en entier, & fans avoir fouffert de décompofition par l'Alkali, d'autant plus que les Alkalis ne décompofent les Sels neutres métalliques, que parcequ'ils ont plus d'affinité avec l'Acide qu'avec le métal dont ces Sels font compofés. Or comme notre Tartre martial foluble eft compofé du métal que l'Alkali diffout le plus facilement, & de celui de tous les Acides avec lequel il a le moins d'affinité, il eft très-poffible qu'il n'ait pas plus d'affinité avec l'Acide, qu'avec la bafe métallique de ce Sel, & qu'ainfi il ne foit point en état de le décompofer. Quoi qu'il en foit, comme ce Tartre martial foluble forme une liqueur noire avec la décoction de noix de galle, & qu'il n'y a que le Fer diffous par un Acide qui ait cette propriété, on peut toujours conclure de cette expérience, que ce Sel eft vraiment compofé de Fer diffous par l'Acide du Tartre.

Le précipité qui fe forme dans la folution de ce Tartre martial, quand on y mêle de l'Acide, eft encore une autre preuve que ce Sel eft compofé des deux principes dont nous venons de parler: car ce précipité ne peut être autre chofe que l'Acide tartareux, qui comme le plus foible de tous les Acides, eft féparé d'avec le Fer, par l'Acide qu'on mêle dans la folution, lequel fe joint avec cette bafe ferrugineufe, & forme un autre Sel neutre métallique, différent fuivant l'Acide qu'on emploie. Enfin, la grande folubilité du réfidu defféché de la Teinture de Mars faite par le Tartre, eft une derniere & une très-forte preuve, que ce réfidu n'eft que du Fer diffous par l'Acide tartareux : car que pourroit-il être autre chofe ? On n'emploie dans l'opération que du Fer & du Criftal de Tartre ; ni l'une ni l'autre de ces fubftances, quand elle eft feule, n'a la diffolubilité de ce nouveau corps.

On fçait d'ailleurs, que le Criftal de Tartre non foluble par lui-même, forme un Tartre foluble quand il eft combiné avec de pures Terres abforbantes, quoique ces matieres foient encore plus indiffolubles que lui, c'eft-à-dire, ne le foient point du tout. De-là il eft tout naturel de conclure, que notre réfidu eft un Tartre rendu foluble par le Fer. Ce Tartre martial eft même plus foluble qu'aucune autre efpece de Tartre foluble ; car il s'humecte à l'air avec une extrême facilité, & fe réfout entiérement en liqueur ; c'eft ce qui eft caufe qu'il n'eſt point ſuſceptible de criſtaliſation.

Je reviens ſur une des circonſtances de mes expériences, dont il eſt bon de rendre raiſon, & que je n'ai fait cependant qu'énoncer ſans en rien dire de plus, pour ne point interrompre la ſuite des faits, & les conſéquences qui en réſultent. La circonſtance dont je veux parler, c'eſt la précipitation de la Crême de Tartre diſſoute dans la liqueur, que j'ai dit ſe faire quand la diſſolution ſaline a bouilli ſur le Fer environ pendant une heure. Cette précipitation de la Crême de Tartre peut être occaſionnée en partie par l'évaporation de l'eau qui la tient en diſſolution, parceque cette eau ayant été chargée, comme nous l'avons dit, de toute la Crême de Tartre qu'elle pouvoit diſſoudre, ſa quantité ne peut diminuer, qu'il ne ſe précipite une quantité proportionnée de Crême de Tartre.

Mais il faut qu'il y ait encore une autre cauſe qui contribue à former ce précipité ; car comme je faiſois bouillir ma liqueur dans un matras, l'évaporation de la liqueur ne pouvoit être conſidérable, & cependant le précipité étoit fort abondant. D'ailleurs, j'ai remis dans le

matras

matras beaucoup plus d'eau qu'il n'en falloit pour remplacer celle que l'évaporation avoit enlevée, sans pouvoir rediffoudre cette Crême de Tartre précipitée, sans même la faire diminuer fensiblement.

Voici, je crois, la véritable caufe de cet effet. Lorfque la diffolution de Crême a bouilli pendant un certain temps fur le Fer, & qu'elle a diffous une certaine quantité de ce métal, il s'eft formé une quantité proportionnée de Tartre martial foluble. Or comme ce Sel eft infiniment plus diffoluble dans l'eau que la Crême de Tartre, & que l'eau fe charge toujours des Sels plus diffolubles, par préférence à ceux qui le font moins, il n'eft pas étonnant que la Crême de Tartre, qui eft dans la claffe des fubftances falines qui fe diffolvent le plus difficilement, fe fépare de la liqueur dans l'occafion préfente, fe précipite, & cede fa place à un Sel du nombre de ceux qui ont avec l'eau la plus grande affinité.

On voit par-là, que fi l'on veut rediffoudre la Crême de Tartre, pour la mettre en état de continuer à diffoudre le Fer avec la même efficacité, il ne fuffit pas d'ajouter de nouvelle eau ; mais qu'il faut décanter entierement la solution de Tartre martial soluble qui s'est déja formé, reverser sur la résidence de l'eau pure, qui n'étant point impregnée de Tartre martial soluble, sera en état de redissoudre la Crême de Tartre, & que tout se passera alors comme dans le commencement de l'opération, jusqu'à ce que la Crême de Tartre venant à se précipiter de nouveau, par la même raison, on soit obligé de recommencer la même manœuvre. La liqueur n'est encore que peu chargée de Tartre martial soluble, lorsque la précipitation de la Crême de Tartre oblige à la décanter ; ainsi il faut réitérer cette manipulation un grand nombre de fois, si on veut pousser l'opération jusqu'au bout ; réunir ensemble toutes ces solutions, & les faire évaporer, ou jusqu'à siccité si on veut avoir le Sel en forme seche, ou jusqu'à tel degré qu'on le juge à propos.

J'avois d'abord employé cette méthode ; mais comme elle est extrêmement longue & ennuyeuse, quoique peut-être la plus parfaite, & que je voulois avoir une quantité raisonnable de Tartre martial soluble avec moins de peine, & en moins de temps s'il étoit possible, j'ai voulu voir si la Crême de Tartre, quoique séparée d'avec la liqueur & non dissoute, ne seroit point encore en état d'agir assez efficacement sur le Fer pour continuer à le dissoudre. J'ai donc laissé bouillir la dissolution tartareuse avec de la limaille de fer, non-obstant la précipitation de la Crême de Tartre, en observant seulement d'ajouter de nouvelle eau de temps en temps, comme il est prescrit dans le procédé de la Teinture martiale tartarisée, pour remplacer celle qui s'évapore ; & j'ai remarqué qu'effectivement la Crême de Tartre, quoique non dissoute radicalement, & simplement divisée & agitée par le mouvement de l'ébullition, ne laissoit point que d'agir sur le Fer, ensorte que la liqueur, après sept ou huit heures d'ébullition, a été assez chargée pour fournir par l'évaporation une quantité raisonnable de Sel en forme seche, par rapport à son volume.

IV. PROCÉDÉ.

Combiner le Criſtal de Tartre avec la partie réguline de l'Antimoine. Tartre Stybié, ou Emétique.

PULVÉRISEZ & mêlez enſemble parties égales de Verre & de Foie d'Antimoine. Mettez le mêlange avec autant de Crême de Tartre pulvériſée, dans un vaiſſeau aſſez grand pour contenir la quantité d'eau néceſſaire pour diſſoudre la Crême de Tartre. Faîtes bouillir le tout pendant douze heures, en ajoutant de temps en temps de l'eau chaude, pour remplacer celle qui ſe diſſipe par l'évaporation. Après cette ébullition, filtrez la liqueur toute chaude, & la faites évaporer juſqu'à ſiccité : il reſtera une matiere ſaline, qui eſt le Tartre émétique.

REMARQUES.

Le Verre & le Foie d'Antimoine ne ſont autre choſe, comme nous l'avons dit dans ſon lieu, que la terre métallique de l'Antimoine, ſéparée d'avec le Soufre ſurabondant de ce minéral, mais qui retient encore une affez grande quantité de phlogiftique pour avoir, à l'exception de la couleur métallique, à peu près les mêmes propriétés que le Régule d'Antimoine, principalement en ce qui regarde l'éméticité & la diffolubilité dans les Acides. L'éméticité même de ces deux préparations paroît encore plus marquée que celle du Régule ; c'eft pourquoi on les emploie par préférence à toutes les autres, pour la préparation du Tartre émétique.

On ne fçait pas bien encore dans lequel des principes de l'Antimoine réfide la vertu émétique de ce minéral. Ce qu'il y a de certain, c'eft que ce n'eft point dans fa partie terreufe ; car la chaux d'Antimoine, abfolument dépouillée de phlogiftique, n'eft ni émétique, ni même purgative, comme cela eft bien fenfible par l'exemple de l'Antimoine diaphorétique, & de la Matiere perlée.

Quelques Auteurs croient qu'il y a dans l'Antimoine un principe arfenical, auquel ils attribuent la vertu émétique. Ce fentiment n'eft pas deftitué de vraifemblance. Cette partie arfenicale eft indiquée dans l'Antimoine par plufieurs

de ſes propriétés , & en particulier par
les affinités qu'a ce minéral avec les autres ſubſtances métalliques : affinités ſemblables , à peu de choſe près , à celles de
l'Arſenic. Mais cela ne fait point une
preuve poſitive. Ces ſortes d'analogies
ne ſont , à proprement parler , que des
indices.

D'autres Chymiſtes croient que c'eſt
de l'union de la terre métallique de
l'Antimoine avec ſon phlogiſtique , que
dépend la vertu émétique. Ce ſentiment
me paroît avoir beaucoup plus de vrai-
ſemblance que l'autre : car en recombi-
nant ſimplement du phlogiſtique avec la
terre antimoniale , dépouillée par la
calcination de ſa vertu émétique , on lui
rend toute cette vertu , & le Régule
ainſi révivifié n'eſt pas moins émétique
que celui qui n'a jamais ſouffert de calcination.

Quoi qu'il en ſoit , il eſt certain que
ce n'eſt point en s'uniſſant ſeulement à
un des principes de l'Antimoine , mais
en diſſolvant en entier la partie réguline
ou demi-réguline , que la Crême de Tartre s'empreint de la qualité émétique , &
qu'elle devient un émétique d'autant
plus puiſſant , qu'elle a diſſous une plus

grande quantité de cette fubftance. C'eft
ce qui réfulte de plufieurs expériences
que M. Geoffroy a faites fur cette matiere.

M. Geoffroy a raffemblé (*) plufieurs
Tartres émétiques de différens degrés
de force. « J'ai employé, dit-il, une
» once de chacun de ces Tartres émé-
» tiques : je les ai broyés féparément
» avec pareil poids, ou un peu plus, de
» flux noir compofé de deux parties de
» Tartre rouge ; & d'une partie de Ni-
» tre calcinés enfemble. J'ai mis ces
» mélanges dans différens creufets faits
» en cône renverfé : je les ai tenus au feu
» de fonte, jufqu'à ce que les Sels fon-
» dus fe fuffent affaiffés, & paruffent com-
» me une Huile tranquille au fond du
» creufet. J'ai laiffé éteindre le feu, &
» refroidir les creufets ; je les ai caffés,
» & j'ai trouvé le Régule reffufcité raf-
» femblé au fond du creufet.

» Des plus foibles Tartres émétiques
» j'ai eu par once, depuis trente grains
» jufqu'à un gros dix-huit grains de Ré-
» gule.

» De ceux d'une éméticité moyenne,

(*) Mémoires de l'Académie, année 1734. pag.
421.

Q iv

» un gros & demi : & des plus violens
» dans leurs effets, jufqu'à deux gros dix
» grains.

» L'action des plus forts Tartres émé-
» tiques, continue M. Geoffroy , dépend
» donc de la quantité de Régule d'An-
» timoine que la Crême de Tartre a dif-
» foutes ; & plus les préparations antimo-
» niales fur lefquelles on fait bouillir la
» folution de la Crême de Tartre , ap-
» prochent de la forme de Régule ou
» de Verre, plus le Tartre émétique eft
» violent , parcequ'alors l'Acide végétal
» du Tartre agit plus immédiatement ,
» & diffout davantage de la partie émé-
» tique de l'Antimoine. »

M. Geoffroy s'eft affuré par l'expérience , que la Crême de Tartre qu'on
fait bouillir pendant un temps convenable fur de l'Antimoine crud , diffout
à la vérité un peu de la partie réguline
de l'Antimoine ; mais que ce n'eft qu'en
très - petite quantité , enforte qu'on
n'obtient par-là qu'un Tartre émétique
extrêmement foible. C'eft le Soufre
groffier qui empêche, dans cette occafion , que la Crême de Tartre n'agiffe
auffi efficacement fur la partie réguline, que quand on emploie des prépa-

rations antimoniales entierement dé-
pouillées de ce Soufre furabondant.

On ne peut rien ajouter à ce qu'a dit
M. Geoffroy fur cette matiere. Ses expériences font décifives,& mettent la vérité
qu'il a voulu prouver dans tout fon jour.

M. Hoffman affure qu'une trop longue
ébullition fait perdre une partie de la
vertu du Tartre émétique. Un fort habile
Chymifte prétend même que le Tartre
ne doit bouillir que fix à fept minutes
avec les préparations antimoniales, parcequ'une plus longue ébullition lui fait
perdre une partie de fon éméticité. Cela
vient-il de ce que la Crême de Tartre,
après avoir diffous une certaine quantité
de fubftance réguline, s'en fépare à la
fin ; ou bien de ce qu'elle fe décompoferoit elle-même par une très-longue
ébullition ? C'eft ce qui mérite un examen particulier, auffi bien que la nature
du Sel métallique qui réfulte de l'union
de l'Acide tartareux avec la fubftance
antimoniale.

Le Criftal de Tartre agit auffi fur plufieurs autres fubftances métalliques, &
en particulier fur le Plomb , & forme
avec ce métal un Sel femblable , par la
figure de fes criftaux , au Sel végétal.

Q v

CHAPITRE V.

Du produit de la fermentation acide.

PREMIER PROCEDÉ.

Changer en Vinaigre les subtances susceptibles de fermentation acide.

MESLEZ exactement le Vin, le Cidre, ou la Biere que vous voudrez convertir en Vinaigre, avec sa lie, & le Tartre qu'il pourra avoir déposé. Mettez cette liqueur dans un tonneau qui ait déja servi à faire ou à contenir du Vinaigre. Que ce vaiseau ne soit point entierement plein, & que la liqueur qui y est contenue, ait communication avec l'air extérieur. Placez-le dans un lieu dont l'air ait un degré de chaleur qui réponde à peu près au vingtieme degré au-desus de zéro du Thermomètre de M. de Réaumur. Agitez de temps en temps la liqueur. Il s'y excitera un nouveau mouvement de fermentation, accompa-

gné de chaleur : son odeur vineuse chan-
gera peu à peu , & prendra un aigre qui
deviendra de plus en plus fort , jusqu'à
ce que la fermentation soit finie , & cesse
d'elle-même. Fermez alors le tonneau ;
la liqueur qu'il contient se trouvera
changée en Vinaigre.

REMARQUES.

Toutes les substances qui ont subi la
fermentation spiritueuse , peuvent se
changer en Acide, en passant par cette
seconde fermentation , ou ce second
degré de la fermentation. Les liqueurs
spiritueuses , comme le Vin , le Cidre , la
Biere , exposées à un air chaud , s'aigris-
sent en fort peu de temps. Ces liqueurs
même , quoique conservées avec tout le
soin possible dans des vaisseaux bien
fermés , & dans un lieu frais , s'alterent
enfin , changent de nature , & tournent
insensiblement à l'aigre. Ainsi la fermentation spiritueuse dégénere d'elle-même
& naturellement en Acide.

C'est pour cette raison qu'il est bien
essentiel , lorsqu'on fait du Vin , ou toute autre liqueur vineuse , d'arrêter la fermentation à propos , si on veut que le

Vin contienne le plus d'esprit qu'il est possible. Il est même plus avantageux d'arrêter la fermentation un peu avant qu'elle soit parvenue à son dernier degré, qu'après, parceque cette fermentation, quoique rallentie, & même totalement cessée en apparence, ne laisse pas de continuer dans les tonneaux ; mais d'une maniere d'autant moins sensible, qu'elle se fait plus lentement. Ainsi, les liqueurs dont la fermentation n'est pas entierement achevée, ne font pendant un certain temps que gagner du côté du spiritueux, tandis qu'au contraire elles dégénerent, & tournent peu à peu à l'aigre, quand leur fermentation spiritueuse est totalement finie.

Le produit de la seconde fermentation, dont il s'agit à présent, est un Acide d'autant plus fort, que la liqueur spiritueuse dans laquelle elle s'est excitée, étoit elle-même plus forte & plus généreuse. La force de cet Acide, qu'on nomme communément *Vinaigre*, dépend aussi en grande partie de la maniere dont on s'y prend pour faire fermenter le Vin qu'on veut réduire en Vinaigre ; car si on abandonnoit du Vin dans des vaisseaux évasés, & qu'on le laissât aigrir de lui-même , les parties spiritueuses se dissiperoient , & il ne resteroit qu'une liqueur aigre , à la vérité , mais en même temps vappide & sans force.

Les Vinaigriers ont , pour augmenter la force de leur Vinaigre , des pratiques dont ils font mystère , & qu'ils tiennent fort secrétes. M. Boerhaave donne cependant , d'après quelques Auteurs , la description suivante d'un travail pour faire du Vinaigre.

» On construit deux grands tonneaux » ou cuves de bois de chêne. On place » dans ces tonneaux une grille de bois , » ou claie , à la distance d'un pied du » fond inférieur. Le tonneau étant dans » une situation verticale , on met sur cet- » te claie un lit médiocrement serré de » branches de vigne vertes & nouvelle- » ment coupées. On acheve d'emplir » le tonneau avec des grappes de rai- » sins dont on a ôté les grains , ce qu'on » appelle communément *Raffles* , en ob- » servant de laisser l'espace d'un pied » seulement de vuide à la partie supé- » rieure du tonneau , qui doit être en- » tierement ouvert par en-haut.

» Lorsque les deux cuves sont ainsi » disposées , on y met le Vin dont on

» veut faire du Vinaigre, en obfervant
» qu'il y en ait une des deux entiere-
» ment pleine, & l'autre feulement à
» moitié. On les laiffe de cette maniere
» pendant vingt-quatre heures ; après
» quoi on remplit le tonneau demi-plein
» avec la liqueur de celui qui étoit plein,
» qui demeure à fon tour à moitié plein.
» Vingt-quatre heures après on fait en-
» core le même changement dans l'un
» & dans l'autre vaiffeau, & on conti-
» nue ainfi à les tenir alternativement
» l'un plein, l'autre demi-plein pendant
» vingt-quatre heures, jufqu'à ce que le
» Vinaigre foit fait. Il s'excite, le fe-
» cond ou le troifieme jour, dans la
» cuve demi-pleine, un mouvement de
» fermentation accompagné d'une cha-
» leur fenfible, qui augmente de jour en
» jour. Il n'en eft pas de même de la
» cuve pleine, le mouvement de fer-
» mentation y eft prefque infenfible ; &
» comme les deux cuves font alternati-
» vement pleines & demi-pleines, cela
» eft caufe que la fermentation eft en
» quelque forte interrompue, & ne fe
» fait que de deux jours l'un dans cha-
» que tonneau.

   » Lorfqu'on n'apperçoit plus aucun

» mouvement même dans la cuve demi-
» pleine, c'est une marque que la fer-
» mentation est achevée. Ainsi on met
» alors le Vinaigre dans des tonneaux
» ordinaires, qu'on tient dans un lieu
» frais, & qu'on a soin de bien bou-
» cher.

» La chaleur plus ou moins grande,
» accélere ou rallentit cette fermenta-
» tion, de même que la spiritueuse. El-
» le s'acheve en France dans l'espace
» d'environ quinze jours pendant l'été.
» Mais si la chaleur de l'air est très-for-
» te, & qu'elle passe le vingt-cinquieme
» degré du Thermometre de M. de
» Réaumur, alors on remplit de douze
» en douze heures le tonneau demi-
» plein, parceque si on n'interrompoit
» point la fermentation au bout de ce
» temps, elle deviendroit si vive, & la
» liqueur s'échaufferoit à tel point, qu'u-
» ne grande quantité des parties spiri-
» tueuses, desquelles dépend la force du
» Vinaigre, se perdroit, & qu'on n'au-
» roit après la fermentation, qu'une ma-
» tiere vappide, aigre, à la vérité, mais
» sans force. On prend aussi la précau-
» tion pour empêcher la dissipation de
» ces mêmes parties, de couvrir la cuve

» demi-pleine, où se fait la fermenta-
» tion, avec un couvercle fait de bois
» de chêne comme elle. A l'égard de la
» cuve pleine, on la laisse découverte,
» afin que l'air puisse agir librement sur
» la liqueur qu'elle contient, pour la-
» quelle il n'y a pas les mêmes inconvé-
» niens à craindre, parceque sa liqueur
» ne fermente que très-lentement. «

Les raffles & les sarmens que les Vinaigriers mettent dans leurs cuves à
faire le Vinaigre, servent à en augmenter la force. Ces matieres contiennent
elles-mêmes un Acide développé qui est
très-sensible. Elles servent aussi de ferment, c'est-à-dire, qu'elles disposent le
Vin à se tourner à l'aigre plus promptement, & d'une maniere plus vigoureu-
se. Quand elles ont une fois servi, elles
font encore meilleures & plus efficaces,
parcequ'elles font toutes pénétrées de
l'Acide fermenté : aussi les Vinaigriers
les conservent pour servir à de nouveau
Vinaigre, après les avoir lavées promptement dans un courant d'eau, pour
emporter seulement une matiere vis-
queuse & huileuse qui s'est déposée dessus pendant la fermentation. Il est nécessaire d'emporter ce depôt, parcequ'il

eſt diſpoſé à la moiſiſſure & à la putréfaction. Ainſi il ne pourroit être que
nuiſible à la liqueur dans laquelle on le
mettroit.

La fermentation acide differe de la
ſpiritueuſe, non-ſeulement par ſon produit, mais encore par pluſieurs des circonſtances qui l'accompagnent. 1°. Le
mouvement & l'agitation ne ſont point
nuiſibles à la fermentation acide, comme à la ſpiritueuſe ; au contraire, un
mouvement modéré, pourvû qu'il ne
ſoit pas continuel, lui eſt avantageux.
2°. Cette fermentation eſt accompagnée d'une chaleur remarquable : celle
de la fermentation ſpiritueuſe eſt à peine ſenſible. 3°. Je ne crois pas qu'il
y ait d'exemple que la vapeur qui s'éleve d'une liqueur qui fermente pour devenir acide, ait paru pernicieuſe, &
qu'elle ait cauſé des maladies ou une
mort ſubite, comme celle du Vin qui
bout. 4°. Le Vinaigre dépoſe une matiere viſqueuſe & huileuſe, dont nous
venons de parler, très-différente de la
lie & du Tartre du Vin. Le Vinaigre
ne dépoſe jamais de Tartre, quand
même on auroit employé pour le faire, du Vin nouveau, & qui n'auroit

encore rien déposé du Tartre qu'il contient.

Les procédés suivans nous donneront occasion de parler de la nature du Vinaigre, & des principes dont il est composé.

II. PROCÉDÉ.

Concentrer le Vinaigre par la gelée.

EXPOSEZ à l'air, dans un temps de gelée, le Vinaigre que vous voudrez concentrer. Il s'y formera des glaçons ; mais la liqueur ne se gelera point entierement. Retirez ces glaçons ; & si vous voulez concentrer encore davantage votre Vinaigre par cette méthode, exposez une seconde fois à une gelée plus forte la liqueur qui ne se sera pas gelée la premiere fois. Il s'y formera de nouveaux glaçons qu'il faut séparer aussi, & mettre à part. La liqueur qui ne se sera point gelée cette seconde fois, sera un Vinaigre concentré, très-fort.

REMARQUES.

Les liqueurs chargées d'Acide se gelent beaucoup plus difficilement que l'eau pure. Ainsi, si on expose à la gelée une liqueur acide fort aqueuse, une partie de l'eau de cette liqueur se gelera d'abord, tandis que le reste, devenu plus acide par la soustraction de ce phlegme gelé, restera fluide, & résistera au degré de froid qui fait glacer l'eau. Le Vinaigre étant précisément une liqueur acide qui contient beaucoup d'eau, on doit donc aussi le concentrer très-bien, en faisant ainsi geler son phlegme ; & plus on en retire de glaçons, plus le Vinaigre qui reste est fort & actif.

M. Stahl est, je crois, le premier qui se soit ainsi servi de la congellation pour avoir un Acide du Vinaigre très-fort. Depuis M. Stahl, M. Geoffroy a employé le même moyen : il a même fait sur cette matiere plusieurs expériences intéressantes & circonstanciées, imprimées dans les Mémoires de l'Académie, année 1739.

Comme il a fait un très-grand froid pendant l'hyver de cette année, M. Geoffroy en a profité pour exposer à la gelée plusieurs Vinaigres de différente force, & il a déterminé leur degré d'acidité, tant avant qu'après la concentration, pour en faire la comparaison, & voir de combien son Vinaigre étoit devenu plus fort après que la partie aqueuse avoit été gelée. Il s'est servi, pour déterminer la force du Vinaigre, d'un moyen indiqué par M. Homberg & M. Stahl. Ce moyen consiste à combiner jusqu'au point juste de saturation, une quantité déterminée de Vinaigre, avec du Sel de Tartre bien sec. Plus il faut de Sel de Tartre pour absorber & neutraliser parfaitement le Vinaigre, & plus il doit être réputé fort, parceque la quantité d'Alkali qui entre dans la composition d'un Sel neutre, est toujours proportionnée à la quantité d'Acide qui entre dans le même Sel.

Un des Vinaigres employés aux expériences de M. Geoffroy, dont deux gros étoient entierement absorbés par six grains de Sel de Tartre, après avoir été concentré par une premiere gelée, & réduit par ce moyen de dix-huit pintes à six, s'est trouvé augmenté de force au point que deux gros de ce résidu ne pouvoient être absorbés que par vingt-quatre grains de Sel de Tartre.

Les premieres glaces qu'on sépare dans ce procédé, sont toutes blanches, & insipides comme de l'eau. A mesure que le Vinaigre se concentre, les lames

de glace devenant plus menues, plus
fpongieufes, & en forme de neige, retiennent entr'elles une partie de l'Acide,
& il faut commencer à les conferver,
lorfqu'on s'apperçoit qu'elles ont une acidité fenfible.

M. Geoffroy a pouffé la concentration
du Vinaigre autant que le froid de l'hyver de 1739. le lui a pu permettre, & il
a amené un Vinaigre déja concentré par
les gelées des années précédentes, dont
huit pintes ont été réduites à deux pintes
& demie par la gelée du 19. Janvier,
jour du plus grand froid de la même année, au point que deux gros de ce Vinaigre ne pouvoient être abforbés que
par quarante-quatre grains de Sel de
Tartre. La glace de ce Vinaigre degelée
a confervé encore affés de force pour
être réduite au point d'être abforbée par
treize grains de ce Sel.

Le Vinaigre ne fouffre point de décompofition, par la congellation de fon
phlegme, & la concentration qui s'enfuit de fon Acide. Le réfidu contient encore tous les mêmes principes dont le
Vinaigre eft compofé. Ces principes
font feulement plus approchés; c'eft ce
qui fait qu'il devient d'autant plus épais,

qu'il est plus concentré. Ainsi lorsqu'on veut concentrer l'Acide du Vinaigre, & le purifier en même temps, c'est-à-dire, le dépouiller d'une partie de son Huile & de sa terre, il faut avoir recours à la distillation.

On peut concentrer le Vin par la gelée, de même que le Vinaigre. M. Stahl a exposé à la gelée des Vins de différente espece, & en a retiré par ce moyen les deux tiers ou les trois quarts de phlegme presque pur. Les résidus de ces Vins ainsi concentrés, avoient une consistence un peu épaisse. Ils étoient très-forts, & se sont conservés sans souffrir aucune altération pendant plusieurs années, dans des endroits où le libre accès de l'air alternativement froid & chaud, suivant les saisons, auroit fait aigrir ou même corrompre toute autre espece de Vin, pendant l'espace de quelques semaines.

Le Vin ainsi concentré par la gelée, n'est point décomposé non plus que le Vinaigre: il est simplement déphlegmé. On peut, en lui rendant la même quantité d'eau qu'on en a séparée, le rétablir dans son premier état, bien différent à cet égard de la résidence du Vin auquel

on a enlevé fa partie fpiritueufe avec
une portion de fon phlegme par la diftillation : car en remêlant avec ce réfidu
les principes qu'on en a féparés, on ne
reforme point du Vin, la partie fpiritueufe n'étant plus en état de fe combiner avec les autres principes du Vin, de
la même maniere qu'elle l'étoit avant
d'en avoir été féparée : c'eft ce qui marque, qu'outre la féparation des parties
les plus volatiles, la chaleur occafionne
encore un dérangement confidérable
dans celles qui ne font point montées
dans la premiere diftillation.

Depuis les expériences de MM. Stahl
& Geoffroy, la concentration par la gelée eft devenue une opération qu'on
pratique affés fouvent dans les Laboratoires, mais fur le Vinaigre feulement,
& non pas ordinairement fur le Vin,
parceque quand on a ainfi concentré le
Vinaigre, on en retire, comme nous
l'allons voir dans le procédé fuivant,
plus facilement & plus promptement,
par la diftillation, un Acide beaucoup
plus fort : au lieu qu'il eft prefque indifférent pour la diftillation & la qualité
de l'Efprit-de-vin, qu'on le retire d'un
Vin concentré ou non concentré. La rai-

son de cette différence, c'est que l'Esprit-de-vin étant très-léger, monte dans la distillation avant le phlegme; au lieu que l'Acide du Vinaigre étant beaucoup plus pesant, ne s'élève qu'en même temps, que la partie aqueuse, ou même après.

III. PROCÉDÉ.

Analyse du Vinaigre par la distillation.

METTEZ dans une cucurbite de verre ou de grais, le Vinaigre que vous voudrez distiller. Adaptez un chapiteau de verre, & après avoir placé l'alembic sur le bain de sable d'un fourneau à distiller, luttez-y un récipient. Donnez d'abord un feu très-doux : il montera une liqueur blanche, limpide & légere, qui coulera en gouttes séparées, comme de l'eau, du bec du chapiteau.

Continuez à faire distiller cette premiere liqueur, jusqu'à ce que le Vinaigre contenu dans la cucurbite soit diminué environ d'un quart. Changez alors de récipient; augmentez un peu le feu. Il continuera à distiller une liqueur claire, qui sera plus pesante & plus acide que

la

la premiere. Diſtillez ainſi juſqu'à ce que vous ayez retiré cette ſeconde fois les deux tiers de la liqueur qui étoit reſtée dans la cucurbite.

Mettez dans une cornue la matiere épaiſſe qui ſera demeurée au fond de la cucurbite ; placez la cornue dans un fourneau de réverbere , après y avoir lutté un récipient, & diſtillez à un feu gradué. Il ſortira une liqueur limpide , fort acide , pénétrante , qui eſt cependant peſante, & demande un degré de feu fort pour s'élever; ce qui eſt cauſe qu'elle échauffe beaucoup le récipient. Elle a une forte odeur d'empyreume. Augmentez le feu quand la diſtillation commençera à ſe rallentir. Il montera une huile d'une odeur fœtide & pénétrante. Enfin, quand le plus grand feu ne fera plus rien monter; caſſez la cornue. Vous y trouverez une matiere noire charboneuſe. Faites-la brûler , elle ſe réduira en une cendre de laquelle vous retirerez un Alkali fixe, en la leſſivant.

REMARQUES.

Toutes les liqueurs qui paſſent dans cette diſtillation, avant la derniere Huile fœtide, paroiſſent n'avoir que les propriétés d'un Acide huileux : aucune d'elles n'est inflammable ; aucune d'elles ne ressemble à l'Esprit-de-vin, & jettées dans le feu , elles l'éteignent. M. Boerhaave remarque cependant , qu'un Chymiste nommé Viganus , assure que la premiere portion de la liqueur qui monte dans la distillation du Vinaigre , est inflammable , & n'est autre chose que de l'Esprit-de-vin. M. Boerhaave a soupçonné que cela pouvoit venir de ce que Viganus avoit distillé un Vinaigre trop nouvellement fait , & s'est confirmé par l'expérience qu'effectivement du Vinaigre distillé peu de temps après qu'il est fait , fournit d'abord dans la distillation une certaine quantité d'Esprit ardent ; mais que cela n'arrive pas lorsqu'on distille de vieux Vinaigre. Ce qui prouve qu'il en est du Vinaigre comme du Vin à l'égard de la fermentation ; c'est-à-dire , que quoique la fermentation qui produit ces liqueurs paroisse achevée au bout d'un certain temps , quand les grands mouvemens sont cessés , elle ne l'est cependant pas , & continue à se faire dans les tonneaux pendant un temps considérable , mais d'une maniere insensible.

Ainsi , cette portion d'Esprit ardent

qu'on retire de certains Vinaigres, vient
de ce qu'il reſte dans ces Vinaigres un
peu de Vin qui n'a point encore eu le
temps de tourner à l'aigre. Car il eſt
conſtant, non - ſeulement par les expériences de M. Boerhaave, mais encore
par celles de tous les autres Chymiſtes,
que du Vinaigre aſſés anciennement fait
ne fournit point d'Eſprit ardent lorſqu'on le ſoumet à la diſtillation.

Mais quoiqu'on ne retire point d'Eſprit ardent par la diſtillation du Vinaigre vieux & bien fait, il ne s'enſuit pas
pour cela que ce même Vinaigre n'en
contienne point. Il y a, au contraire,
des expériences certaines qui démontrent qu'une partie de l'Eſprit ardent
qui étoit dans le Vin avant qu'il eût été
changé en Vinaigre, y eſt encore après
ce changement ; mais apparemment lié
& combiné de maniere avec la partie acide, qu'il ne peut en être ſéparé, & devenir ſenſible que par des procédés particuliers.

M. Geoffroy a retiré un Eſprit ardent
du Vinaigre, en le diſtillant auſſitôt
après qu'il avoit été concentré par la gelée. » Cet Eſprit, dit-il (*), eſt la pre-

(*) Mémoires de l'Académie, année 1739.

» miere liqueur qui monte. Il n'est d'a-
» bord inflammable que comme l'Eau-
» de-vie ; mais en le redistillant de nou-
» veau au bain-marie, il met le feu à la
» poudre , comme l'Esprit-de-vin le
» mieux rectifié ; avec cette différence,
» que cet Esprit est chargé d'une Huile
» d'un goût âcre , & d'une odeur empy-
» reumatique qui le jaunit, & dont il
» conserve l'odeur. Cet Esprit, du moins
» celui qui vient le premier, ne retient
» rien de l'Acide du Vinaigre, puisqu'il
» n'altére point la Teinture des violet-
» tes , & qu'il ne fermente pas non plus
» avec le Sel de Tartre. »

M. Geoffroy remarque , que si on
laisse vieillir pendant plusieurs années le
Vinaigre concentré par la gelée , on n'en
retire plus d'Esprit ardent par la distillation : ce qui confirme ce qu'on a dit du
Vinaigre non concentré & donne lieu de
croire que cet Esprit ardent qu'on retire
du Vinaigre , soit en le distillant après
qu'il a été concentré par la gelée, soit par
d'autres procédés dont nous parlerons
dans la suite, est étranger au Vinaigre,
& qu'il ne s'y trouve , comme nous l'a-
vons déja dit , que parceque le Vinaigre
contient une certaine quantité de Vin,

qui n'a point changé de nature. Car l'Esprit-de-vin qu'on retire du Vinaigre n'empêche pas qu'on n'en retire beaucoup d'Acide, qui comme plus pesant monte après lui. Voici ce que dit M. Geoffroy de la suite de l'analyse de son Vinaigre par la distillation.

» En continuant par le bain-marie,
» la distillation du Vinaigre concentré
» dont j'avois employé quatre livres
» deux onces, il m'est resté, après la
» distillation cessée, quatorze onces de
» résidence qui n'a pu monter, parce-
» qu'elle étoit trop épaisse. Je l'ai trou-
» vé couverte d'une croûte saline, qui
» est le vrai Sel essentiel du Vinaigre,
» & qui n'est pas de la même nature que
» le Tartre, puisque le Tartre du Vin
» est sans odeur, au lieu que ce Sel du
» Vinaigre, qui a une odeur pénétran-
» te, est l'Acide du Tartre, subtilisé par
» son union avec les Soufres. Si alors,
» au lieu de bain-marie, on se sert d'un
» feu de sable pour continuer la distilla-
» tion sans brûler la matiere, une par-
» tie de ce Sel se résoudra, & fournira
» un dernier Esprit acide, qui est le plus
» fort qu'on puisse retirer.....
» Après avoir retiré au feu de sable

» tout ce que les réfidences réunies ont
» pu fournir d'Efprit acide , j'ai trouvé
» au fond de la cucurbite une maffe bru-
» ne , d'une confiftence d'extrait affés
» folide. J'en ai mis deux livres , avec
» fix livres de fablon bien lavé & bien
» fec , dans la cornue ; & en les pouf-
» fant à feu gradué , j'ai retiré d'abord
» fix onces d'un Efprit acide fentant
» très - fort l'empyreume , & qui étoit
» déja coloré de quelque portion d'Hui-
» le : enfuite fept onces d'un Efprit d'o-
» deur urineufe volatile : enfin , les va-
» peurs blanches ont paru de plus en
» plus épaiffes. Il s'eft attaché aux pa-
» rois du balon un Sel volatil concret ,
» & j'ai trouvé nageantes fur l'Efprit ,
» quatre onces d'Huile épaiffe & fœti-
» de. Le Sel volatil concret raffemblé
» pefoit deux gros. La matiere noire
» demeurée au fond de la cornue , m'a
» fourni , après avoir été calcinée & lef-
» fivée , un Sel alkali gras , qu'il eft
» prefqu'impoffible de deffécher.

Je n'ai rapporté ici en entier l'analyfe du Vinaigre faite par M. Geoffroy,
que parcequ'elle eft différente à plufieurs
égards de celle qui eft décrite dans le
procédé , laquelle eft de M. Boerhaave ,

& de celles qui ont été données par plufieurs autres Auteurs, qui ne font mention ni de la matiere faline que M. Geoffroy a obfervée fur la réfidence du Vinaigre diftillé d'abord au bain-marie, ni
de l'Efprit & du Sel volatil urineux qu'a
fourni à M. Geoffroy cette même réfidence.

Ces différences peuvent venir, ou de
la maniere de diftiller le Vinaigre, ou
de ce que le Vinaigre de M. Geoffroy
avoit été concentré par la gelée, ou enfin encore plutôt, de la qualité, & fur-
tout de l'âge des Vinaigres qui ont été
examinés par ces différens Chymiftes.

La diftillation du Vinaigre fert non-
feulement à féparer fon Acide d'avec
une affés grande quantité de parties terreufes & huileufes avec lefquelles il eft
embarraffé ; mais auffi à le déphlegmer
& à le concentrer. M. Lémeri affure cependant, que ce n'eft pas pour déphlegmer le Vinaigre qu'on le fait diftiller ;
il condamne la méthode ordinaire, de
rejetter comme phlegme inutile ce qui
monte d'abord, & de ne garder que ce
qui diftille enfuite, fondé fur ce qu'il a
obfervé, dit-il, que le phlegme du Vinaigre ne fe féparant pas comme celui

de plusieurs autres liqueurs acides, ce qui distille le premier est presqu'aussi ai-gre que ce qui monte après, quelque pe-tit feu qu'on fasse dans le commencement.

Il y a lieu de croire que M. Lémeri n'avoit pas examiné avec assés d'atten-tion le degré de force qu'avoit son Es-prit de Vinaigre dans les différens temps de sa distillation ; car M. Geoffroy rend compte, dans le Mémoire que nous avons déja cité, d'une distillation de Vinaigre, dont il a examiné le produit qu'il avoit divisé en cinq portions différentes ; & les expériences de M. Geoffroy ne permet-tent point de douter, que les premieres portions de cet Esprit de Vinaigre ne soient beaucoup moins acides que les dernieres. Ce Vinaigre , avant d'être distillé, avoit un degré de force tel, qu'il falloit six grains de Sel de Tartre pour en absorber deux gros. Deux gros de la premiere portion de son Esprit ont été absorbés par trois grains seulement de Sel de Tartre : l'Acide de la seconde portion a eu besoin de cinq grains pour être absorbé. (Toutes les expériences ont été faites avec deux gros de Vinai-gre.) La troisiéme portion a été absor-bée par dix grains, la quatriéme par

treize, & enfin la cinquiéme en a pris
dix-neuf : ce qui prouve qu'il en eft du
Vinaigre comme de la plûpart des autres
Acides, qu'on peut concentrer en retirant par la diftillation la partie la plus a-
queufe, parcequ'ils font plus pefans que
l'eau.

Il y a donc deux moyens qui fervent
à concentrer le Vinaigre, & à en féparer la partie la plus acide, qui font la
diftillation & la congellation. Ces deux
moyens peuvent être appliqués fucceffivement au même Vinaigre, & concourir à en faire retirer un Acide très-puif-
fant. M. Geoffroy ayant expofé à la gelée du 19. Janvier 1739. la derniere liqueur rouffe tirée du réfidu du Vinaigre
diftillé, l'a réduite au point qu'il falloit
foixante grains de Sel de Tartre pour en
abforber deux gros.

R v

CHAPITRE VI.

COMBINAISONS DE L'ACIDE DU VINAIGRE AVEC DIFFÉRENTES SUBSTANCES

PREMIER PROCEDÉ.

Combiner l'Acide du Vinaigre avec les subftances alkalines. Terre foliée du Tartre, ou Tartre régénéré. Décompofition de ce Sel.

METTEZ dans une cucurbite de verre du Sel de Tartre bien pur, & bien fec: verfez deffus, peu à peu & à plufieurs reprifes, de bon Vinaigre diftillé. Il fe fera une effervefcence. Continuez à verfer du Vinaigre, jufqu'au point de faturation. Adaptez alors à la cucurbite un chapiteau: placez-la fur un bain de fable; & après y avoir lutté un récipient, diftillez à petit feu, & très-lentement, jufqu'à ce qu'il ne refte plus qu'une matiere féche. Verfez fur ce réfidu quelques gouttes du même Vinaigre; & s'il fe fait une effervefcence, continuez à en verfer jufqu'au point de faturation, & rediftillez comme la premiere fois. Si vous ne remarquez aucune effervescence, l'opération aura été bien faite.

REMARQUES.

Le point juste de saturation n'est pas facile à saisir dans la combinaison de ce Sel neutre, parceque les parties huileuses dont l'Acide du Vinaigre est chargé, l'empêchent d'agir aussi vivement & aussi promptement qu'il feroit, s'il étoit pur comme les Acides minéraux ; ce qui est cause que quand on approche du point de saturation, il arrive souvent qu'on verse de l'Acide sans qu'il paroisse d'effervescence sensible, quoique l'Alkali ne soit point entierement saoulé. Cela en impose, & fait croire mal-à-propos qu'on est parvenu au point de saturation.

On s'apperçoit facilement de cette méprise, lorsqu'après avoir enlevé au composé salin toute son humidité superflue, par la distillation, on reverse dessus de nouveau Vinaigre: car alors les Sels étant plus concentrés, & par conséquent plus actifs, font ensemble une effervescence qui n'auroit point été sensible, si cette derniere portion d'Acide,

au lieu de toucher immédiatement à l'Alkali desséché, n'avoit pu se mêler avec
lui qu'après s'être étendu , & comme
noyé dans le phlegme dont l'Acide du
Vinaigre précédemment neutralisé s'est
séparé à mesure qu'il s'est combiné avec
l'Alkali, lequel phlegme tient en dissolution, & le Sel neutre déja formé , &
l'Alkali qui n'est point encore saoulé.
C'est pour cette raison qu'il est essentiel
d'essayer, après la premiere desiccation
de ce Sel qu'on nomme *Tartre régenéré* ,
s'il est au juste point de saturation.

Il pourroit aussi arriver, que quoiqu'a-
vant de faire la desiccation du Tartre
régénéré, ont eût saisi la parfaite saturation, ce Sel fermentât cependant encore, après avoir été desséché, avec de nouveau Vinaigre, & ne fût par conséquent
pas alors parfaitement neutre. Cela ne
viendroit dans ce cas, que de ce qu'on
auroit desséché à trop grand feu le Sel
qui auroit souffert un commencement
de décomposition par l'action d'une trop
vive chaleur, & dont l'Acide , qui n'est
pas fortement adhérent à l'Alkali, auroit été enlevé en partie. C'est - là une
des raisons pour lesquelles il est très-
important de ne dessécher le Tartre ré-

généré qu'à une chaleur extrêmement douce.

On voit, par ce que nous venons de dire fur la deficcation de ce Sel neutre, qu'elle n'a été mife en ufage que pour le débarraffer d'une grande quantité d'humidité fuperflue qui le tient en diffolution : ce qui prouve que l'Acide du Vinaigre, en fe combinant avec un Alkali fixe, fe fépare, de même que tous les autres Acides chargés de beaucoup d'eau, d'une grande partie de cette eau furabondante. D'où on doit conclure, que l'Acide du Vinaigre contenu dans le Tartre régénéré defféché, eft infiniment plus fort & plus concentré qu'il n'étoit avant : auffi M. Geoffroy a-t-il retiré de ce Sel, en le décompofant par l'interméde de l'Huile de Vitriol concentrée, un Efprit de Vinaigre en vapeurs blanches, très-volatil, & très-fort, mais peut-être un peu altéré par le mélange de l'Acide vitriolique.

L'Acide du Vinaigre, en fe combinant avec un Alkali fixe, fe débarraffe bien, comme nous venons de le voir, d'une grande quantité de phlegme dont il eft chargé ; mais il n'en eft pas de même des parties huileufes par lefquelles il eft altéré : ces parties ne se séparent point de lui lorsqu'il devient Sel neutre , & se combinent, sans le quitter, avec l'Alkali fixe ; ce qui donne au Tartre régénéré une qualité savoneuse , & plusieurs autres propriétés particulieres à ce Sel.

Le Tartre régénéré desséché , a une couleur brune. Ce Sel est demi - volatil : il se fond à une très - douce chaleur, & ressemble alors à une liqueur onctueuse , premieres indices de l'Huile qu'il contient , il s'enflamme si on le jette sur les charbons ardens ; & on en retire une véritable Huile , si on le distille à grand feu : ce qui prouve avec évidence l'existence de cette Huile.

Ce Sel est dissoluble dans l'Esprit-de-vin : qualité qu'il doit encore , vraisemblablement, à son Huile. Il faut environ six parties d'Esprit-de-vin pour le dissoudre. Cette dissolution se fait très-bien à l'aide d'une douce chaleur dans un matras. Si après qu'on l'a ainsi dissous, on en retire l'Esprit-de-vin par la distillation à très-petit feu , il reste au fond de la cucurbite sous la forme d'une matiere séche composée de feuillets appliqués les uns sur les autres ; c'est ce qui lui a fait donner aussi le nom de *Terre foliée du Tartre.*

Il n'eſt pas abſolument eſſentiel de diſſoudre ainſi le Tartre régénéré dans l'Eſprit-de-vin, pour le rendre feuilleté : on peut lui donner auſſi cette forme, en faiſant ſimplement évaporer l'eau qui le tient en diſſolution. Mais cela réuſſit mieux avec l'Eſprit-de-vin, apparemment parcequ'il ne faut pour réuſſir qu'une chaleur extrêmement douce. Or il faut moins de chaleur pour faire évaporer l'Eſprit-de-vin, que pour faire évaporer l'eau.

Le Tartre régénéré peut auſſi ſe réduire en Criſtaux. Si on veut l'avoir ſous cette forme, il faut, lorſque la combinaiſon de l'Acide & de l'Alkali eſt faite au point de ſaturation, faire évaporer lentement la liqueur juſqu'en conſiſtence de ſyrop ; puis la mettre dans un lieu frais. Il s'y forme des Criſtaux grouppés & couchés les uns ſur les autres, en forme de barbe de plume.

Le Vinaigre diſſout auſſi très-bien les matieres abſorbantes, & celles en particulier qui ſont tirées du regne animal, telles que les Coraux, les yeux d'Ecreviſſe, les Perles, &c. Pour faire la diſſolution de ces matieres, il faut les réduire en poudre, les mettre dans un matras, verſer deſſus de l'Eſprit-de-Vinaigre jusqu'à la hauteur de quatre doigts : il se fait une effervescence ; quand elle est passée, mettre le mélange en digestion au bain de sable pendant deux ou trois jours ; décanter ensuite la liqueur, la filtrer, & la faire évaporer à une très-douce chaleur jusqu'à siccité. La matiere qui reste, se nomme *Sel de Corail, de Perles, d'yeux d'Ecrevisses*, &c. suivant les substances qu'on a employées. Si au lieu de faire évaporer la liqueur, on y mêle un alkali fixe, la matiere absorbante qui étoit dissoute par l'Acide, se précipite sous la forme d'une poudre blanche, qu'on nomme *Magistere de Corail, de Perles*, &c.

II. PROCÉDÉ.

Combiner l'Acide du Vinaigre avec le Cuivre. Verd de gris. Cristaux de Vénus. Décomposition de cette combinaison. Esprit de Vénus.

METTEZ dans un grand matras, du Verd de gris réduit en poudre. Versez par-dessus du Vinaigre distillé, jusqu'à la hauteur de quatre doigts. Placez le matras sur un bain de sable d'une chaleur modérée , & laissez le tout en digestion, en le remuant de temps en temps. Le Vinaigre prendra une couleur verte-bleue très - foncée. Lorsqu'il sera bien chargé de cette couleur, versez la liqueur par inclination. Remettez de nouveau Vinaigre dans le matras : faites digérer comme la premiere fois ; décantez de nouveau , lorsque la liqueur sera bien colorée. Continuez de cette sorte , jusqu'à ce que le Vinaigre ne se charge plus d'aucune couleur. Il restera dans le matras une assés grande quantité de matiere qui ne sera point dissoute. Le Vinaigre ainsi empreint de Verd de gris, se nomme *Teinture de Vénus.*

Rassemblez ces différentes portions de Teinture : faites - en évaporer l'humidité à une douce chaleur jusqu'à pellicule. Mettez alors la liqueur dans un lieu frais : il s'y formera, dans l'espace de quelques jours, une grande quantité de cristaux d'un très-beau verd , qui s'attacheront aux parois du vaisseau. Décantez la liqueur de dessus ces cristaux ; faites - la évaporer de nouveau jusqu'à pellicule. Remettez - la cristaliser. Continuez ces évaporations & ces cristalisations , jusqu'à ce qu'il ne se forme plus de criſtaux dans la liqueur. Ces criſtaux, qu'on nomme *Criſtaux de Vénus,* ſont employés dans la Peinture. Les Peintres & les Marchands leur ont donné le nom de *Verdet diſtillé.* C'eſt une combinaiſon de l'Acide du Vinaigre avec le Cuivre.

REMARQUES.

Le Verd de gris, ou Verdet, ſe prépare à Montpellier. On prend, pour le faire, des lames de Cuivre bien nettes : on les met lits par lits avec du marc de Vin, & on les en retire après un certain temps. Toute leur ſurface eſt alors couverte d'une incruſtation d'une très-belle couleur verte, qui eſt le Verd de gris. Ce n'eſt autre choſe que du Cuivre rongé par les Acides tartareux ou analogues à celui du Vinaigre, qui ſont contenus en grande quantité dans les Vins de Languedoc, & ſur-tout dans les raffles & pepins des raiſins dont la ſaveur eſt très-acerbe. Le Verdet eſt une eſpece de rouille du Cuivre ; un Cuivre rongé & ouvert par les Acides du Vin ; mais qui n'eſt pas pour cela réduit entierement en Sel neutre ; car il n'eſt point diſſoluble dans l'eau, & ne ſe criſtaliſe point. Cela vient de ce qu'il n'eſt pas uni avec une affés grande quantité d'Acide. L'opération dont nous venons de donner la defcription, a pour but de fournir au verd de gris la quantité d'Acide qui lui manque, pour être un véritable Sel métallique. Le Vinaigre diftillé eft très-propre pour cela.

On pourroit faire les Criftaux de Vénus fans fe fervir de Verd de gris, & employer fimplement le Cuivre, qu'on feroit diffoudre par l'Acide du Vinaigre felon la méthode dont nous parlerons ci-après à l'occafion du Plomb. Mais on fe fert ordinairement du Verdet, parceque la diffolution fe fait plus promptement, attendu que c'eft un Cuivre qui eft déja à demi diffous par un Acide analogue à celui du Vinaigre.

Les Criftaux de Vénus fe décompofent par la feule action du feu, & fans aucun interméde, parceque l'adhérence de l'Acide du Vinaigre avec le Cuivre n'eft pas bien forte. Pour faire la décompofition de ce Sel, & en féparer l'Acide, il faut le mettre dans une cornue, & diftiller dans un fourneau de réverbere à un feu gradué. Il fort d'abord un phlegme infipide : c'eft l'eau que le Sel a retenue dans fa criftalifation.

Ce phlegme est suivi par une liqueur acide, qui monte sous la forme de vapeurs blanches qui remplissent le récipient. Il faut pousser le feu fortement sur la fin de la distillation, pour enlever les Acides les plus fixes & les plus forts. Il reste après cela dans la cornue, une matiere noire, qui n'est autre chose que du Cuivre qu'on peut révivifier, en le fondant dans un creuset avec une partie de salpêtre & deux parties de Tartre. On retire du Verdet, par la distillation, un Acide semblable, mais plus huileux, & en beaucoup moindre quantité.

L'Acide qui passe dans cette distillation après le premier phlegme, est un Vinaigre extrêmement fort & concentré. Il est connu sous le nom d'*Esprit de Vénus*. Zwelfer, & après lui M. le Févre, dans sa Chymie, donnent des éloges extraordinaires à cet Esprit, prétendant qu'il peut servir à faire le Sel de Corail & les autres de même nature, sans perdre pour cela de sa vertu, & cesser d'être acide, ensorte qu'il est encore en état de faire ensuite d'autres opérations de même nature. Mais M. Boerhaave & M. Lémeri nient positivement le fait; & avec raison, car c'est après en avoir fait eux-mêmes l'expérience.

J'ai cependant de la peine à croire que Zwelfer & le Févre eussent assuré avec autant d'emphase & autant de confiance, un fait de cette nature, s'ils avoient été convaincus intimement qu'il étoit faux, il faut que ces Chymistes, n'ayant pas examiné la chose assés attentivement, se soient laissé tromper par quelqu'apparence imposante. Ils auront, vraisemblablement, comparé ce Vinaigre concentré, avec le Vinaigre distillé ordinaire : ils en auront mis sur leur Corail une dôse aussi grande que celle du Vinaigre distillé : après la saturation, ils auront retiré, par la distillation, le superflu de la liqueur qui aura fermenté avec de nouveau Corail, & l'aura dissous. Surpris de cet effet, ils se feront imaginés que leur Acide n'avoit rien perdu de sa force, & qu'il avoit la vertu de réduire en Sel autant de Corail ou d'autres matieres semblables qu'on voudroit, en conservant toute son acidité. Jugement précipité, qu'ils n'auroient surement pas porté, s'ils avoient poussé l'expérience plus loin : s'ils avoient fait dissoudre une troisiéme ou une quatriéme dôse de Corail à leur Vinaigre ; car

ils se feroient convaincus par-là , que
l'Esprit de Vénus dépose & laisse son
Acide dans les matieres absorbantes, de
même que tous les autres Esprits acides ;
& que si la liqueur qu'ils avoient retirée
par la distillation de dessus leur premier
Sel de Corail étoit encore acide, & en
état de dissoudre de nouveau Corail,
cela ne prouvoit autre chose, sinon que
l'Esprit de Vénus est un Vinaigre extrêmement concentré, qui sous un même
volume de liqueur contient une beaucoup plus grande quantité d'Acide que
le plus fort Vinaigre distillé à la maniere ordinaire; qu'ainsi, pour réduire en
Sel une quantité donnée de Corail, il
n'en faut qu'une dóse beaucoup moindre, & que la liqueur qu'ils ont retirée
de dessus leur premier Sel de Corail, ne
conservoit de la vertu, que parcequ'elle
étoit chargée de la quantité surabondante d'Acide qui n'avoit pu se neutraliser
avec le Corail. Mais l'amour du merveilleux préoccupe tellement l'esprit ,
qu'il l'empêche souvent d'appercevoir
les choses les plus faciles à remarquer.
C'est en général le défaut de tous les
anciens Chymistes ; & je crois que leurs
livres ne sont remplis de tant de procé-

dés qui ne réuffiffent point, que parceque leur imagination échauffée leur a
fouvent fait voir les chofes tout autrement qu'elles n'étoient.

III. PROCÉDÉ.

Combiner l'Acide du Vinaigre avec le
Plomb. Cérufe. Sel ou Sucre de Satur-
ne. Décompofition de cette combinai-
fon.

METTEZ dans un chapiteau de verre
des lames de Plomb minces , &
les y affujétiffez de maniere qu'elles ne
puiffent point tomber lorfque ce chapiteau fera fur fa cucurbite. Adaptez ce
chapiteau à une cucurbite évafée , dans
laquelle vous aurez mis du Vinaigre.
Placez-la fur un bain de fable : luttez-y
un récipient, & diftillez à une chaleur
douce pendant dix ou douze heures.
Enlevez après cela le chapiteau de deffus la cucurbite : vous y trouverez les
lames de Plomb couvertes & comme
incruftées d'une matiere blanche. Déta-
chez-la avec une patte de liévre : c'eft ce
qu'on appelle de la *Cérufe*. Les lames de
Plomb ainfi nettoyées pourront reffer-

vir au même usage, & être réduites entierement en Céruse par des distillations
réitérées. Il sera passé dans le récipient
pendant la distillation, une liqueur un
peu trouble & blanchâtre: c'est un Vinaigre distillé qui tient du Plomb en dissolution.

Réduisez de la Céruse en poudre:
mettez-la dans un matras: versez par-
dessus douze ou quinze fois autant de
Vinaigre distillé: placez le matras sur un
bain de sable: laissez la matiere en digestion pendant une journée, en l'agitant de temps en temps: décantez la liqueur après ce temps: conservez - la à
part. Reversez de nouveau Vinaigre sur
ce qui sera resté dans le matras: faites
digérer comme la premiere fois. Continuez ce travail jusqu'à ce que vous
ayez dissous la moitié ou les deux tiers
de la Céruse.

Faites évaporer jusqu'à pellicule les
liqueurs que vous aurez décantées de
dessus la Céruse, & les mettez dans un
lieu frais. Il s'y formera des cristaux gri-
sâtres. Décantez la liqueur de dessus ces
cristaux: faites la évaporer de nouveau,
jusqu'à pellicule: remettez - la cristaliser. Continuez de la sorte les évaporations

tions & criftalifations, jufqu'à ce qu'il ne fe forme plus de criftaux. Diffolvez ces criftaux dans du Vinaigre diftillé. Faites évaporer cette diffolution. Il s'y formera des criftaux plus blancs & plus purs que les premiers. C'eft le Sel ou Sucre de Saturne.

REMARQUES.

Le Plomb fe diffout facilement par l'Acide du Vinaigre. En l'expofant fimplement à la vapeur de cet Acide, fa fuperficie eft corrodée & réduite en une efpece de chaux ou de rouille blanche, fort ufitée dans la Peinture, & connue fous le nom de *Cérufe*, ou de *Blanc de Plomb*. Mais cette préparation de Plomb n'eft point unie à une affez grande quantité d'Acide pour être réduite en Sel ; ce n'eft qu'un Plomb divifé & ouvert par l'Acide du Vinaigre ; une matiere qui eft par rapport au Plomb, ce qu'eft le verd-de-gris par rapport au Cuivre. Auffi, fi on veut achever de combiner la Cérufe avec la quantité d'Acide qui lui eft néceffaire pour être un véritable Sel neutre ; il faut faire à fon égard la même opération que fur le Verdet, quand on veut en faire les Criftaux de Vénus ; c'eft-à-

dire, la diffoudre dans le Vinaigre diftillé, ainfi qu'il a été prefcrit dans le procédé.

Le Sel de Saturne n'eft pas bien blanc
dans fa premiere criftalifation : c'eft ce
qui eft caufe qu'on le rediffout dans le
Vinaigre diftillé, & qu'on le fait criftalifer une feconde fois. Si on réitere la
folution du Sel de Saturne dans du Vinaigre diftillé, & qu'on faffe évaporer
la liqueur, elle s'épaiffit ; mais ne fe def-
feche que très-difficilement. La même
opération répétée un plus grand nombre de fois, augmente encore en lui cette qualité. Il refte fur le feu comme une
Huile ou une Cire fondue : il fe coagule
lorfqu'on le laiffe refroidir, & reffemble alors par le coup d'œil, à une maffe
métallique qui a quelque reffemblance
avec l'Argent. Cette matiere fe refond
prefque auffi facilement que de la Cire à
une très-douce chaleur.

Le Sel de Saturne a une faveur fu-
crée, qui lui a fait donner auffi le nom
de *Sucre de Saturne :* auffi lorfque du
Vin commence à tourner à l'aigre, un
moyen fûr de lui emporter cette faveur
defagréable, en lui en fubftituant une
douce, & en quelque forte flateufe au

goût, c'est d'y mêler de la Céruse, de la Litarge, ou quelque autre préparation de Plomb de cette nature, parceque l'Acide du Vin diſſout ce Plomb à meſure qu'il ſe développe, & forme avec lui un Sucre de Saturne, qui ſe tient mêlé dans le Vin, & dont la ſaveur, jointe avec celle du reſte du Vin, n'a rien de deſagréable. Mais comme le Plomb eſt un des plus dangereux poiſons qu'on connoiſſe, cette pratique ne doit jamais être miſe en uſage ; & ceux qui ſe ſerviroient de ce moyen pernicieux, mériteroient d'être punis avec la derniere ſévérité. Il arrive cependant tous les jours quelque choſe de preſque ſemblable, & qui doit avoir des effets très-fâcheux, quoique néanmoins perſonne n'en ſoit coupable, & que ceux à qui cela peut être funeſte ne puiſſent s'en méfier.

Les Marchands de Vin qui le débitent en détail, ſont tous dans l'uſage de verſer le Vin dans les bouteilles, ſur un comptoir garni de Plomb, percé d'un trou auquel eſt ſoudé un tuyau de Plomb. Le Vin qui ſe répand dans le comptoir lorſqu'on le verſe dans les bouteilles, eſt conduit par ce tuyau juſques dans une cuvette de Plomb, dont l'intérieur du

comptoir eſt garni. Il y paſſe ordinairement la journée, peut-être même pluſieurs jours ; après quoi on le retire de
cette cuvette, & on le remêle avec d'autre Vin, ou on le met dans la bouteille de
quelque acheteur. Mais malheur à celui à
qui de pareil Vin tombe en partage : il ne
peut qu'en éprouver les plus funeſtes effets, & il eſt expoſé à des maladies d'autant plus dangereuſes, que le Vin a acquis une plus mauvaiſe qualité par un
plus long ſéjour dans le Plomb. On voit
tous les jours des maladies cruelles dans
le peuple, qui ſont occaſionnées par de
ſemblables cauſes, auſquelles on ne fait
point aſſez d'attention.

Le Vin qui n'eſt point enfermé eſt expoſé à s'aigrir en très-peu de temps, ſur-
tout pendant l'été ; & les Marchands de
Vin ont remarqué que leurs égoutures
raſſemblées ainſi dans des vaiſſeaux de
Plomb, ſont exemptes de cet inconvénient. C'eſt ce qui a introduit parmi eux
l'uſage des comptoirs dont je viens de
parler. Comme ils n'en voient que les
bons effets, & qu'ils n'en ſçavent point
les inconvéniens, on ne peut leur en ſçavoir mauvais gré. Il eſt très-naturel de
croire que le Plomb ayant la propriété

de tenir le Vin frais, peut l'empêcher pendant un certain temps de tourner à l'aigre; & des perſonnes qui ne ſont point initiées dans la Chymie, ne peuvent guè-res ſoupçonner que le Vin n'eſt ainſi ga-ranti de l'acidité, qu'en devenant une eſ-pece de poiſon. C'eſt cependant ce qui arrive; car le Plomb n'empêche point du tout le Vin de s'aigrir ; mais il s'unit avec l'Acide, à meſure qu'il ſe développe ; & formant avec lui un Sucre de Saturne, il en change la ſaveur, comme nous l'avons dit, & empêche qu'on ne s'en apperçoive.

On voit par-là combien il ſeroit à ſou-haiter que l'uſage de ces comptoirs dou-blés de Plomb fût entierement aboli. Je tiens d'un Chymiſte zélé pour le bien pu-blic (*), qu'il a fait à ce ſujet des repré-ſentations aux Magiſtrats il y a pluſieurs années. Il n'y a point à douter que ſi les

(*) M. Rouelle dont j'ai déja eu occaſion de parler pluſieurs fois dans cet Ouvrage avec les éloges qu'il mérite, & dont j'ai ſuivi les cours lorſque j'étois étu-diant en Médecine. On doit dire à la louange de cet habile Artiſte, qu'il eſt le premier qui ait fait en Fran-ce des Cours de Chymie, dans leſquels les opérations ſont expliquées ſuivant la vraie & ſaine théorie de cet-te Science développée dans les Ecrits de Beccher, de Stahl, de Juncker, de Boyle, de Boerhaave, d'Hoff-man, & de beaucoup d'autres excellens Chymiſtes qu'il ſeroit trop long de nommer ici, de même que dans les Mémoires des plus célebres Académies, & ſur-tout dans ceux de celle des Sciences de Paris.

Marchands qui s'en servent connoiſſoient les inconvéniens qui en réſultent, ils ne ſacrifiaſſent avec plaiſir la petite utilité qu'ils en retirent, à la ſûreté publique.

Il eſt facile de s'aſſurer ſi du Vin ſur lequel on a du ſoupçon, contient du Plomb ou non. Il n'y a qu'à verſer dedans un peu d'Huile de Tartre par défaillance, ou ſi on n'en a pas ſous la main, de la leſſive de cendres de bois neuf. S'il tient effectivement du Plomb en diſſolution, la liqueur ſe troublera auſſitôt, & le Plomb tombera au fond ſous la forme d'un précipité blanc, parceque le Sucre de Saturne qu'il contient étant un Sel neutre qui a pour baſe un métal, eſt décompoſé par l'Alkali fixe qui ſépare ce métal d'avec l'Acide. Le Plomb ſéparé ainſi d'avec l'Acide du Vinaigre par un Alkali, ſe nomme *Magiſtere de Saturne*.

La Céruſe, ou le Blanc de Plomb, eſt auſſi un poiſon très-dangereux. C'eſt une drogue fort uſitée dans la Peinture; car c'eſt le ſeul blanc qui puiſſe être employé avec l'Huile. Ce blanc eſt la cauſe la plus ordinaire, peut-être même l'unique, des affreuſes coliques dont les Peintres, & tous ceux qui travaillent aux couleurs, font fouvent affligés. Cela m'a engagé à faire des recherches fur toutes les matieres qui peuvent fournir une couleur blanche, pour voir s'il ne feroit pas poffible d'en trouver quelqu'une qui pût être fubftituée au Blanc du Plomb ; mais après un nombre prodigieux d'expériences, j'ai eu le déplaifir d'être convaincu, que tous les blancs les plus beaux & les plus brillans, qui ne font point métalliques, étant broyés à l'Huile, ne font que des couleurs d'un gris ou d'un jaune fale. Il refte quelque efpérance du côté des blancs tirés de certaines fubftances métalliques ; mais comme il n'y a aucune de ces matieres qui ne puiffe être foupçonnée d'avoir une qualité malfaifante, il n'y a qu'une longue expérience qui puiffe raffurer fur les appréhenfions que fait naître avec raifon tout ce qui eft tiré de ces fortes de fubftances. Mais revenons au Sel de Saturne.

Ce Sel fe décompofe par la diftillation fans aucun interméde. Si l'on veut faire cette décompofition, il faut mettre le Sel de Saturne dans une cornue de verre ou de grais, dont un grand tiers demeure vuide, & diftiller dans un fourneau de réverbere, à feu gradué. Il fort un Efprit

qui remplit le récipient de nuages. Quand
après avoir pouffé le feu jufqu'à faire rougir la cornue, il ne fort plus rien, il faut
laiffer refroidir les vaiffeaux, puis les dé-
lutter. On trouve dans le récipient une
liqueur d'un goût acerbe, qui eft inflammable, ou du moins dont on peut féparer un Efprit inflammable, en en retirant
environ la moitié par la diftillation dans
un alembic de verre.

La cornue dans laquelle on a fait la
décompofition du Sel de Saturne, contient après l'opération une matiere noirâtre : c'eft du Plomb qui n'a befoin que
d'être fondu dans un creufet, pour reparoître fous fa forme métallique, parceque l'Acide par lequel il avoit été diffous, & dont on l'a féparé, étant fort
huileux, lui a laiffé une quantité fuffifante de phlogiftique.

Ce qu'il y a de plus remarquable dans
la décompofition du Sel de Saturne, c'eft
cet Efprit inflammable qu'on en retire,
quoique le Vinaigre qu'on a fait entrer
dans la compofition de ce Sel, parût
n'en contenir en aucune maniere.

CHAPITRE VII.

DE LA FERMENTATION PUTRIDE DES SUBSTANCES VÉGÉTALES.

PREMIER PROCÉDÉ.

Putréfaction des Végétaux.

METTEZ dans un tonneau, & foulez un peu, des plantes vertes ; ou si ce sont des substances végétales seches & dures, divisez-les en petites parties : laissez-les un peu macérer pour qu'elles puissent s'humecter : laissez-les ensuite, comme les plantes vertes dans le tonneau, & laissez-le découvert à l'air libre. Il s'excitera peu à peu dans le centre du tonneau une chaleur qui ira en augmentant de jours en jours, qui deviendra à la fin très-forte, & qui se communiquera à toute la masse des plantes. Tant que la chaleur ne sera pas bien forte, les plantes conserveront leur odeur & leur saveur propre. A mesure que la chaleur augmentera, l'odeur & la saveur changeront peu à peu, & devien-

S v

dront enfin très-defagréables, & à peu
près femblables à celles des matieres animales pourries. Les plantes feront alors
molaſſes, comme cuites, & même réduites en une eſpece de pâte plus ou moins
liquide, ſuivant la quantité d'humidité
qu'elles auront d'abord contenue.

REMARQUES.

Preſque toutes les matieres végétales
font ſuſceptibles de putréfaction; mais les
unes plus promptement, & d'autres plus
lentement. Comme la putréfaction n'eſt
autre choſe qu'une fermentation, dont
l'effet eſt de changer entierement la condition de l'Acide, en le combinant avec
une portion de la terre & de l'huile du
mixte, atténuées de maniere qu'il réſulte
de cette union une nouvelle ſubſtance ſaline dans laquelle on ne reconnoît plus
l'Acide, qui a au contraire les propriétés d'un Alkali, mais devenu volatil; il
eſt clair que plus l'Acide des plantes
qu'on fait putréfier approche de cet état,
& plutôt la putréfaction de cette eſpece
de plante eſt achevée. Ainſi toutes les
plantes qui contiennent un Alkali volatil déja formé, ou dont on en retire
par la diſtillation, font celles qui font les
plus diſpoſées à la putréfaction.

Les plantes dont l'Acide eſt fort développé & très-ſenſible, ſont plus éloignées de la putréfaction, parcequ'il faut que tout cet Acide éprouve les changemens dont nous venons de parler. Mais les matieres végétales dont l'Acide eſt enveloppé & embarraſſé par pluſieurs de leurs autres principes, ont beſoin encore d'une plus grande élaboration pour être réduites dans l'état où la putréfaction complette met tous les Végétaux. Il faut que les parties terreuſes & huileuſes dont les Acides de ces matieres ſont embarraſſés, ſoient atténuées & diviſées par une premiere fermentation, qui forme d'abord de ces parties ſubtiliſées & unies avec l'Acide un Eſprit ardent ; compoſé dans lequel l'Acide eſt plus ſenſible que dans les Sucs preſque inſipides, ou ſucrés dont il eſt formé. L'Acide contenu dans l'Eſprit ardent doit être encore développé davantage avant d'entrer dans la combinaiſon de l'Alkali volatil : il faut par conſéquent que l'Eſprit ardent ſouffre une ſorte de décompoſition ; que ſon Acide ſoit rendu plus ſenſible, & amené à la condition de celui des plantes, dans leſquelles il manifeſte toutes ſes propriétés.

S vj

On voit par-là que la fermentation fpiritueufe , auffi-bien que l'acide , ne font
que des préparations dont la nature a befoin pour amener à la putréfaction certaines matieres végétales. Ces fermentations
doivent donc être regardées comme des
acheminemens à la putréfaction qui en
eft une fuite , ou plutôt comme le commencement , ou les premiers degrés de
la putréfaction même. C'eft l'opinion de
M. Stahl , qui a traité cette matiere avec
beaucoup de fagacité, & qui y a répandu
un grand jour.

M. Boerhaave n'eft pas tout-à-fait de
ce fentiment. Il regarde la putréfaction
comme quelque chofe d'étranger à la fermentation ; comme une opération qui
en eft indépendante & fort différente. Il
ne donne le nom de *fermentation* qu'au
mouvement inteftin & fpontané qui produit l'Efprit ardent , & qui le change en
Acide. Il fe fonde fur ce que les circonftances qui accompagnent la putréfaction,
font différentes de celles de la fermentation fpiritueufe & acide ; fur ce que le
produit de la putréfaction eft fort différent de ceux de ces fermentations ; enfin,
fur ce que toutes les fubftances végétales
& animales font fufceptibles de putréfac-

tion, au lieu qu'il n'y en a que d'une certaine espece qui puissent subir la fermentation proprement dite.

M. Boerhaave a raison, en ce qu'il ne faut point effectivement confondre ensemble des opérations différentes à plusieurs égards, & dont les résultats sont différens; mais cela n'empêche point que le sentiment de M. Stahl ne doive être regardé comme très-vraisemblable, & même comme absolument vrai. Car, de ce que les circonstances & les produits des mouvemens fermentatifs sont différens, il ne s'ensuit pas nécessairement que ce sont des opérations qui n'ont aucun rapport entre elles, & qui sont indépendantes les unes des autres. Cela n'empêche point qu'on ne puisse les regarder comme les différens degrés d'une seule & même opération : & si toutes les matieres végétales & animales ne sont point susceptibles des trois degrés de la fermentation, on n'en peut conclure autre chose, sinon qu'il y a des mixtes dans lesquels l'ouvrage entier de la fermentation est à faire, & qu'il y en a d'autres dont les principes sont tellement disposés, qu'ils sont dans le même état que s'ils avoient éprouvé le premier, & mê-

me le second degré de la fermentation.
Ces mixtes ne sont par conséquent susceptibles que du second, ou même du
troisieme degré de la fermentation.

M. Stahl dit donc très-judicieusement,
que bien loin que la putréfaction ne doive point être regardée comme une fermentation, toute la fermentation, au
contraire, n'est autre chose qu'une putréfaction. Les matieres susceptibles de
fermentation spiritueuse & acide, ne su-
bissent ces premieres altérations que pour
parvenir à la putréfaction complette. Sur
ce principe, le Vin & le Vinaigre ne sont
autre chose que des liqueurs qui commen-
çoient à se putréfier, & dont on a arrêté
la putréfaction à son premier ou à son
second degré. Cela est si vrai, que si on
abandonnoit à elle-même à l'air libre, &
dans un lieu d'une chaleur convenable,
une liqueur fermentante, elle passeroit
sans interruption à la putréfaction parfaite.

La chaleur est plus grande dans la fermentation acide que dans la spiritueuse,
& plus grande dans la putride que dans
l'acide. Elle est quelquefois si considérable dans les plantes qui se pourrissent, que
lorsqu'elles n'ont qu'une humidité conve-

nable, & qu'elles font entaſſées en un grand monceau, elles s'enflamment avec violence. L'exemple n'en eſt pas rare dans les meules de foin.

II. PROCÉDÉ.

Analyſe des ſubſtances végétales putréfiées.

METTEZ les plantes putréfiées, dont vous voudrez faire l'analyſe, dans une cucurbite de verre que vous placerez ſur un bain de ſable. Adaptez-y un chapiteau, & luttez-y un récipient. Diſtillez à feu doux. Il montera une liqueur limpide & fœtide. Continuez la diſtillation, juſqu'à ce que la matiere contenue dans la cornue ſoit preſque ſeche. Déluttez alors les vaiſſeaux : gardez ſéparément la liqueur qui ſera dans le récipient. Mettez dans une cornue la matiere qui ſera demeurée dans la cucurbite : diſtillez à feu gradué. Il en ſortira des vapeurs blanches, une aſſés grande quantité de liqueur à peu près ſemblable à celle de la premiere diſtillation, un Sel volatil en forme concrete, & une Huile noire, qui ſera ſur la fin fort épaiſſe. Il reſtera dans la cornue une matiere noire charboneuſe,

qui brûlée à feu ouvert, laiſſe une cendre
dont on ne retire point d'Alkali fixe.

Séparez, par le moyen d'un entonnoir, l'Huile d'avec la liqueur aqueuſe.
Diſtillez cette liqueur à petit feu. Vous
en retirerez un Sel volatil ſemblable à
celui des animaux. Vous en retirerez
auſſi, par le même moyen, de la liqueur
qui aura paſſé dans la premiere diſtillation.

REMARQUES.

On voit par cette analyſe quels changemens la putréfaction fait ſur les matieres végétales. On ne reconnoît plus
preſque aucun de leurs principes. On n'en
retire plus de liqueur aromatique ; plus
d'Huile eſſentielle ; d'Acide, & par conſéquent de Sel eſſentiel, d'Eſprit ardent,
ni d'Alkali fixe : en un mot, de quelque
nature qu'elles fuſſent avant la putréfaction, elles ſe reſſemblent toutes après
avoir éprouvé dans toute ſon étendue
ce mouvement de fermentation. On n'en
retire plus que du Phlegme, de l'Alkali
volatil, de l'Huile fœtide, & une terre
inſipide.

Preſque tous ces changemens ſont dûs
à la métamorphoſe de l'Acide, qui eſt

altéré par la putréfaction, & combiné avec une portion de l'Huile & de la terre subtilisée du mixte, de maniere qu'il résulte de cette union un Alkali volatil. Or comme l'Alkali fixe qu'on trouve après la combustion des plantes non putréfiées, n'est que la partie la plus fixe de leur terre & de leur Acide étroitement unies ensemble par le mouvement de l'ignition, il n'est pas étonnant que tout l'Acide ayant été subtilisé & volatilisé avec une partie de la terre par la putréfaction, on ne trouve plus d'Alkali fixe après la combustion des matieres végétales putréfiées.

L'altération que reçoit l'Acide par le mouvement de la putréfaction est, je crois, la plus grande qu'il puisse éprouver sans être entierement détruit & décomposé, jusqu'à cesser d'être Sel.

Nous l'avons vu dans le regne minéral, dans sa plus grande pureté & sa plus grande force. La combinaison avec l'Huile, & les autres élaborations qu'il souffre dans le regne végétal, nous l'ont fait voir affoibli & déguisé. Les changemens qui lui arrivent dans la fermentation spiritueuse & acide, nous l'ont présenté encore sous des formes différentes. Enfin, la putréfaction acheve de le défigurer, &

en quelque forte de le dénaturer au point
qu'il n'eft plus reconnoiffable. Il approche de cet état dans le regne animal; car
quoique les fubftances végétales dont fe
nourriffent les animaux, n'éprouvent pas
précifément la putréfaction dans toute
fon étendue pour être changées en Suc
animal, elles fubiffent néanmoins la plus
grande partie des changemens que produit la putréfaction ; enforte que quand
elles ont acquis les qualités qu'elles doivent avoir pour être le fuc vraiment
nourricier de l'animal, elles n'ont plus
que le dernier pas à faire pour être dans
une putréfaction complette. C'eft pour
cela que tout le regne animal eft fi fujet
à la pourriture, & qu'il n'eft point fufceptible des premiers degrés de la fermentation. Mais tout ceci appartient au
regne animal, qui va faire le fujet de la
Troifieme Partie de ce Traité, & auquel
la théorie de la putréfaction fert d'intro-
duction, & nous amene naturellement.

TROISIEME PARTIE.

Des Opérations qui se font sur les Substances Animales.

CHAPITRE PREMIER.
DU LAIT.

PREMIER PROCÉDÉ.

Séparation du Lait en partie butireuse, caséeuse, & Serum ou petit-Lait. Soit pris pour exemple le Lait de Vache.

METTEZ du Lait de Vache nouvellement trait, dans une terrine de grais évasée, & placez-la dans un lieu d'une chaleur tempérée. Il se formera, dans l'espace de dix ou douze heures, à la surface du Lait une matiere épaisse, d'un blanc un peu jaunâtre ; c'est ce que l'on appelle la *Crême.* Enlevez doucement cette Crême avec une cuilliere, en faisant égouter à mesure le Lait que vous auriez pris avec. Mettez toute cette Crême dans un autre vaisseau, & conservez-la. Le Lait qui aura été ainsi écrêmé sera un peu moins épais qu'auparavant : son blanc sera moins mat, & il aura un petit œil bleuâtre. Si toute la Crême n'en a point été séparée, il s'en rassemblera encore de nouvelle à sa surface au bout d'un certain temps. Il faut l'enlever de même que la premiere. Au bout de deux ou trois jours le Lait écrêmé sera coagulé en une masse molle qu'on nomme *Lait caillé* : il a alors une saveur & une odeur aigre.

Coupez ce *Coagulum* en plusieurs morceaux. Il s'en séparera aussitôt une grande quantité de sérosité. Mettez le tout sur un linge clair suspendu en l'air, & placez dessous un vaisseau pour recevoir la sérosité à mesure qu'elle s'égoutera. Il restera sur le filtre, quand la partie aqueuse aura cessé de couler, une matiere blanche un peu plus ferme que n'étoit le Lait caillé. Cette matiere est ce qu'on nomme le *Fromage*, & la sérosité qui s'en est séparée est connue sous le nom de *petit-Lait*.

REMARQUES.

Le Lait des animaux qui ne se nourrissent que de substances végétales, est
de toutes les matieres animales celle qui
s'éloigne le moins de la nature des végétaux. Cette vérité sera démontrée par
les expériences dont nous parlerons
bientôt, en poussant plus loin l'analyse
du Lait. C'est pour cette raison, qu'à
l'exemple de M. Boerhaave, nous avons
cru qu'il étoit à propos de commencer
l'analyse animale par l'examen de cette
liqueur.

La plûpart des Chymistes regardent,
avec raison, le Lait comme une liqueur
de même nature que le chyle. Il y a
tout lieu de croire en effet, que si on
en excepte quelques petites différences
que nous ferons remarquer dans la suite, ces deux matieres sont à peu près la
même chose. Elles sont l'une & l'autre
d'un blanc mat, semblable à celui des
émulsions ; ce qui prouve qu'elles sont ,
comme les émulsions , composées d'une
matiere huileuse divisée , étendue &
suspendue , mais non pas intimement
dissoute dans une liqueur aqueuse.

Il n'est pas étonnant que ces liqueurs

reſſemblent aux émulſions ; car elles ſont produites de la même maniere, & peuvent être appellées à juſte titre des *Emulſions animales.* Qu'arrive-t-il, en effet, aux ſubſtances végétales, lorſqu'elles ſe transforment en chyle & en Lait dans les animaux ? Diviſées, triturées & broyées par la maſtication & la digeſtion, pour le moins auſſi bien que le ſont les matieres qu'on pile dans un mortier pour en tirer l'émulſion, il doit leur arriver les mêmes changemens qu'à ces matieres ; c'eſt-à-dire, que leurs parties huileuſes atténuées par ces mouvemens, doivent être mêlées & interpoſées entre les parties aqueuſes ; mais non pas diſſoutes dans ces mêmes parties, parcequ'elles ne trouvent pas dans le corps des animaux de matieres ſalines aſſez développées & aſſez actives pour s'unir intimement avec elles, & les rendre par-là diſſolubles dans l'eau.

Mais le chyle & le Lait, quoique produits de la même maniere que les émulſions, & leur reſſemblant beaucoup, ne laiſſent pas cependant que d'en différer à certains égards ; principalement à cauſe du ſéjour qu'ils font dans le corps des animaux, de la chaleur qu'ils y éprouvent, des élaborations qu'ils y reçoivent, & des liqueurs animales avec lesquelles ils sont mêlés.

Le Lait nouvellement tiré du corps d'un animal, a une saveur douce & agréable. On n'y remarque aucun piquant salin, & on n'y découvre par toutes les épreuves chymiques, ni Acide, ni Alkali. Il est cependant certain, que les Sucs des plantes dont le Lait est formé, contiennent beaucoup de matieres salines, & sur-tout des Acides ; aussi le Lait en contient-il de même ; mais ces Acides sont liés & combinés de maniere qu'ils ne sont point sensibles. Il en est de même de toutes les autres liqueurs destinées à faire partie du corps d'un animal : il n'y en a aucune dans laquelle l'Acide soit sensible.

On peut conclure de-là, qu'un des principaux changemens qui arrivent aux végétaux, pour être convertis en substance animale, consiste en ce que leurs Acides sont combinés, embarrassés, & émoussés de façon qu'ils deviennent insensibles, & qu'ils ne manifestent aucunes de leurs propriétés.

Le Lait abandonné à lui-même, sans le secours de la distillation, ni l'addition d'aucune matiere étrangere, éprouve une forte de décompofition. Il s'en fait une efpece d'analyfe fpontanée, qui ne le réduit pas, à la vérité, à fes premiers principes ; mais par laquelle il eft partagé en trois fubftances différentes, comme nous l'avons vu dans le procédé, fçavoir, en Crême ou partie butireufe & graffe, en fromage & en *ferum*, ou petit-Lait : ce qui marque que ces trois matieres dont eft compofé le Lait, ne font que mêlées & confondues, mais non pas intimement unies enfemble.

Les parties graffes, comme les plus légeres, s'élevent à la furface de la liqueur, à mefure qu'elles fe féparent d'avec les autres ; c'eft ce qui forme la Crême.

La Crême, telle qu'on la ramaffe à la fuperficie du Lait, où elle s'eft raffemblée, n'eft pas cependant la partie graffe ou butireufe pure ; elle eft encore mêlée avec une affez grande quantité de parties caféeufes & féreufes, qu'il faut féparer pour la réduire en Beurre. Le moyen le plus fimple, & en même temps le meilleur pour y parvenir, eft celui qui eft pratiqué journellement par les habitans de la campagne. Il confifte à

battre

battre la Crême dans un vaisseau destiné à cet usage, avec le plat d'un cercle de bois, dans le centre duquel est ajusté un manche. On pourroit croire que le mouvement imprimé à la Crême par cet instrument, seroit plutôt capable de mêler ensemble encore plus intimement les parties de beurre, de fromage & de petit-Lait dont elle est composée, que de les séparer les unes des autres, parcequ'il semble que ce mouvement ne peut que diviser & atténuer toutes ces parties; mais si on fait réflexion sur ce qui se passe dans cette occasion, on verra aisément qu'il n'en est pas du mouvement par lequel on fait le beurre, comme de la trituration : ce mouvement n'est, à proprement parler, qu'une compression réitérée, dont l'effet est d'exprimer d'entre les parties butireuses, le fromage & le *serum* qui y sont mêlés; & qui donne lieu par-là à ces parties de se rapprocher les unes des autres, & de s'unir ensemble.

Le Lait, soit qu'on en ait séparé la Crême ou non, s'aigrit de lui-même au bout de quelques jours, & se caille. Lorsqu'il est nouvellement caillé, le fromage & le petit-Lait paroissent unis,

& ne faire qu'une feule maffe; mais ces deux matieres fe féparent néanmoins d'elles-mêmes l'une de l'autre avec la plus grande facilité, & en affés peu de temps.

L'acidité fpontanée que contracte le Lait dans l'efpace de quelques jours, doit être regardée comme le produit d'un mouvement de fermentation qui développe dans cette liqueur un Acide qu'on n'y appercevoit point avant. Ç'eft, à proprement parler, une fermentation acide que fubit cette liqueur pour s'acheminer à la putréfaction, qui fuit d'affés près, fur-tout fi le Lait eft expofé à un air chaud.

Si au lieu de laiffer le Lait s'aigrir & fe cailler de lui-même, on y mêle un Acide lorfqu'il eft encore doux & nouvellement tiré de l'animal, il fe caille fubitement, ce qui donne lieu de croire que fa coagulation naturelle eft l'effet de l'Acide qui s'y développe lorfqu'il vieillit.

On peut encore accélérer confidérablement la coagulation du Lait, en le mettant fur un bain de fable d'une chaleur douce, ou en y mêlant un peu de ce qu'on appelle en langage de Laiterie,

Preſure, qui n'eſt autre choſe qu'un reſte de Lait caillé & demi digéré qu'on
trouve dans l'eſtomac des Veaux : ou
bien en employant en même temps l'un
& l'autre moyen ; ce qui produit encore
plutôt cet effet.

Il eſt très-facile de deviner la raiſon
de ces effets. La preſure, qui eſt un Lait
déja caillé & aigri , eſt par rapport au
Lait doux, un véritable ferment qui le
diſpoſe à tourner à l'aigre beaucoup plus
promptement ; car quoique le Lait dont
on a accéléré ainſi la coagulation par la
preſure, n'ait pas une ſaveur manifeſté-
ment acide , il eſt cependant certain
que ſon Acide commence à ſe dévelop-
per. La preuve en eſt, qu'expoſé à un
même degré de chaleur , avec du Lait
qui n'eſt pas plus vieux, & dans lequel
on n'aura pas mêlé ce ferment, il s'aigrit en beaucoup moins de temps. A
l'égard de l'effet que produit la chaleur
pour la coagulation du Lait, il n'a rien
d'étonnant. On ſçait combien elle favoriſe & accélére tous les mouvemens de
fermentation. Tout ceci ſe rapporte parfaitement, comme on voit, avec ce que
nous avons dit ailleurs ſur la fermentation.

T ij

Les Alkalis fixes coagulent auſſi le Lait ; mais ils ſéparent en même temps d'avec le petit Lait le fromage, qui nage en grumeaux dans la liqueur. Ils donnent au Lait une couleur rouſſe tirant ſur le rouge ; ce qui peut venir de ce qu'ils attaquent la partie graſſe.

La ſéparation du Lait en partie butireuſe, caſéeuſe & *ſerum*, eſt une eſpece d'analyſe du Lait imparfaite, ou ſimplement commencée. Il faut, pour la rendre complete, examiner chacune de ces ſubſtances ſéparément, & voir de quels principes elles ſont compoſées ; c'eſt ce que nous allons faire dans les procédés ſuivans.

II. PROCÉDÉ.

Analyſe du Beurre par la diſtillation.

METTEZ dans une cornue de verre la quantité de Beurre frais que vous voudrez diſtiller. Placez la cornue dans un fourneau de réverbere ; & après y avoir ajuſté un récipient, donnez d'abord un feu très-doux. Le Beurre ſe fondra, & il ſortira de la cornue quelques gouttes d'eau claire, ayant l'odeur propre du Beurre frais, & qui donneront quelques marques d'acidité. En augmentant un peu le feu, le Beurre paroîtra bouillir : il se formera une écume à sa surface, & le Phlegme qui continuera à couler prendra peu à peu l'odeur qu'on a coutume d'appercevoir lorsque l'on fait fondre du Beurre pour le conserver. Son acidité sera plus forte & plus marquée, que celle des premieres goutes qui auront passé.

Il s'élevera peu après, en augmentant encore un peu le feu, une Huile dont la fluidité est à peu près semblable à celle des Huiles grasses : mais cette Huile deviendra plus épaisse à mesure qu'elle distillera, & enfin se figera dans le récipient quand elle sera refroidie. Elle sera accompagnée de quelques goutes de liqueur, dont l'acidité sera toujours de plus en plus forte ; mais dont la quantité sera d'autant moindre, que la distillation s'avancera davantage.

Pendant que cette Huile épaisse distillera, le Beurre contenu dans la cornue, qui paroissoit bouillir au commencement de la distillation, sera tranquille, & n'aura aucun mouvement d'ébullition, quoique la chaleur soit alors beaucoup plus confidérable qu'elle n'étoit lorfqu'il bouilloit. Continuez la diftillation, en augmentant toujours peu à peu le feu, à mefure qu'il fera néceffaire pour faire monter l'huile épaiffe. Cette Huile ou plutôt cette efpece de Beurre, aura fur la fin une couleur rouffe. Il s'élevera en même temps que lui, des vapeurs blanches extrêmement vives & pénétrantes.

Lorfque la cornue étant bien rouge, vous verrez qu'il ne montera plus rien, laiffez refroidir les vaiffeaux, & les déluttez. Vous trouverez dans le récipient une liqueur aqueufe acide, une Huile fluide, & une efpece de Beurre roux figé. Après avoir caffé la cornue, vous y trouverez une matiere charboneufe dont la furface qui aura été contigüe au verre fera d'un noir brillant, & d'un poli très-vif.

REMARQUES.

L'analyfe du Beurre nous prouve que cette fubftance, qui eft une matiere huileufe fous la forme concréte, ne doit fa confiftence qu'à l'Acide avec lequel la partie huileufe eft combinée ; c'eft-à-dire, qu'il fuit la regle générale dont

nous avons déja parlé plusieurs fois, à
l'occasion des autres composés huileux,
que nous avons vu avoir une consistence d'autant plus ferme, qu'ils sont chargés d'une plus grande quantité d'Acide.
Les premieres portions d'Huile qui paf-
sent dans la distilation du Beurre, sont
fluides, parcequ'il s'en est séparé une
quantité assés considérable d'Acide; c'est
celui qui, mêlé avec le Phlegme, lui
donne l'acidité dont nous avons parlé.

Cette portion d'Huile dépouillée d'A-
cide, & rendue par-là fluide, monte la
premiere, parcequ'elle devient aussi,
par la même raison, plus légere. L'espece de Beurre qui passe ensuite, quoique
figé, n'a cependant pas, à beaucoup près,
autant de consistence qu'avant d'avoir
été distillé, parcequ'il a perdu aussi beaucoup de son Acide pendant la distillation. C'est celui qui monte sous la forme de vapeurs blanches. Ces vapeurs
sont au moins aussi piquantes & irritan-
tes que l'Acide sulphureux & les Alkalis volatils : leur odeur est cependant
différente de celle de ces deux substances salines; elle ressemble, ou plutôt
elle est la même que celle que l'on sent
lorsqu'on fait roussir & brûler du Beur-

re dans un vaisseau ouvert. Mais comme dans la distillation du Beurre, elles sont concentrées & rassemblées dans des vaisseaux fermés, elles sont infiniment plus fortes : elles irritent le gosier jusqu'à l'enflammer ; elles font sur l'odorat l'impression la plus vive, & blessent tellement les yeux, qu'ils deviennent rouges en très-peu de temps comme dans une *ophtalmie*, & qu'elles en tirent une quantité prodigieuse de larmes. Cet Acide ne doit sa grande volatilité qu'à une portion du phlogistique du Beurre avec lequel il est encore combiné.

On pourroit demander, pourquoi le Beurre, ou la partie huileuse du Lait, ayant la consistence d'une Huile figée, est plus chargé d'Acide que les Huiles des Végétaux dont est formé le Lait, ces Huiles étant presque toutes fluides ; ce qui marque qu'elles contiennent moins d'Acide avant, qu'après avoir été digérées dans le corps d'un animal. Cela doit paroître d'autant plus extraordinaire, que l'Acide contenu dans les liqueurs des animaux, y est émoussé & insensible, & par conséquent hors d'état de se combiner avec les Huiles végétales pour leur donner cette consistence.

Je crois qu'on trouvera facilement une réponse satisfaisante à cette question, en faisant attention, que les Huiles qui existent dans les Sucs végétaux dont se forme le Lait, ne sont pas combinées, à beaucoup près, avec tout l'Acide de ces mêmes végétaux, puisqu'il n'y a presque pas de plante qui ne fournisse beaucoup d'Acide, même sans le secours du feu. Or il y a tout lieu de croire, qu'un des principaux effets de la digestion, est de combiner & d'unir intimement avec les parties huileuses des Végétaux cet Acide, qui avant ne l'étoit point.

A mesure que nous avancerons dans l'analyse animale, nous serons convaincus que dans les différentes élaborations que souffrent les substances végétales, pour être changées en suc nourricier des animaux, la nature met tout en œuvre, pour chasser, détruire, ou tout au moins énerver & émousser à tel point les Acides, qu'ils soient absolument insensibles. Un des meilleurs moyens qu'elle puisse employer pour cela, c'est de les combiner & de les unir intimement avec les parties huileuses : c'est vraisemblablement ce qu'elle commence à faire dans

T v

la digeſtion. Elle ſe débarraſſe d'une bonne partie des Acides contenus dans les alimens, en les uniſſant ainſi avec les Huiles de ces mêmes alimens : de-là vient la conſiſtence du Beurre, qui eſt la partie graſſe du Lait, c'eſt-à-dire, d'une liqueur à moitié changée en Suc animal.

On trouve encore dans cette explication, la raiſon pour laquelle les perſonnes d'un tempérament foible & délicat, ſont ſi fort incommodées par les Acides. C'eſt que le mouvement & la chaleur ne ſont pas aſſés conſidérables chés elles, pour que la combinaiſon des Acides avec les Huiles ſe faſſe comme il convient. De-là vient, que pendant & après la digeſtion, elles reſſentent dans les premieres voies les mauvais effets des Acides ; ce qu'on appelle communément *avoir des aigreurs.* De-là vient auſſi, que ces perſonnes reçoivent beaucoup de ſoulagement par l'uſage des abſorbans, qui s'uniſſant à ces Acides & les neutraliſant, en débarraſſent la nature qui n'a pas eu aſſés de force pour s'en délivrer elle-même. Mais revenons à notre analyſe du Beurre.

Nous avons dit dans le procédé, que

le Beurre paroît bouillir à une chaleur
fort modérée dans le commencement de
la diftillation, & que dans le cours de
l'opération, cette ébullition ceffe entierement, quoique la chaleur foit alors
beaucoup plus forte : ce qui eft contraire à la regle ordinaire. Cela vient de ce
que le Beurre, quoique formant une feule maffe en apparence homogène, contient cependant encore des parties de
fromage & de petit-Lait. Ces parties de
petit-Lait, comme beaucoup plus légeres, font effort à la premiere impreffion
de la chaleur, pour fe débarraffer d'entre les parties butireufes, & paffer dans
la diftillation. Ce font elles qui forment
les premieres gouttes de Phlegme acidulé qui fortent d'abord, & qui en fe
débarraffant foulevent les parties de
Beurre, ou qui bouillent elles-mêmes
réellement, ce qui caufe l'ébullition
qu'on remarque d'abord. Lorfqu'elles
font une fois féparées, le Beurre fondu
demeure tranquille, & ne bout point.
Si on vouloit le faire bouillir ; il faudroit une chaleur beaucoup plus grande ; mais on ne pourroit lui faire éprouver dans les vaiffeaux fermés le degré
de chaleur néceffaire pour cela, fans

T vj

troubler toute la diſtillation; parcequ'à ce degré de chaleur, qui eſt bien fort, le Beurre ſeroit emporté en entier, & paſſeroit avec précipitation dans le récipient, ſans avoir ſouffert aucune décompoſition. On riſqueroit même de faire crever les vaiſſeaux s'ils étoient luttés.

A l'égard des parties caſéeuſes qui ſont mêlées avec le Beurre frais, elles s'en ſéparent auſſi dans le commencement de la diſtillation, lorſque le Beurre eſt fondu, & ſe raſſemblent à ſa ſurface en en forme d'écume. Ces parties de fromage & de petit-Lait, qui ſont hétérogènes au Beurre, contribuent à le faire corrompre plutôt. C'eſt pourquoi, lorſqu'on veut le conſerver long-temps ſans le ſaler, on le fait fondre; ce qui fait évaporer les parties aqueuſes. La plus légere portion des parties caſéeuſes s'éleve à la ſurface, & on l'enléve comme une écume, & le reſte demeure au fond du vaiſſeau. On en ſépare facilement le Beurre en le décantant lorſqu'il eſt encore fluide.

On peut auſſi faire la diſtillation du Beurre, en l'incorporant avec quelque intermède qui ne fourniſſe aucun principe & ne retienne aucun de ceux de cette

subſtance. Je l'ai fait auſſi de cette façon,
en me ſervant pour interméde de ſablon
fin: elle réuſſit très-bien de cette maniere : elle eſt même plutôt achevée, &
plus aiſée à conduire; mais j'ai donné
par préférence la deſcription de celle
qui ſe fait ſans interméde, parcequ'on
obſerve beaucoup mieux les différens
changemens qui arrivent au Beurre dans
la cornue pendant l'opération.

Si on vouloit réduire entierement en
Huile tout le Beurre, il faudroit prendre la matiere figée qui eſt dans le récipient, & la rediſtiller encore une ou
pluſieurs fois, ſuivant le degré de fluidité qu'on voudroit lui donner. Il en eſt
de cette matiere, comme de toutes les
autres Huiles épaiſſes, qui deviennent
d'autant plus fluides, qu'on les diſtille
un plus grand nombre de fois, parcequ'à chaque diſtillation une partie de
l'Acide à qui elles doivent leur conſiſtence en eſt ſéparé.

III. PROCÉDÉ.

Analyſer par la diſtillation la partie caſéeuſe du Lait.

METTEZ dans une cornue de verre du Fromage nouvellement fait, dont tout le petit-Lait ſera exactement égoutté, & que vous aurez même preſſé dans un linge, pour en faire ſortir toute l'humidité. Diſtillez-le comme le Beurre. Il ſortira d'abord un Phlegme acidulé, ayant l'odeur de Fromage ou de petit-Lait. A meſure que la diſtillation avancera, l'acidité de ce Phlegme augmentera.

Lorſqu'il commencera à ne diſtiller que fort lentement, augmentez le feu. Il paſſera une Huile jaune un peu empyreumatique. Continuez la diſtillation, en augmentant toujours le feu par degrés, à meſure qu'il en ſera beſoin. L'Huile & le Phlegme acide continueront à diſtiller; le Phlegme en devenant toujours plus acide, & l'Huile plus colorée & empyreumatique. Il paſſe à la fin, lorſque la cornue eſt preſque rouge, une ſeconde Huile noire, épaiſſe comme de la Thérébentine, fort empyreumatique, & qui va fous l'eau. Il refte dans la cornue une quantité confidérable de matiere charboneufe.

REMARQUES.

Le Fromage fimplement égoutté jufqu'à ce qu'il n'en forte plus de petit-Lait, n'en eft pas entierement privé pour cela. C'eft pour cette raifon que nous avons prefcrit de le preffer dans un linge, avant de le mettre dans la cornue pour le diftiller. Si on n'avoit pas cette précaution, ce petit-Lait s'en fépareroit de lui-même en affés grande quantité, auffitôt qu'il fentiroit la chaleur; & au lieu de faire l'analyfe du fromage feul, on feroit en même temps celle du petit-Lait. Ceci doit s'entendre du Fromage frais & nouvellement fait; car fi on le laiffoit vieillir, il fe deffécheroit de lui-même à la longue; mais alors on n'en retireroit point les mêmes principes dans la diftillation, parcequ'il fe corrompt, & qu'il commence à fe putréfier au bout d'un certain temps, fur-tout lorfqu'on n'y a point mêlé d'affaifonnemens propres à le conferver.

Le premier Phlegme qui monte dans

cette diſtillation, eſt de même que dans celle du Beurre, une portion de petit-Lait qui reſte dans le Fromage, nonobſtant qu'on l'ait bien preſſé avant.

Ce Phlegme devient de plus en plus acide, parcequ'il eſt le véhicule des Acides du Fromage, qui paſſent avec lui à meſure qu'ils ſont enlevés par le feu.

L'Acide qu'on retire de cette matiere eſt en moindre quantité & moins fort que celui du Beurre : auſſi l'Huile qui ſort du Fromage n'eſt-elle pas figée comme celle du Beurre. Il eſt cependant remarquable, que la derniere Huile empyreumatique, qui eſt épaiſſe comme de la Thérébentine, eſt plus peſante que l'eau ; propriété qu'elle doit vraiſemblablement à la quantité d'Acide dont elle eſt chargée.

La matiere charboneuſe qui reſte dans la cornue après la diſtillation du Fromage, eſt beaucoup plus abondante que celle que laiſſe le Beurre : ce qui prouve que ce premier compoſé contient une beaucoup plus grande quantité de terre. Ces charbons ſont extrêmement difficiles à brûler & à réduire en cendre. Je les ai tenus rouges à l'air libre dans un très-grand feu pendant

plus de six heures, en les remuant continuellement, pour faire brûler à la surface les parties qui étoient dessous, sans
avoir pu les consumer entierement. Ils
ont encore détonné avec le Nitre après
cela, comme s'ils n'avoient souffert aucune combustion ; & néanmoins pendant
tout le temps de cette calcination, il y
avoit eu à la surface de la matiere une petite flamme charboneuse.

IV. PROCÉDÉ.

Analyse du petit-Lait.

FAITES évaporer au bain-marie deux
ou trois pintes de petit-Lait presque
jusqu'à siccité ; & distillez l'extrait ou ré-
sidü dans une cornue, au fourneau de
réverbere, à une chaleur graduée, suivant la regle générale. Il sortira d'abord
du Phlegme, un Esprit acide de couleur
de citron, puis une Huile assés épaisse.
Il restera dans la cornue une matiere
charboneuse, qui étant exposée à l'air,
s'y humecte. Lessivez - la avec de l'eau
de pluie, & faites évaporer cette lessive, vous en retirerez des cristaux de
Sel marin. Faites sécher & brûler à l'air

libre, à grand feu, la matiere charboneuſe, juſqu'à ce qu'elle ſoit réduite en
cendres. La leſſive de cette cendre donnera des indices d'Alkali fixe.

REMARQUES.

Le Lait, comme nous l'avons dit, ſe
partage de lui-même, & naturellement,
en trois ſortes de ſubſtances, dont les
analyſes réunies forment une analyſe
complete de cette liqueur animale. Je
ne connois aucun Auteur qui ait donné
l'analyſe du Beurre & du Fromage: auſſi
les procédés qui contiennent ces analyſes ſont d'après les expériences que j'ai
cru devoir faire moi-même pour acquérir ſur cette matiere toutes les connoiſſances néceſſaires. A l'égard de l'analyſe
du petit-Lait, je l'ai tirée d'un Mémoire
de M. Geoffroy, qui contient des expériences ſur diverſes ſubſtances animales,
imprimé en 1732. Cette analyſe y eſt
très-bien décrite & circonſtanciée; ainſi
il étoit inutile de la refaire.

On peut ſe convaincre, en examinant les trois analyſes des ſubſtances qui
compoſent le Lait, qu'aucune d'elles ne
fournit d'Alkali volatil: ce qui me paroît digne de remarque; attendu que

c'eſt, je crois, la ſeule matiere animale dont on ne retire point de cette eſpece de Sel. Il eſt vrai que le Lait des animaux qui ne ſe nourriſſent que de végétaux, peut être conſidéré comme une liqueur qui tient le milieu entre les ſubſtances végétales & animales ; comme un ſuc animal qui n'eſt encore qu'ébauché, & qui tient beaucoup du végétal : on remarque, en effet, que le Lait conſerve preſque toujours, au moins en partie, les propriétés des plantes qu'ont mangé les animaux dont il eſt tiré. Cependant, comme il ne peut être formé dans le corps de l'animal, ſans être mêlé avec pluſieurs des ſucs, entierement travaillés, & devenus matieres purement animales, il doit paroître étonnant qu'il ne fourniſſe dans ſon analyſe aucun veſtige du principe que donnent en quelque ſorte le plus abondamment toutes les autres matieres animales.

Je crois qu'on peut trouver la raiſon de cela, en faiſant attention à l'uſage auquel le Lait eſt deſtiné. Il eſt fait pour ſervir d'aliment à des animaux de même eſpece que ceux dans le corps deſquels il eſt produit. Par conſéquent, il doit être analogue, le plus qu'il eſt poſ-

fible, aux fucs des alimens qui conviennent à ces mêmes animaux. Or comme
les animaux qui ne vivent que de végétaux, ne feroient pas nourris comme il
convient par des matieres animales,
pour lefquelles la nature leur a même
donné de l'averfion, il n'eft pas étonnant que le Lait de ces fortes d'animaux
foit exempt du mêlange de toutes matieres auimales, qui ne conviennent
point aux petits aufquels il doit fervir
de nourriture. Il y a donc lieu de croire, que la nature a difpofé les organes
où fe fait la fécrétion du Lait, de maniere qu'il eft exactement féparé de tous
les fucs animaux avec lefquels il a d'a-
bord été mêlé : & c'eft - là la principale
différence qu'il y a, je crois, entre le
Lait & le chyle ; ce dernier étant néceffairement confondu avec la falive,
les fucs gaftriques & pancréatiques, la
bile & la limphe des animaux dans lefquels il eft formé. De-là on peut conclure, que fi on raffembloit une affés
grande quantité de chyle pour en faire
commodément l'analyfe ; cette analyfe
différeroit de celle du Lait, principalement en ce qu'il fourniroit beaucoup
d'Alkali volatil, le Lait, comme nous

l'avons déja dit, n'en fournissant point du tout.

La même chose a vraisemblablement lieu dans les animaux carnaciers. Il est certain que ces animaux ne mangent volontiers que la chair de ceux qui ne vivent que de végétaux, & qu'il n'y a qu'une grande faim, & la disette absolue des alimens qui leur conviennent, qui peut les forcer à manger la chair d'autres animaux carnaciers. Les loups qui dévorent avec avidité les moutons, les chévres, &c. ne mangent point ordinairement de renards, de chats, de fouines, quoique ces animaux ne soient pas assés forts pour leur résister. Les renards, les chats & les oiseaux de proie qui font une si terrible guerre à la volaille & au Gibier, ne se donnent point la chasse mutuellement. Cela posé, il y a lieu de croire que le Lait des animaux carnaciers tient de la nature de la chair des animaux non carnaciers dont ils se nourrissent, & non pas de celle de la leur propre, de même que le Lait des animaux qui vivent des végétaux, est analogue aux sucs végétaux, & ne fournit point dans l'analyse d'Alkali volatil comme toute autre substance tirée de leurs corps.

Mais de quelque nature que soit le Lait, & de quelques matieres qu'il soit formé, il contient toujours les trois substances distinctes dont nous avons parlé: la partie butireuse, ou grasse, proprement dite, la caséeuse, & la séreuse. C'est à l'examen de cette derniere que nous en sommes. Elle est, à proprement parler, le Phlegme du Lait, & n'est composée presqu'entierement que d'eau. C'est pour cela qu'il est à propos de faire d'abord réduire considérablement, par l'évaporation, le petit-Lait, dont les autres principes concentrés & réunis par-là, deviennent beaucoup plus sensibles. On ne risque pas de perdre par cette évaporation aucune partie essentielle du petit-Lait, en la faisant au bain-marie, à une chaleur douce, qui n'enleve que les parties aqueuses, & abrége beaucoup cette analyse, qui seroit extrêmement longue & ennuyeuse, s'il falloit faire passer toute cette eau par la distillation dans les vaisseaux fermés.

Comme le petit-Lait, ainsi que nous venons de le dire, est principalement la partie aqueuse du Lait, il doit contenir les autres principes du Lait qui sont dissolubles dans l'eau ; c'est-à-dire, ce

qu'il a de falin & de favoneux ; auffi
fon analyfe démontre-t-elle qu'il contient une Huile réduite par un Acide
dans un état parfaitement favoneux ,
c'eft-à-dire , rendue intimement mifcible avec l'eau. Cette qualité de l'Huile
contenue dans le petit-Lait , eft prou-
vée par la parfaite diaphanéité de cette
liqueur , qui, comme on fçait, eft la
marque d'une diffolution complete. Lorfqu'on diftille le petit-Lait , la matiere favoneufe qu'il contient fe décompofe ; la
partie faline de cette matiere monte la
premiere comme la plus légere , c'eft
l'Acide dont nous avons parlé dans le
procédé ; après quoi , l'Huile féparée
d'avec le principe qui la rendoit mifcible avec l'eau, paffe fous fa forme naturelle , & ne fe remêle plus davantage
avec la partie aqueufe.

Outre la matiere favoneufe, le petit-
Lait contient auffi une autre fubftance
faline ; je veux dire, le Sel marin qu'on
retire par la leffive du réfidu refté dans
la cornue, après la diftillation , & qui
ne peut paffer dans la diftillation avec
les autres principes, à caufe de fa fixité.
C'eft ce Sel qui eft caufe que ce qui refte dans la cornue après la diftillation ,

s'humecte à l'air ; car on sçait que le Sel marin bien sec a cette propriété.

Le Sel alkali fixe qu'on retire du *caput mortuum*, après l'avoir réduit en cendres par la combustion, prouve que le Lait tient encore beaucoup de la nature végétale : car nous allons voir dans les analyses suivantes, que les matieres purement animales n'en fournissent point.

CHAPITRE II.

DES SUBSTANCES QUI COMPOSENT LE CORPS DE L'ANIMAL.

PREMIER PROCEDÉ.

Analyse du Sang. Soit pris pour exemple le Sang de Bœuf.

FAITES évaporer au bain-marie toute l'humidité du sang, que la chaleur de ce bain, portée jusqu'au degré de l'eau bouillante, pourra enlever. Il restera une matiere presque séche. Mettez ce sang desséché dans une cornue de verre, & distillez à une chaleur graduée,

jusqu'à

jufqu'à ce que la cornue étant très-rouge, & prête à fe fondre, il n'en forte
plus rien. Il montera d'abord un Phlegme rouſſâtre, qui fe chargera bientôt
d'un peu d'Alkali volatil ; enſuite une
Huile jaune, un Efprit volatil très-pé-
nétrant, un Sel volatil en forme concrete, qui s'attachera aux parois du récipient ; enfin une Huile noire & épaiſ-
fe comme de la poix. Il reſtera dans la
cornue une matiere charboneuſe, qui,
brûlée, ne donne point d'Alkali fixe.

REMARQUES.

Le fang qui eſt porté par la circula-
tion dans toutes les parties du corps de
l'animal, & qui fournit la matiere de
toutes les fécrétions, doit être confidé-
ré comme une liqueur compofée de
prefque tous les fluides néceſſaires à la
machine animale : ainfi fon analyfe eſt
une efpece d'ébauche de toute l'analyfe
animale.

Le fang forti du corps d'un animal,
& mis en repos dans quelque vaiſſeau,
fe coagule en fe refroidiſſant ; & quelque temps après, il fe fépare de ce *coagulum* une férofité ou limphe jaunâtre,
au milieu de laquelle nage la partie rou-

ge qui demeure caillée. Ces deux fubftances fourniffent à peu près les mêmes
principes dans l'analyfe , & paroiffent en
cela différer peu l'une de l'autre. Quoique la féroſité du ſang ſoit naturellement ſous la forme fluide , elle a cependant beaucoup de diſpoſition à ſe coa-
guler auſſi : il ſuffit pour cela qu'elle
éprouve un certain degré de chaleur ,
ſoit dans l'eau , ſoit à feu nud. Le mêlange de l'Eſprit-de-vin produit ſur cette liqueur le même effet que la chaleur.

Le ſang , tel qu'il eſt quand il circule
dans le corps de l'animal ſain , & lorſqu'il en eſt nouvellement ſorti , a une
ſaveur douce , dans laquelle on ne démêle rien d'approchant de l'Acide ni de
l'Alkali ; auſſi , dans toutes les épreuves
chymiques , ne donne-t-il aucun indice
de l'une ni de l'autre de ces matieres ſalines. Il ſe développe , quand on le goû-
te attentivement , une petite ſaveur de
Sel marin , parcequ'il en contient effectivement un peu , qu'on retrouve dans
la matiere charboneuſe qui reſte dans la
cornue après la diſtillation , ſi on l'exa-
mine avec ſoin.

Nous avons vu que le Lait contient
auſſi un peu de ce Sel. Il entre dans les

animaux avec les alimens dont ils se nourrissent , qui en contiennent une quantité plus ou moins grande , suivant leur nature. Il ne reçoit, comme on voit , aucune altération en subissant les digestions, & en passant par les couloirs des parties animales. Il en est de même des autres Sels neutres qui ont pour base un Alkali fixe : on les retrouve entiers dans les liqueurs des animaux dans lesquels ils ont été introduits. Ils ne peuvent, comme les Acides, se combiner avec les parties huileuses : ainsi ils sont dissous dans les liqueurs aqueuses , & la nature se sert de ces liqueurs pour s'en débarrasser , & les faire sortir hors du corps , comme nous le verrons lorsque nous parlerons de l'Urine & de la Sueur.

Le sang , de même que toutes les autres matieres animales , n'est, à proprement parler, susceptible que de putréfaction. Il commence cependant par s'aigrir un peu avant de se putréfier. Cette espece de petite fermentation acide est encore plus sensible dans la chair, surtout dans celle des jeunes animaux , tels que les veaux , les agneaux , les poulets, &c.

La quantité d'eau pure que contient le fang dans fon état naturel, eft très-confidérable ; elle en fait prefque les fept huitiemes. Si on le diftilloit fans l'avoir defféché, l'opération feroit beaucoup plus longue, parcequ'il faudroit d'abord faire monter à petit feu tout ce Phlegme infipide. On ne doit pas craindre, en faifant ainfi deffécher le fang dans des vaiffeaux ouverts, d'emporter quelques-uns de fes autres principes avec fon Phlegme, parcequ'il ne contient que cette feule fubftance qui foit affez volatile pour s'élever à la chaleur du bain-marie. On peut s'en affurer, en mettant du fang non defféché dans une cucurbite de verre, garnie d'un chapiteau & d'un récipient : & faifant diftiller au bain-marie tout ce que la chaleur de ce bain, qui n'excede point celle de l'eau bouillante, pourra emporter, on ne trouvera dans le récipient, lorfqu'il ne montera plus rien, qu'un Phlegme infipide, qui ne differe guères de l'eau pure, que par une légere odeur femblable à celle du fang, & qui reffemble en cela à tous les Phlegmes qui viennent les premiers dans les diftillations, lefquels retiennent quelque chofe de l'odeur des matieres dont ils font féparés. Ce qui refte du fang dans la cucurbite après la premiere diftilla-tion, mis dans une cornue pour être diftillé à un feu plus fort, fournit préci-fément les mêmes principes, & dans la même proportion, que le fang qui a été defféché au bain-marie dans des vaif-feaux ouverts. Si donc ce Phlegme du fang contient quelques-uns de fes prin-cipes, il y eft en fi petite quantité, qu'il n'eft prefque pas fenfible.

L'Alkali volatil, qui monte avec l'Huile, lorfqu'on diftille le fang dans une cornue, à un degré de chaleur fu-périeur à celui de l'eau bouillante, eft ou l'ouvrage du feu, ou vient de la dé-compofition d'un Sel ammoniacal dont il faifoit partie : car nous verrons, en parlant de cette fubftance faline, qu'el-le eft d'une fi grande volatilité, qu'elle l'emporte de ce côté-là fur prefque tou-tes les autres fubftances connues. Ainfi, fi l'Alkali volatil exiftoit tout formé dans le fang, & qu'il ne fût lié avec au-cune autre matiere capable de le fixer en partie, il monteroit d'abord prefque de lui-même, à la premiere impreffion de la chaleur la plus douce. Nous avons un exemple de cela dans le fang , ou toute autre matiere animale entierement putréfiée , qui contenant un Alkali volatil tout formé, ou développé par la putréfaction , laiffent échapper ce principe , même avant le premier Phlegme, lorfqu'on les diftille : auffi , pour faire l'analyfe du fang putréfié , il faut bien fe garder de le faire deffécher comme le fang frais avant de le diftiller ; car on perdroit tout cet Alkali volatil , qui fe diffiperoit d'abord.

L'Alkali volatil qu'on retire du fang qui n'a pas fubi de putréfaction , donne matiere à quelques réflexions. Ce Sel, à la vérité, ne fe dégage du fang qu'à un degré de chaleur infiniment fupérieur à celui qui eft néceffaire pour le faire monter lorfqu'il eft tout formé & développé ; ce qui donne lieu de croire qu'il eft le réfultat d'une combinaifon faite par le feu même dans le temps de la diftillation ; mais ce même degré de chaleur ne dégage point, & ne forme point d'Alkali volatil dans une infinité de plantes , & dans le Lait , ainfi que nous l'avons vu. On ne peut cependant douter que le fang des animaux qui ne vivent que de ces plantes ou de Lait ,

ne ſoit autre choſe que ces mêmes matieres digérées & devenues ſubſtances
parfaitement animales. De-là il faut conclure, que les ſubſtances végétales, en
devenant animales, éprouvent des changemens qui les rendent capables de fournir dans l'analyſe, un principe qu'on n'y
appercevoit point avant. Or on ſçait que
ce principe, je veux dire l'Alkali volatil, eſt le produit de la putréfaction;
ou, ce qui eſt la même choſe, du dernier degré de la fermentation; ce qui
me paroît donner plus que de la vrai-
ſemblance au ſentiment de ceux qui
croient que la trituration & le mouvement méchanique ne ſont pas les ſeules
cauſes qui contribuent à convertir les
alimens en ſuc animal, & que la fermentation a beaucoup de part à ce changement. Il eſt vrai qu'on ne trouve dans
les matieres animales, ni Eſprit ardent,
ni Acide, ni Alkali volatil développés;
aucune ſubſtance, par conſéquent, qui
ſoit un produit marqué de la fermentation dans ſes différens degrés : cependant, comme les matieres parfaitement
animales ſont préciſément au même
point que les matieres végétales qui ont
éprouvé le premier, & même le ſecond

V iv

degré de la fermentation, ensorte qu'elles ne sont plus susceptibles que de putréfaction, ou du moins que si elles donnent d'abord quelques marques d'Acide, ce n'est que pour passer aussitôt & avec rapidité à une putréfaction complete; il n'en est pas moins probable que les matieres végétales éprouvent, pour devenir animales, des changemens & des altérations qui ont quelque ressemblance avec ceux que produit la fermentation.

Ce sentiment est encore confirmé par deux autres analogies qu'ont les matieres animales avec les Végétaux parvenus au dernier degré de la fermentation. C'est de ne fournir ni Huile essentielle, ni Alkali fixe; car le charbon qui reste dans la cornue après la distillation du sang, étant brûlé à feu ouvert, ne laisse point appercevoir d'Alkali fixe dans ses cendres.

Ce défaut d'Alkali fixe dans les matieres animales, vient de ce que leur Acide est à peu près dans le même état que celui des substances végétales qui ont subi la putréfaction ; c'est-à-dire, qu'il est subtilisé & atténué de maniere, qu'il devient propre à former la combinaifon de l'Alkali volatil, & qu'il n'a plus avec la terre fixe une liaifon affez intime pour former avec elle l'Alkali fixe par la combuftion.

Quoique le fang & les autres matieres animales ne fourniffent pas d'Alkali fixe, & donnent au contraire beaucoup d'Alkali volatil, il ne s'enfuit pas cependant pour cela, que tout l'Acide que ces fubftances contenoient avant d'avoir fubi la métamorphofe animale, foit employé à la production de l'Alkali volatil. Nous parlerons ci-après d'une matiere animale qui contient beaucoup d'Acide; & pour ne pas fortir du fujet que nous traitons à préfent, il ne me paroît pas décidé entre les Chymiftes, fi le fang fournit ou non dans fon analyfe une portion d'Acide développé, & ayant toutes fes propriétés.

M. Boerhaave, & quelques autres Chymiftes, ne font aucune mention d'Acide dans l'analyfe du fang. M. Homberg, au contraire, dit expreffément (*) avoir retiré conftamment de l'Acide du fang & de la chair de différentes fortes d'animaux, dans un grand nom-

(*) Mémoires de l'Académie des Sciences, année 1712.

bre d'analyſes qu'il en a faites. L'autorité de M. Boerhaave eſt reſpectable & d'un grand poids. D'un autre côté, les expériences de M. Homberg ſont bien ſuivies, paroiſſent faites avec grand ſoin, & ſont toutes poſitives. Cette diverſité apparente dans les mêmes analyſes rapportées par ces deux grands Hommes, m'a déterminé à faire moi-même l'analyſe du ſang, & à examiner ſcrupuleuſement tous les principes qu'il fournit.

J'ai donc diſtillé du ſang de bœuf dans une cornue, à feu gradué. Il en eſt ſorti d'abord du Phlegme, enſuite un Eſprit volatil. J'ai changé de récipient ; & en augmentant le feu, il a paſſé avec l'Eſprit volatil, une Huile jaune, un Sel volatil en forme concrete, une liqueur rouſſe qui a une forte odeur d'Alkali volatil, & qui ne paroît d'abord qu'un Eſprit chargé de beaucoup de ce Sel ; enfin, une Huile fœtide fort épaiſſe.

C'eſt dans cette liqueur rouſſe qui paſſe à la fin de la diſtillation, que M. Homberg aſſure qu'eſt contenu l'Acide, mais comme il eſt certain qu'elle eſt auſſi très-chargée d'Alkali volatil, il prétend qu'elle contient en même temps, & l'Alkali volatil , & l'Acide animal ; que ces deux Sels font féparés l'un de l'autre , & non pas unis enfemble fous la forme d'un Sel ammoniacal ; qu'ils ont par conféquent l'un & l'autre leurs propriétés ; & que cette liqueur eft en même temps acide & alkaline ; qu'elle fait effervefcence avec les Acides , & qu'elle rougit les couleurs bleues des plantes.

A l'égard de la propriété alkaline de cette liqueur , elle eft très-fenfible , & fe manifefte dans toutes les épreuves chymiques ; mais il n'en eft pas de même de fa propriété acide. J'en ai verfé fur du papier bleu , dont la couleur n'a d'abord été changée en aucune maniere ; & qui n'a pris aucune nuance de rouge. Cette expérience alloit me décider , & j'étois prêt à conclure que M. Homberg s'étoit trompé , lorfque quelque temps après je m'apperçus que le papier bleu commençoit à devenir rouge dans l'endroit qui avoit été mouillé , & que ce rouge devenoit de plus en plus vif, à mefure que le papier fe féchoit ; ce qui m'a fait connoître que cette liqueur contient effectivement un Acide , ainfi que M. Homberg l'a avancé ; mais que l'Alkali volatil étant dans cette même liqueur en bien plus grande quantité que l'Acide, s'étoit d'abord appliqué fur le papier, & avoit empêché l'Acide de le rougir, comme cela a coutume d'arriver ; & qu'après que cet Alkali s'étoit diffipé & évaporé, l'Acide avoit agi & produit fon effet ordinaire. On voit par-là, que l'Acide du fang, quoique développé par la diftillation, n'eft cependant pas apperçu d'abord facilement, à caufe de la grande quantité d'Alkali volatil dont eft chargée la liqueur qui le contient. C'eft apparemment ce qui a empêché plufieurs Chymiftes, qui vraifemblablement ne le foupçonnoient pas, & ne le cherchoient pas, de l'appercevoir.

M. Homberg n'a point averti de cette petite difficulté dans fon Mémoire. Il rapporte cependant une expérience qui devoit le faire foupçonner. C'eft dans l'analyfe du fang humain. Comme l'Acide eft apparemment en moindre quantité, & encore moins fenfible dans ce fang, que dans celui des animaux qui ne vivent que de végétaux, il prefcrit de diftiller une feconde fois la liqueur rouffe, qui contient en même temps l'Alkali

volatil & l'Acide, jufqu'à ce qu'il n'en
refte plus que fort peu dans la cornue.
Ce réfidu, dit-il, *contient un Acide développé très-fenfible.* Il y a lieu de croire que puifque M. Homberg prefcrit
cette feconde diftillation de la liqueur
faline, il n'a pas trouvé que l'Acide y
y fût fuffifamment fenfible d'abord. Or
cette feconde diftillation eft un très-bon
moyen de le rendre beaucoup plus fenfible ; car qu'arrive-t-il dans cette occafion ? Quoique cet Acide animal foit
volatil , l'Alkali volatil l'eft cependant infiniment davantage que lui. Ainfi, fi on foumet à la diftillation une
liqueur qui contienne l'une & l'autre
de ces fubftances falines , l'Alkali volatil doit monter le premier, & l'Acide
reftera feul, ou prefque feul , au fond de
la cornue, quand l'Alkali volatil aura
été ainfi enlevé. C'eft précifément notre
expérience du papier bleu , fur lequel
cette opération fe fait en petit, & beaucoup plus promptement , comme on
peut le voir par ce que nous en avons
dit.

Quant à ce que l'Alkali volatil &
l'Acide animal, quoique confondus dans
une même liqueur, ne font cependant

point unis enfemble & réduits en un Sel
neutre ammoniacal ; cela n'a rien qui
doive paroître furprenant. M. Homberg
prétend que ces deux matieres falines
n'agiffent pas l'une fur l'autre , à caufe
qu'elles font trop déphlegmées. Les parties huileufes dont elles font chargées
l'une & l'autre , peuvent auffi y contribuer beaucoup ; & cela n'eft pas fans
exemple, puifqu'il en eft de même de
l'Acide & de l'Alkali volatil de plufieurs
fubftances végétales.

M. Homberg ayant foupçonné , avec
raifon , qu'il pourroit y avoir de la différence entre l'état de l'Acide du fang
des animaux qui ne vivent que de végétaux , & ceux qui ne mangent que de
la chair des autres animaux , a examiné
auffi par l'analyfe , le fang ou la chair
de quelques animaux carnaciers. Il y a
trouvé auffi de l'Acide , & il ne paroît
pas qu'il ait obfervé une différence bien
confidérable , à cet égard , de ce fang
avec celui des autres animaux. La différence qu'il a remarquée entre le fang des
jeunes animaux & celui des adultes , ou
vieux , par rapport à l'Acide , paroît,
fuivant ce qu'il en dit , plus confidérable ; le fang de ces premiers en conte-

nant beaucoup plus que celui des autres , & cela eſt d'autant plus vraiſemblable , qu'on ſçait que la chair des jeunes animaux s'aigrit plus ſenſiblement avant de ſe putréfier , que celle des vieux.

Nous finirons cet article par une remarque qui concerne la manipulation de la diſtillation du ſang. Lorſque cette diſtillation eſt parvenue juſqu'à un certain point , la matiere contenue dans la cornue ſe gonfle ſouvent à un tel point , qu'elle bouche entierement le col de ce vaiſſeau : ce qui eſt cauſe qu'il ſe briſe alors avec exploſion. Pour éviter cet inconvénient , il ne faut mettre que très-peu de ſang dans la cornue , & conduire le feu avec beaucoup d'attention. J'ai remarqué auſſi , qu'en le mêlant avec quelque matiere qui ne puiſſe fournir dans la diſtillation aucun principe , tel que du verre pilé , ou du ſablon fin , cet accident n'arrive pas ordinairement.

II. PROCÉDÉ.

Analyse de la Chair. Soit prise pour exemple la chair de bœuf.

METTEZ dans un alembic, ou dans une cornue au bain-marie, un morceau de chair de bœuf maigre, & dont vous aurez exactement séparé toute la graisse. Distillez, jusqu'à ce qu'il ne monte plus rien. Il passera dans cette premiere distillation un Phlegme, dont le poids sera au moins la moitié de la masse de chair distillée. Il restera dans la cornue une matiere presque seche, que vous ferez distiller ensuite à feu nud au fourneau de réverbere, avec les précautions ordinaires. Il montera d'abord un peu de Phlegme chargé d'Alkali volatil, ensuite de l'Alkali volatil en forme concrete, qui s'attachera aux parois du vaisseau, & une Huile épaisse. Il restera dans la cornue, après la distillation, un charbon noir luisant & léger. Brulez-le à feu ouvert, réduisez-le en cendres ; faites la lessive de ces cendres : l'eau qui les aura lessivées n'aura aucune propriété alkaline , mais donnera des marques qu'elle eſt chargée d'un peu de Sel marin.

REMARQUES.

Cette analyſe de la chair de bœuf eſt tirée d'un Mémoire de M. Geoffroy, donné en 1730. & qui a pour objet l'examen chymique des viandes qu'on emploie ordinairement en bouillon. La chair d'un animal, comme on le voit par ce qui eſt rapporté dans le procédé, fournit à peu près les mêmes principes que le ſang; & cela doit être ainſi, puiſqu'elle n'eſt formée que des matériaux qui lui ſont fournis par le ſang.

M. Geoffroy remarque, que le premier Phlegme qu'on en retire au bain-marie, fait un précipité blanc dans la diſſolution de Sublimé corroſif : ce qui indique qu'il contient un peu d'Alkali volatil; mais il faut que ce Sel ſoit en bien petite quantité, puiſque le Phlegme qui le contient n'a que l'odeur du bouillon, & point celle d'Alkali volatil dont un atôme cependant eſt, comme on ſçait, capable d'affecter l'odorat très-ſenſiblement. A l'égard de l'Acide de la chair, il y a tout lieu de croire, qu'il est dans le même état que celui du sang.

Les cendres qui proviennent du *caput mortuum* de la chair brûlée à feu ouvert, attirent l'humidité de l'air, selon la remarque de M. Geoffroy, & augmentent de poids, quoiqu'elles ne contiennent point d'Alkali fixe. Cela n'a cependant rien de surprenant, attendu qu'elles contiennent du Sel marin, lequel, comme on sçait, a la propriété de s'humecter à l'air.

La chair des animaux contient beaucoup de matiere dissoluble dans l'eau. M. Geoffroy a examiné séparément cette partie de la chair que l'eau peut dissoudre. Il a fait cuire pour cela quatre onces de chair de bœuf dans un vaisseau bien fermé, avec trois chopines d'eau ; & la cuisson ayant été répétée six fois avec pareille quantité de nouvelle eau, pour tirer, autant qu'il est possible, tout le suc de cette viande, il a rassemblé tous ces bouillons, dont les derniers n'avoient plus qu'une odeur d'eau de veau très-légere. Ils ont été évaporés à feu lent, & filtrés vers la fin de l'évaporation, pour en séparer une portion terreuse, & il est resté dans le

vaiſſeau un extrait médiocrement ſolide, qui s'humectoit à l'air très - facilement. Cet extrait a fourni dans ſon analyſe, un gros deux grains de Sel volatil
attaché aux parois du récipient, non pas
en ramifications , comme le ſont ordinairement les Sels volatils, mais en criſtaux plats, formés la plupart en parallélepipedes. L'Eſprit & l'Huile qui ſont
venus enſemble après le Sel volatil, pe-
ſoient trente - huit grains. Le Sel Alkali
du Tartre mêlé avec ce Sel volatil , a
paru augmenter ſa force ; ce qui pourroit
faire ſoupçonner que ce dernier contient
un Sel ammoniacal.

La matiere charboneuſe reſtée dans
la cornue , ne peſoit plus que ſix grains.
Sa leſſive a donné des marques de Sel
marin, en précipitant en blanc la diſſolution de Mercure. La maſſe des fibres
de chair de bœuf épuiſée par les ébullitions, & deſſéchée étant analyſée de la
même maniere, a donné de l'Eſprit volatil, un Sel volatil en forme concréte qui s'eſt attaché aux parois du récipient en ramifications comme à l'ordinaire, & une Huile épaiſſe fœtide. Il eſt
reſté dans le récipient une matiere charboneuſe, qui brûlée à feu ouvert , ou

non brûlée n'a donné aucune marque qu'elle contînt quelque matiere saline.

Cette maniere d'analyfer la chair, en la faifant d'abord bouillir dans l'eau, pour en tirer ce que ce menftrue peut en diffoudre, nous apprend que la chair des animaux contient une Huile qui eft dans l'état favoneux; car l'extrait qu'on en a fait par l'eau, fournit dans la diftillation une affés grande quantité d'Huile, qui étoit diffoute intimement dans l'eau, lorfque cet extrait n'étoit encore que du bouillon, & avant qu'il eût été analyfé.

Il eft remarquable, que le Sel volatil que fournit l'extrait de la chair, foit différent de celui qu'on retire de la chair même dont on n'a pas fait l'extrait. Ce Sel, comme M. Geoffroy l'a obfervé, différe des Alkalis volatils ordinaires, par la forme fous laquelle il eft criftalifé: ce qui le fait regarder, avec raifon, par M. Geoffroy, comme un Sel qui tient de l'ammoniacal; comme une efpece de Sel effentiel de la chair.

Il y a lieu de croire, que ce Sel diffous dans l'eau dans laquelle on a fait bouillir la chair, en eft féparé plus facilement par l'action du feu, que lorfqu'il est encore uni avec les autres principes dans la chair même ; & qu'ayant besoin, dans ce second cas, d'un degré de chaleur plus considérable pour en être séparé, il se décompose, l'Alkali volatil qu'on retire de la chair distillée à la maniere ordinaire, étant alors un débri de ce Sel ammoniacal.

La matiere charboneuse qui reste après la distillation de la chair, dont on a tiré l'extrait par l'ébullition, ne fournit rien de salin, parceque le Sel marin, qui est le seul Sel fixe qu'elle pourroit contenir, a été dissous par l'eau avec la matiere de l'extrait.

M. Geoffroy a examiné aussi ce que l'Esprit-de-vin seroit capable de dissoudre de la chair. Il a versé, pour cela, sur quatre onces de chair de bœuf séchée au bain-marie, autant d'Esprit-de-vin bien rectifié. Le tout est demeuré en digestion pendant très-long-temps. L'Esprit a tiré de cette viande une foible teinture ; il en a détaché quelques gouttes d'Huile : la couleur qu'il a prise étoit rousse avec une odeur fade. Diverses expériences ont prouvé à M. Geoffroy, que cet Esprit-de-vin s'étoit chargé d'une portion du Sel ammoniacal ou essentiel de cette

chair. A l'égard de l'Huile, s'il en a diffous, ce n'a été non plus qu'une portion;
car celle qu'il en a féparée, & qui eft ref-
tée fous fa forme naturelle, n'étoit affu-
rément point diffoute, puifque dans ce
cas elle n'auroit pas été fenfible, & n'auroit fait qu'une liqueur homogène en apparence avec l'Efprit-de-vin.

III. PROCÉDÉ.

*Analyfe des Os. Soient pris pour exem-
ple les Os de bœuf.*

COUPEZ par morceaux des Os de
jambe de bœuf, dont vous aurez
exactement féparé la mœlle. Mettez-les
dans une cornue, & faites-en la diftillation au fourneau de réverbere, à la
maniere ordinaire. Il fortira d'abord du
Phlegme ; enfuite un Efprit volatil qui
deviendra de plus en plus fort; puis un
Sel volatil en forme concréte, avec de
l'Huile; enfin une derniere Huile noire
avec encore un peu de Sel volatil. Il
reftera dans la cornue une matiere charboneufe, de laquelle ou pourra retirer
un peu de Sel marin. Faites réduire en
cendres, par la combuftion à l'air libre

cette matiere charboneufe. Ces cendres donneront quelques légers indices d'Alkali fixe.

REMARQUES.

L'analyfe des Os prouve qu'ils font compofés des mêmes principes que la chair & le fang. On peut dire la même chofe en général, de toutes les matieres véritablement animales, de celles qui font partie de l'animal même.

On obferve cependant dans les cendres des Os, une qualité légérement alkaline, puifqu'elles précipitent en rouge la diffolution de Sublimé corrofif; mais on n'en retire pas pour cela de véritable Alkali fixe. Il en eft apparemment de ces cendres, comme de la chaux, qui a quelques propriétés des Sels alkalis, fans cependant qu'on en puiffe retirer aucun Sel de cette efpece.

M. Geoffroy a auffi analyfé les Os, par la même méthode que la chair; c'eft à-dire, qu'il en a fait d'abord une forte décoction avec l'eau, & qu'il a examiné & diftillé féparément l'extrait que lui a fourni cette décoction, & la matiere offeufe dépouillée de cet extrait. Cette analyfe a fourni à M. Geoffroy deux obſervations remarquables.

La premiere, c'eſt que les Os dépoſent dans l'eau en bouillant, & plutôt & plus abondamment, leurs principes & leurs Sels volatils, que les chairs des animaux, puiſque dans les analyſes que M. Geoffroy avoit faites des chairs, quoiqu'il leur eût enlevé, pour ainſi dire, tous leurs principes par l'ébullition, leurs fibres deſſéchées ne laiſſoient pas de fournir encore une aſſés grande quantité de Sel volatil; les Os, au contraire, dont il avoit tiré la matiere de l'extrait par l'ébullition, ne lui ayant fourni dans l'analyſe qu'une très-petite quantité de ce Sel.

La ſeconde obſervation digne de remarque qu'a fournie à M. Geoffroy ſon analyſe des Os, c'eſt que le Sel criſtaliſé en parallélepipedes, qui comme on l'a vu dans l'analyſe de la chair, avoit paſſé dans l'eau où la chair avoit bouilli, & en conſéquence étoit monté dans la diſtillation de l'extrait qu'on avoit retiré de cette décoction, a ſuivi une route toute contraire dans l'analyſe des Os. On ne l'a point apperçu dans la diſtillation de l'extrait fait par l'eau, & il s'eſt élevé dans celle de la matiere oſſeuſe,

dont

dont presque tous les autres principes avoient été enlevés par l'eau. Ces différences viennent apparemment de la différente contexture des matieres animales dans lesquelles on les observe.

L'analyse des Os peut servir de modéle pour celles de toutes les parties solides des animaux, comme les cornes, les ongles, l'yvoire, &c.

IV. PROCÉDÉ

Analyse de la Graisse des animaux. Soit pris pour exemple le suif de Mouton.

METTEZ dans une cornue de verre la quantité qu'il vous plaira de Suif de mouton, en observant seulement que la cornue ne soit qu'à moitié pleine ; & distillez à feu gradué à la maniere ordinaire. Il passera d'abord un Phlegme ayant l'odeur de Suif. Ce Phlegme deviendra bientôt fort acide. Il s'élevera après quelques gouttes d'Huile, qui seront suivies d'une matiere ayant l'apparence d'une Huile lorsqu'elle sortira de la cornue ; mais qui se figera dans le récipient , & prendra une consistence un peu moins dure que celle du Suif. Cet-

te efpece de Beurre de Suif continuera
à s'élever jufqu'à la fin de la diftillation
Il reftera dans la cornue une petite quantité de matiere charboneufe.

REMARQUES.

Quoique la Graiffe foit une fubftance
qui a paffé par tous les couloirs de l'a-
nimal, qui a reçu toutes les élaborations qui forment les matieres animales,
& qu'elle faffe elle-même partie de l'a-
nimal, elle contient cependant, comme
le prouve fon analyfe, des principes bien
différens de toutes les autres matieres
animales: ainfi elle eft en quelque forte
dans une claffe féparée.

Elle eft prefqu'entierement compofée
d'Huile; mais cette Huile eft fous la forme concréte, & fuit la régle générale
de toutes les matieres huileufes concrétes, qui ne doivent leur confiftence qu'à
un Acide qui leur eft uni. Cette regle,
comme on le voit, eft fi générale, qu'elle s'étend jufque dans le regne animale,
où les Acides d'ailleurs paroiffent prefqu'anéantis.

- Tout ce que nous avons dit à l'occafion du Beurre doit s'appliquer ici; car
la Graiffe proprement dite, & le Beur-

re, ne me paroiſſent pas différer l'un de l'autre ſenſiblement par rapport à leur analyſe. Ainſi, il y a tout lieu de croire, que ce qui eſt Beurre dans le chyle ou le lait, devient Graiſſe quand il eſt fixé dans le corps de l'animal. C'eſt une eſpece de dépôt, où la nature met & enferme l'Acide ſurabondant à la mixtion animale, dont elle n'a pu ſe débarraſſer par un autre moyen.

J'ai choiſi le Suif de mouton pour donner un exemple de l'analyſe de la Graiſſe, parceque cette Graiſſe étant la plus ferme de toutes, doit enfermer un Acide plus fort & plus ſenſible.

Lorſqu'il a ſubi ainſi une diſtillation, la partie qui demeure encore figée a beaucoup moins de conſiſtence que le Suif n'en avoit avant d'avoir été diſtillé. Cela vient de ce qu'il a perdu une partie de ſon Acide. Des diſtillations réitérées lui en enleveroient une beaucoup plus grande quantité, & le réduiroient par ce moyen en Huile qui reſteroit toujours limpide & fluide.

On ne retire pas un atôme d'Alkali volatil dans la diſtillation du Suif ; mais il faut, pour que cette expérience réuſſiſſe bien, avoir eu ſoin de le dépouiller exactement de toutes les membranes ; particules de chair & de sang avec lesquelles il pourroit être mêlé : car si on n'avoit pas pris cette précaution avant de le distiller, ces matieres hétérogènes qui seroient mêlées avec lui, fourniroient dans la distillation beaucoup d'Alkali volatil qui pourroit en imposer, & faire croire que ce Sel vient du Suif même. Le Suif qui a été fondu plusieurs fois, tel qu'est, par exemple, celui avec lequel on fabrique des chandelles, est suffisamment purifié : c'est celui dont je me suis servi pour en faire l'Analyse, & qui ne m'a pas fourni d'Alkali volatil , au moins dans une quantité sensible.

Au reste, tout ce que nous avons dit en plusieurs occasions sur les propriétés des matieres huileuses concrétes, convient aussi au Suif. Je remarquerai seulement ici, qu'il est du nombre de celles dont l'Acide n'est pas développé ; que, par conséquent, dans son état naturel, il est indissoluble dans l'Esprit - de - vin, & ne devient dissoluble dans ce menstrue, qu'à mesure que cet Acide est développé par des distillations ; ce qui doit le faire ranger dans la classe de la Cire & des autres composés huileux de même espece.

V. PROCÉDÉ.

*Analyse des œufs. Soient pris pour
exemple les œufs de poule.*

METTEZ des œufs de poule dans
de l'eau, & les-y faites bouillir jufqu'à ce qu'ils foient durs. Séparez, après
cela, les jaunes d'avec les blancs. Coupez ces blancs par petits morceaux :
mettez-les dans une cucurbite de verre,
garnie d'un chapiteau & d'un récipient :
diftillez au bain-marie à un feu gradué,
& augmentez fur la fin jufqu'à la plus
forte chaleur que puiffe donner ce bain,
c'eft-à-dire, celle de l'eau bouillante. Il
montera une liqueur aqueufe, ou Phlegme infipide, dont la quantité fera très-
confidérable, puifqu'elle fera à peu près
les neuf dixiémes de la maffe totale des
blancs d'œufs. Continuez la diftillation
en entretenant l'eau du bain toujours
bouillante, jufqu'à ce qu'il ne forte plus
de l'alembic aucune goutte de liqueur.
Déluttez alors les vaiffeaux. Vous trouverez dans la cucurbite les morceaux de
blanc d'œuf, dont le volume fera confidérablement diminué. Ils auront l'ap-

parence de petits morceaux de verre
de couleur rousse, & ils seront durs &
cassans.

Mettez ce résidu dans une cornue de
verre, & distillez-le dans un fourneau
de réverbere, à une chaleur graduée,
à la maniere ordinaire. Il montera dans
la distillation un Esprit volatil huileux,
une Huile jaune, du Sel volatil en forme concréte, enfin une Huile noire &
épaisse. Il restera dans la cornue une matiere charboneuse.

Réduisez aussi en morceaux, les plus
petits que vous pourrez, les jaunes d'œufs
durs que vous aurez séparés des blancs.
Mettez-les dans une terrine sur un petit
feu : remuez-les avec une espatule, jusqu'à ce qu'ils roussissent un peu, & qu'il
en sorte comme de la moelle fondue. Enfermez-les alors dans un sac de toile neuve & forte, & les mettez à la presse entre deux plaques de fer bien chaudes :
il en sortira une assés grande quantité
d'Huile jaune.

Distillez ensuite ce qui sera resté entre les plaques, dans une cornue au feu
de réverbere : vous en retirerez les mêmes principes que du blanc d'œuf.

REMARQUES.

Des deux fubftances diftinctes l'une de l'autre, dont font compofés les œufs, l'une contient le germe du poulet, & eft deftinée à lui donner naiffance, c'eft le jaune; & l'autre, fçavoir, le blanc, doit fervir à l'accroiffement du poulet une fois formé.

Ces deux matieres, quoique contenant effentiellement les mêmes principes, différent cependant confidérablement l'une de l'autre, principalement en ce que leurs principes ne font pas dans les mêmes proportions.

Le blanc d'œufs contient une fi grande quantité de Phlegme, qu'il en paroît prefque entierement compofé. Toute la liqueur aqueufe qu'on en retire par la diftillation au bain-marie, n'eft, à proprement parler, qu'une eau pure; car les épreuves chymiques n'y font appercevoir ni Acide ni Alkali volatil, ni même de parties huileufes bien fenfibles. Il faut pourtant qu'elle en contienne un peu, puifque celle qui monte fur la fin, a une légere faveur amere, & une petite odeur d'empyreume. Mais les principes qui lui donnent ces propriétés, font en trop petite quantité, pour qu'on puisse les appercevoir distinctement.

Si au lieu de distiller le blanc d'œuf dur pour en retirer la grande quantité d'eau qu'il contient, on le laisse pendant quelque temps dans un air qui ne soit point trop sec, la plus grande partie de cette humidité s'en sépare d'elle-même, & devient très-sensible, cela arrive, suivant toutes les apparences, à l'aide d'un commencement de putréfaction, qui atténue cette substance, & en dérange le tissu. La liqueur séparée du blanc d'œuf de cette maniere, est un très-bon dissolvant des Gommes-résines, & en particulier, de la Myrrhe. Lorsqu'on veut dissoudre la Myrrhe de cette maniere, on coupe en deux un œuf dur ; on en sépare le jaune ; on met la Gomme-résine en poudre dans la cavité qui le contenoit : on rejoint les deux moitiés de l'œuf : on les assujétit ensemble avec un petit lien : on le suspend à la cave. Dans l'espace de quelques jours, la Myrrhe dissoute par l'humidité qui se sépare de l'œuf, tombe par gouttes dans un vase qu'on doit avoir placé dessous pour la recevoir. Cette liqueur se nomme improprement *Huile de Myrrhe par défaillance.*

Toutes les propriétés du blanc d'œuf, ainfi que les principes qu'on en retire par l'analyfe, font les mêmes que ceux de la partie limphatique du fang : ce qui prouve qu'il y a une très-grande reffemblance entre ces deux fubftances.

A l'égard du jaune d'œuf, on peut voir par fon analyfe, que c'eft l'Huile qui en eft le principe dominant. Si on mêle un jaune d'œuf avec de l'eau, cette Huile dont il eft chargé, & qui eft naturellement fort divifée, fe diftribue facilement dans toute la liqueur, & s'y tient fufpendue à l'aide de fa vifcofité. La liqueur devient en même temps d'un blanc de lait femblable à celui dés émulfions, & eft effectivement une véritable émulfion animale.

Pour tirer facilement l'Huile d'œuf par expreffion, il faut avoir attention de choifir des œufs pondus depuis fept ou huit jours, parcequ'ils font alors un peu moins vifqueux. Nonobftant cela, leur vifcofité eft encore trop grande pour qu'ils puiffent donner facilement leur Huile par expreffion : c'eft pour atténuer & détruire entierement cette vifcofité, qu'on les torréfie avant de les mettre à la preffe.

X v

L'Huile d'œuf paroît, de même que toutes les autres matieres huileufes animales, analogue aux Huiles graffes végétales. Elle a toutes les propriétés qui caractérifent ces Huiles. Sa couleur eft jaune, & elle a une légere odeur & faveur empyreumatiques, qui lui viennent de la torréfaction. On lui enléve une partie de ces défagrémens, en l'expofant à la rofée pendant trente ou quarante nuits, & ayant foin de la remuer plufieurs fois pendant ce temps.

Au refte, tous les principes tant du jaune que du blanc d'œuf font les mêmes que ceux du fang, de la chair, & de toutes les autres matieres abfolument animales.

CHAPITRE III.

DES EXCREMENS DES ANIMAUX.

PREMIER PROCÉDÉ.

Analyse de la matiere fécale. Soit prise pour exemple la matiere fécale humaine. Pyrophore de M. Homberg.

DISTILLEZ au bain-marie, dans un alembic de verre, la quantité qu'il vous plaira de matiere fécale humaine. Vous en retirerez une liqueur aqueufe, claire & infipide, qui néanmoins aura une odeur défagréable. La diftillation ayant été pouffée auffi loin qu'elle peut l'être à la chaleur de ce bain, déluttez les vaiffeaux. Vous trouverez au fond de la cucurbite une matiere féche, qui ne fera qu'environ un huitiéme de ce qui aura été mis en diftillation. Mettez ce réfidu dans une cornue de verre, & diftillez dans un fourneau de réverbere à une chaleur graduée Vous en retirerez de l'Efprit & du Sel volatils, avec

X vj

une Huile fœtide. Il reftera dans la cornue une matiere charboneufe.

REMARQUES.

M. Homberg a fait un grand nombre d'expériences fur la matiere fécale ; il a rédigé ces expériences dans deux Mémoires imprimés dans le Recueil de l'Académie pour l'année 1711. Ce Chymifte avoit moins en vue, comme il le dit lui-même, en diftillant la matiere fécale, de reconnoître de quels principes elle eft compofée, que de fatisfaire un de fes amis, qui l'avoit prié inftamment de faire des expériences, pour en tirer une Huile blanche, & qui n'eût point de mauvaife odeur, parcequ'il avoit vu, difoit-il, fixer le Mercure en Argent fin, avec une pareille Huile.

Le travail de M. Homberg a eu le fort ordinaire de toutes les entreprifes de cette nature. Ce Chymifte eft parvenu à tirer effectivement de la matiere fécale, une Huile blanche & fans odeur mais qui, de quelque maniere qu'il l'ait traitée avec le Mercure, n'a occafionné aucun changement à cette fubftance métallique. Cependant, comme M. Homberg avoit de la fagacité, & fçavoit faifir tout ce que fes expériences lui offroient de nouveau, celles-ci lui ont fait faire plufieurs découvertes intéreffantes: dont nous rendrons compte fommairement, après avoir fait quelques réflexions fur les principes qu'on retire de la matiere fécale, par la méthode décrite dans le procédé.

Cette fubftance formée de matériaux fufceptibles de putréfaction, a conftamment une odeur fœtide, de même que toutes les matieres putréfiées, & elle a féjourné dans un lieu chaud & humide; ce qui, comme on le fçait, favorife & excite même promptement la putréfaction. Son analyfe nous prouve cependant, qu'elle n'eft pas putréfiée, ou du moins qu'elle ne l'eft pas tout-à-fait; car toutes les matieres putréfiées, contiennent un Alkali volatil entierement formé & développé, & ce principe s'élevant à une chaleur moindre que celle de l'eau bouillante, monte toujours le premier dans la diftillation: nous avons vu cependant qu'à la chaleur de l'eau bouillante, il n'eft monté qu'un Phlegme infipide, & qui ne contient point d'Alkali volatil; preuve certaine que la matiere fécale n'eft point dans un état de putréfaction complete.

Le Sel volatil & l'Huile fœtide, qui montent à un degré de chaleur supérieur à celui de l'eau bouillante, n'ont rien de remarquable. Ils sont les produits ordinaires dont nous avons déja parlé tant de fois dans diverses analyses; ainsi nous ne nous y arrêtons pas ici, & nous passons à l'examen sommaire des principales découvertes de M. Homberg.

Un des moyens qu'a employé M. Homberg, pour tâcher de retirer de la matiere fécale une Huile blanche, & sans mauvaise odeur, a été d'en séparer par la filtration, avant de la distiller, les parties terreuses & grossieres. « Pour » y parvenir, il a délayé la matiere fé- » cale fraîchement faite dans de l'eau » chaude ; une pinte d'eau pour une » once de matiere. Il les a laissé refroi- » dir. Les parties grossieres se sont pré- » cipitées au fond, & l'eau qui surna- » geoit a été versée par inclination. Cet- » te liqueur a été ensuite filtrée par le » papier gris, & évaporée à petit feu, » jusqu'à pellicule. Il s'y est fait des cris- » taux longs, à quatre, cinq & six pans, » que M. Homberg croit qu'on pour-

» roit appeller le Sel essentiel de la ma-
» tiere fécale. Ils ressemblent en quel-
» que façon au Salpêtre, & ils fusent
» dans le feu à peu près de même, avec
» cette différence, que la flamme en est
» rouge, & qu'ils brûlent lentement, au
» lieu que celle du Salpêtre est blanche
» & très-vive; apparemment, dit M.
» Homberg, parceque dans l'un il se
» trouve une trop grande quantité de
» matiere huileuse, & que dans l'autre
» il s'en trouve moins. »

» M. Homberg a distillé ce Sel par
» degrés, & à la fin à feu très-fort,
» dans une cornue de verre. Il en est
» venu d'abord une liqueur aqueuse,
» âcre & acide, laquelle a été suivie
» d'un peu d'Huile rousse & fœtide, sen-
» tant très-fort l'empyreume. La même
» distillation a été réitérée quatre fois ;
» & à chaque fois le feu a pris dans la
» cornue, dans le temps que l'Huile com-
» mençoit à venir. »

Le Sel retiré de la matiere fécale par
M. Homberg, est très-remarquable.
Nous aurons occasion d'en parler dans
un autre endroit ; nous nous conten-
tons de faire observer ici, que son caractère nitreux n'est point équivoque ;

la détonnation sur les charbons ardens l'a fait reconnoître pour de vrai Nitre, par M. Homberg. Mais l'inflammation qui s'est faite constamment dans la cornue, toutes les fois qu'on l'a distillé, est encore une preuve certaine que ce Sel est nitreux; car il n'y a que le Nitre qui ait la propriété de s'enflammer ainsi dans les vaisseaux fermés, & de faire brûler avec lui les autres matieres combustibles.

Le procédé par lequel M. Homberg est parvenu à retirer de la matiere fécale une Huile blanche & sans mauvaise odeur, est curieux, & mérite de trouver place ici, à cause des vues & des sujets de réflexions qu'il peut fournir.

» M. Homberg ayant inutilement
» essayé de distiller la matiere fécale en
» une infinité de manieres différentes,
» pour en retirer une Huile telle qu'il
» la vouloit, a imaginé de se servir de
» la fermentation, dont l'effet est de
» changer la disposition des principes
» des mixtes. Dans cette vue, il a mis
» en poudre de la matiere fécale, qu'il
» avoit fait sécher au bain-marie. Il a
» versé dessus six fois autant pesant de
» Phlegme qui en avoit été séparé par

» la diſtillation. Il a enfermé le tout
» dans une grande cucurbite de verre,
» couverte d'un vaiſſeau de rencontre
» bien lutté. Ce vaiſſeau a été mis au
» bain-marie pendant ſix ſemaines, à
» une chaleur douce à y pouvoir ſouf-
» frir la main ſans ſe brûler : au bout
» duquel temps, après avoir débouché
» la cucurbite, & y avoir adapté un cha-
» piteau & un récipient, il a fait diſtil-
» ler au même bain-marie, à très-petit
» feu, toute l'humidité aqueuſe. Elle
» avoit perdu preſque toute ſa mauvai-
» ſe odeur, qui étoit changée en une
» ſimple odeur fade. Elle s'eſt diſtillée
» un peu trouble, au lieu qu'elle étoit
» très-claire quand elle avoit été miſe
» dans la cucurbite. M. Homberg a re-
» connu une vertu coſmétique à cette
» eau : il en a donné à quelques perſon-
» nes dont le teint du viſage, du col &
» des bras étoit tout-à-fait gâté, étant
» devenu gris, ſec, grenu & rude : elles
» s'en ſont débarbouillées une fois par
» jour. L'uſage continué de cette eau
» leur a adouci & blanchi la peau con-
» ſidérablement.

La matiere ſéche, qui après la diſtillation étoit reſtée dans le fond de la cu-

curbite , avoit diminué environ d'un vingtiéme de son poids ; c'est-à-dire , que de vingt onces qui avoient été mises à la fois dans la cucurbite, il n'en est pas resté tout-à-fait dix-neuf onces. M. Homberg soupçonne qu'elle étoit moins séche , lorsqu'elle a été mise dans la cucurbite, que quand elle en a été retirée. Peut-être aussi l'espece de fermentation que cette matiere avoit éprouvée, en avoit-elle atténué & volatilisé une partie , qui avoit passé avec le Phlegme dans la distillation. L'œil trouble de ce Phlegme , qui auparavant étoit clair & limpide , semble autoriser cette conjecture.

» Le résidu sec demeuré dans la cu-
» curbite , après cette premiere distil-
» lation, ne sentoit plus du tout la ma-
» tiere fécale : au contraire, il avoit une
» odeur agréable & aromatique, & le
» vaisseau dans lequel M. Homberg l'a-
» voit mis en digestion , ayant été posé
» ouvert dans un coin du Laboratoire,
» a acquis avec le temps une très-forte
» odeur d'Ambre. Il est étonnant, re-
» marque avec raison M. Homberg ,
» que la simple digestion puisse changer
» la mauvaise odeur de la matiere fé-

» cale, en une odeur auſſi agréable que
» celle de l'Ambre gris.

» Cette matiere ſeche ayant été
» groſſierement pilée, on en a mis deux
» onces à la fois dans une cornue de
» verre de la capacité d'environ une li-
» .vre ou une livre & demie d'eau. Elle
» a été diſtillée au bain de ſable, à une
» très-petite chaleur. Il en eſt ſorti d'a-
» bord un peu de liqueur aqueuſe ; après
» quoi il en eſt venu une Huile ſans au-
» tre couleur que celle de l'eau de fon-
» taine. M. Homberg a continué ce
» même degré de feu doux, juſqu'à ce
» que les gouttes commençaſſent à diſ-
» tiller un peu rougeâtres : alors il a
» changé de récipient, en bouchant
» d'un bon bouchon de liége celui qui
» contenoit l'Huile blanche. La diſtilla-
» tion ayant été achevée à un feu aug-
» menté par degrés, il eſt venu encore
» une aſſez grande quantité d'Huile rou-
» ge, & il eſt reſté dans la retorte une
» matiere charboneuſe qui brûloit avec
» la plus grande facilité. »

L'Huile blanche & ſans mauvaiſe
odeur tirée de la matiere fécale par ce
procédé, étoit préciſément celle que
cherchoit M. Homberg, & avec la-

quelle on lui avoit promis qu'il fixeroit le Mercure en Argent fin : cependant, de quelque maniere qu'il s'y soit pris, il avoue ingénuement, que jamais il n'a pu faire aucun changement sur cette substance métallique. Passons présentement aux autres découvertes que cette recherche a fait faire à M. Homberg.

Entre plusieurs tentatives que ce Chymiste avoit faites pour retirer l'Huile blanche de la matiere fécale, il avoit distillé cette matiere avec différens intermedes : de ce nombre avoient été le Vitriol & l'Alun. Il a remarqué que les résidus des distillations dans lesquelles ces Sels avoient été employés, prenoient feu d'eux-mêmes lorsqu'ils étoient exposés à l'air libre ; qu'ils allumoient les matieres combustibles ; qu'ils étoient en un mot de vrais Phosphores, & d'une espece différente de ceux qu'on connoissoit jusqu'alors. Guidé par ces premieres connoissances, il a cherché & trouvé les moyens de faire ce Phosphore d'une maniere beaucoup plus courte, plus sûre & plus facile. Voici quel est son procédé.

« Prenez quatre onces de matiere fé-
» cale nouvellement faite : mêlez-y au-

» tant pefant d'Alun de Roche groffie-
» rement pilé : mettez le tout dans une
» petite poële de fer, qui tienne envi-
» ron une pinte d'eau, fous une chemi-
» née, fur un petit feu de charbons. Le
» mêlange fe fondra, & deviendra auffi
» liquide que de l'eau. Laiffez-le bouil-
» lir à petit feu, en le remuant tou-
» jours, & en l'écrafant continuelle-
» ment en petites miettes, & en ratif-
» fant avec la fpatule tout ce qui s'atta-
» che au fond & aux côtés de la poë-
» le, jufqu'à ce qu'il foit parfaitement
» fec. Il faut de temps en temps ôter la
» poële du feu, afin qu'elle ne rougiffe
» pas, & remuer même hors du feu la
» matiere, afin qu'elle ne s'attache pas
» en trop grande quantité à la poële.
» Quand donc la matiere eft devenue
» parfaitement feche, & en petits gru-
» meaux, il faut la laiffer refroidir, &
» la piler menu dans un mortier de mé-
» tal. Après quoi, il faut la remettre
» dans la poële fur le feu, & la remuer
» toujours. Elle fe r'humectera un peu,
» & fe remettra en grumeaux, qu'il
» faut continuer de rôtir & d'écrafer,
» jufqu'à ce qu'ils foient parfaitement
» fecs ; les laiffer refroidir, & les piler

» en poudre menue. Il faut remettre
» cette poudre pour la troisieme fois
» dans la poële sur le feu, la rôtir, &
» la sécher parfaitement : après quoi, il
» la faut rebroyer en poudre fort me-
» nue, & la garder dans un papier en
» un lieu sec. Voilà la premiere opéra-
» tion, ou l'opération préparatoire.

» Prenez de cette poudre deux ou
» trois gros. Mettez-la dans un petit
» matras, dont la panse contienne une
» once ou une once & demie d'eau, &
» qui ait le col de six à sept pouces de
» long. Faites en sorte que la poudre
» n'occupe qu'environ le tiers du ma-
» tras. Bouchez le col du matras fort
» légerement d'un bouchon de papier ;
» puis prenez un creuset de la hauteur
» de quatre ou cinq doigts : mettez
» dans le fond du creuset trois ou qua-
» tre cuillerées de sable : placez ce ma-
» tras sur ce sable au milieu du creuset,
» c'est-à-dire, qu'il n'en touche pas les
» parois. Remplissez ensuite le creuset
» de sable, afin que toute la panse du
» matras soit enterrée dans le sable. A-
» près quoi, vous placerez ce creuset
» avec le matras au milieu d'un petit
» fourneau de terre, qu'on appelle vul-

» gairement *une Huguenote* , qui ait l'ou-
» verture en haut de huit ou dix pou-
» ces, & la profondeur jufqu'à la grille
» de fix pouces. Mettez tout autour du
» creufet des charbons allumés , juf-
» qu'au milieu de la hauteur du creufet ,
» pendant une demi-heure ; puis remet-
» tez encore du charbon jufqu'au bord
» du creufet. Entretenez ce même feu
» pendant encore une bonne demi-heu-
» re, ou jufqu'à ce que vous voyiez que
» le dedans du matras commence à être
» rouge. Alors vous augmenterez le
» feu , en mettant du charbon par-def-
» fus les bords du creufet. Vous entre-
» tiendrez ce grand feu pendant une
» bonne heure , après quoi vous le laif-
» ferez éteindre.

» Dans le commencement de cette
» opération, il fortira des fumées épaif-
» fes par le gouleau du matras, au tra-
» vers de fon bouchon de papier. Ces
» fumées viennent quelquefois en fi
» grande abondance , qu'elles jettent le
» bouchon à bas , qu'il faudra remet-
» tre , & rallentir le feu. Ces fumées
» ceffent, quand le dedans du matras
» commence à rougir : c'eft pour lors
» qu'on peut augmenter le feu fans

» craindre de gâter l'opération.

» Quand le creuset est assez froid
» pour qu'on le puisse retirer du four-
» neau avec la main, sans se brûler, il
» faut retirer le matras peu à peu du
» sable, pour le laisser refroidir par de-
» grés, & le boucher avec un bon bou-
» chon de liége.

» Si la matiere qui est au fond du
» matras se met en poudre en la re-
» muant, c'est une marque que l'on a
» bien opéré : si elle est en un gâteau,
» qui ne se brise point en poudre en se-
» couant le matras, c'est une marque
» qu'on n'a pas assez rôti & séché la pou-
» dre dans la poële de fer pendant l'o-
» pération préparatoire. »

Depuis M. Homberg, M. Lémeri le
cadet a fait sur ce Phosphore un grand
nombre d'expériences rapportées dans
les Mémoires de l'Académie pour les
années 1714. & 1715. M. Lémeri a fait
voir dans ces Mémoires, que la matiere
fécale n'est point la seule qui soit propre à former ce Phosphore avec l'Alun ;
& qu'au contraire presque toutes les autres matieres animales, & même végétales, peuvent servir à cette combinaison ; que l'Alun que M. Homberg mêle

en

en parties égales avec la matiere fécale,
peut être employé en plus grande dôse,
& réuffiffoit même mieux de cette maniere, en certain cas; que fuivant la
nature des fubftances qu'on employe, il
faut augmenter plus ou moins la dôfe
de ce Sel, & qu'au-delà de la dôfe re-
quife pour chaque matiere, ce qu'on en
ajoute de plus ne fait que diminuer l'effet du Phofphore, ou le fait manquer
abfolument; que le degré de feu qu'on
employe doit différer fuivant la nature
des matieres; enfin, que des Sels qui
contiennent parfaitement le même Acide que l'Alun, que l'Acide de ces Sels
dégagé de fa bâfe & réduit en Efprit,
n'ont pourtant rien fait par l'opération
préfente; ce qui marque, dit M. Lémeri, qu'il y a bien des matieres fulphu-
reufes qui peuvent être fubftituées dans
cette opération à la matiere fécale; mais
qu'il n'y a point de Sels, ou du moins
qu'il n'y en a guères, qui puiffent réuffir
au défaut de l'Alun. Un Chymifte qui
a depuis peu communiqué à l'Académie
un grand nombre d'expériences qu'il
avoit faites fur ce Pyrophore, a néant-
moins reconnu que tous les Sels qui contiennent de l'Acide vitriolique peuvent

être substitués à l'Alun.

Ce Phosphore fait par les procédés, soit de M. Homberg, soit de M. Lémeri, luit également bien le jour & la nuit. Outre la lumiere qu'il répand, il s'enflamme peu de temps après qu'il a été exposé à l'air, & enflamme avec lui les matieres combustibles ausquelles il touche; le tout sans qu'il soit besoin de le frotter ou de le chauffer.

MM. Homberg & Lémeri ont donné sur la cause de l'inflammation, & des phénomènes de ce Phosphore, les explications les plus vraisemblables & les plus naturelles. Voici en peu de mots à quoi elles se réduisent.

L'Alun est, comme on sçait, un Sel neutre composé de l'Acide vitriolique & d'une terre calcaire. Lorsqu'on fait calciner ce Sel avec de la matiere fécale ou d'autres substances abondantes en Huile, les principes volatils de ces substances, tels que font leur Phlegme, leurs Sels & leur Huile, s'exhalent de la même maniere que si on les distilloit; & il ne reste plus dans le matras, lorsque ces principes font dissipés, qu'une matiere charboneuse semblable à celle qu'on trouve dans les cornues dans lesquelles on a décompofé par la diftillation de femblables mixtes.

L'Alun eft donc alors fimplement mê-lé avec du charbon; or comme l'Acide de ce Sel, qui eft le vitriolique, a une plus grande affinité avec le Phlogiftique qu'avec toute autre fubftance, il doit quitter fa bâfe pour s'unir avec le phlo-giftique du charbon, & fe métamorpho-fer en Soufre par cette union. C'eft auffi ce qui arrive, & dont on a des preuves certaines, dans l'opération par laquelle on fait ce Phofphore ; car lorfque les principes volatils de la matiere huileu-fe, étant enlevés, on augmente le feu, pour combiner enfemble ce qui refte de fixe dans le matras, c'eft-à-dire, l'Alun & la matiere charboneufe, on apper-çoit à l'ouverture du matras une petite flamme bleue fulphureufe, & on y fent une vive odeur de Soufre allumé. On trouve même lorfque l'opération eft ache-vée, de véritable Soufre attaché au col du matras ; & lorfque le Pyrophore fe confume, on s'apperçoit facilement qu'il a une forte odeur fulphureufe. Il eft donc déja certain que le Pyrophore contient de vrai Soufre, c'eft-à-dire, une matie-re difpofée à s'enflammer avec la plus grande facilité. Mais quelqu'inflammable que soit le Soufre, il ne prend jamais feu de lui-même, & sans toucher à quelque matiere actuellement embrasée, ou sans être exposé à un degré de chaleur considérable. Voyons donc ce qui peut occasionner son inflammation, lorsqu'il fait partie du Pyrophore.

Nous venons de dire que l'Acide de l'Alun se sépare de sa bâse pour former du Soufre, en se combinant avec le phlogistique du charbon. Cette bâse est, comme on le sçait, une terre capable de se réduire en Chaux, & qui se change effectivement en Chaux vive pendant la calcination nécessaire à la production du Pyrophore. On sçait que la Chaux nouvellement faite a la propriété de s'unir à l'eau avec une si grande activité, qu'elle en contracte une très-vive chaleur. Or lorsque le Pyrophore dont la bâse de l'Alun devenue Chaux vive fait partie, est exposé à l'air, cette Chaux attire promptement l'humidité dont l'air est toujours chargé, & s'échauffe apparemment assés considérablement en s'éteignant ainsi, pour embraser le Soufre avec lequel elle est mêlée. Peut-être aussi tout l'Acide de l'Alun n'eſt-il point changé en Soufre : il peut y en avoir une partie qui ne ſoit qu'à demi dégagé de ſa bâſe, & qui dans cet état ſoit capable d'attirer fortement l'humidité de l'air, de s'échauffer auſſi très-vivement en s'humectant, & de contribuer par-là à l'inflammation du Pyrophore.

Il y a lieu de croire auſſi, que tout le phlogiſtique de la matiere charboneuſe n'eſt point employé à la production du Soufre dans le Pyrophore, & qu'il en reſte une partie en vrai charbon. La couleur noire du Pyrophore non allumé, & le rouge ſcintillant de ce même Pyrophore enflammé, le prouvent ſuffiſamment. Cette explication, donnée par MM. Homberg & Lémeri, de l'inflammation du Pyrophore, eſt ingénieuſe : elle a même du vrai, mais je crois que cette matiere mériteroit qu'on en fît encore un examen plus approfondi.

III. PROCÉDÉ.

Analyse de l'Urine humaine.

METTEZ de l'urine humaine au bain-marie, dans un alembic de verre, & distillez jusqu'à ce qu'il n'en reste plus qu'environ la quarantiéme partie de ce qui aura été mis en distillation ; ou faites évaporer l'urine dans une capsule au bain-marie, jusqu'à ce qu'elle soit réduite à la même quantité. Tout ce qui s'en sera exhalé à cette chaleur, ne sera qu'un Phlegme insipide, 'mais ayant l'odeur de l'urine. Le résidu sera devenu d'un roux de plus en plus foncé, & aura acquis enfin une couleur presque noire. Mêlez ce résidu avec le triple de son poids de sablon, & distillez-le dans une cornue au fourneau de réverbere, avec les précautions ordinaires. Il montera d'abord encore un peu de Phlegme insipide semblable au premier. Lorsque la matiere sera presque séche, il montera un Esprit volatil. Après cet Esprit, il paroîtra des vapeurs blanches, en augmentant le feu, & il sortira une liqueur jaune huileuse, formant des ftries ; & avec cette liqueur un Sel volatil concret, qui s'attachera aux parois du récipient. Enfin, il montera une Huile fœtide d'une couleur foncée. Il reſtera dans la cornue un réſidu ſalin & terreux, dont on peut retirer du Sel marin, en en faiſant la leſſive.

REMARQUES.

L'Urine doit être conſidérée comme une liqueur aqueuſe chargée de toutes les matieres ſalines qui nous ſont inutiles, & qui ne peuvent ſervir à notre nourriture, ou à notre conſervation : c'eſt une leſſive que la nature fait des matieres animales, pour diſſoudre & en ſéparer tout le Sel ſuperflu. Elle contient une très-grande quantité de Phlegme preſque pur : c'eſt celui qu'on retire à la chaleur du bain-marie.

Le réſidu de l'urine dont on a ſéparé ce Phlegme par la premiere diſtillation, quoique devenu conſidérablement plus épais, ne ſe coagule, & ne ſe caille cependant en aucune maniere, comme le lait & le ſang ; ce qui marque qu'elle ne contient point de parties analogues à celles de ces liqueurs nourricieres. Elle contient cependant des parties huileuses & des substances salines, disposées comme celles des matieres vraiment animales : l'Esprit, le Sel volatil, & l'Huile qu'elle fournit dans la distillation, en tout semblables aux mêmes principes qu'on retire des autres matieres animales, en font la preuve. Mais si l'animal dont l'urine provient a pris avec ses alimens quelques-uns de ces Sels neutres qui ne se peuvent décomposer par la digestion, c'est-à-dire, de ceux principalement qui sont composés d'Acides & d'Alkalis, cette urine contient de plus que les autres parties du même animal, presque tout le Sel neutre qui est entré dans le corps de cet animal. Aussi l'urine humaine est-elle chargée d'une très-grande quantité de Sel marin, parceque les hommes mangent beaucoup de ce Sel. On le trouve après la distillation de l'urine, uni au *caput mortuum* qui est resté dans la cornue, parcequ'étant fixe, il ne s'éleve point dans la distillation, avec les principes volatils.

Outre ce Sel marin, l'urine contient encore un Sel d'une nature singuliere, qui se cristalise différemment du Sel marin. C'est ce Sel qui, suivant les expériences de M. Margraff, dont nous avons parlé à l'article du Phosphore, contient l'Acide propre à former le Phosphore de l'urine. Il y a lieu de croire que ce Sel est un Sel marin déguisé par la matiere grasse avec laquelle il a été combiné pendant le séjour qu'il a fait dans le corps de l'animal.

Si on veut avoir seul ce Sel, que M. Boerhaave nomme le Sel essentiel de l'urine, il faut faire évaporer l'urine à une douce chaleur jusqu'à consistence d'une crême de lait nouvelle, la filtrer, & la laisser en repos dans un lieu frais. Il se forme à la longue dans cette urine, des cristaux qui s'attachent aux parois du vaisseau. Ces cristaux sont le Sel en question : ils sont roux & huileux. Il faut, si on veut les avoir plus purs, les dissoudre dans de l'eau chaude, filtrer la dissolution, la faire évaporer, & la mettre à cristaliser. En réitérant plusieurs fois cette manœuvre, on parvient à les rendre blancs & transparens. M. Schlosser, jeune Chymiste de la plus grande espérance, est le dernier qui ait travaillé sur ce curieux Sel de l'urine ; nous avons de lui une dissertation imprimée à Leyde en 1753. que ceux qui veulent connoître en détail ses propriétés doivent con-

fulter, de même que les excellens Mémoires de M. Margraff imprimés dans le
recueil de ceux de l'Académie de Berlin.

Il réfulte principalement des expériences de M. Schlofer qu'on peut retirer ce Sel de l'urine récente & même en
plus grande quantité que de l'urine putréfiée, & cela en très-peu de temps,
puifqu'après une évaporation convenable, vingt-quatre heures fuffifent pour fa
criftalifation.

Secondement, que ce Sel eft un Sel
neutre ammoniacal compofé d'un alkali volatil qu'on n'en retire jamais qu'en
liqueur, de même que celui qui eft féparé de l'urine par l'intermede de la chaux
& d'un Acide d'une nature tout-à-fait
finguliere, dont la propriété la plus remarquable eft d'être d'une fi grande fixité, qu'il réfifte à la violence du feu &
fe change plutôt en une efpece de verre
que de s'exhaler en vapeurs; c'eft cet A-
cide qui, fuivant les expériences de M.
Margraff, forme la combinaifon du Phofphore lorfqu'on l'unit avec le phlogiftique. Les autres propriétés de cet Acide
fingulier font le principal objet des recherches de M. Margraff.

Il réfulte en troifieme lieu des expériences de M. Schloffer, que cet acide combiné jufqu'au point de faturation avec le Sel alkali volatil ordinaire forme un vrai Sel natif d'urine régénéré, & que par cette union la nature de cet Alkali volatil eft tellement changée, qu'il ne peut plus reparoître feul fous la forme concréte, & qu'il eft toujours fluor, comme celui que l'on dégage par l'interméde de la chaux.

Les Alkalis fixes mêlés avec de l'urine fraîche, en dégagent auffitôt un alkali volatil; & fi on met promptement le mélange dans un alembic, pour en faire la diftillation, la premiere liqueur qui monte eft un Efprit volatil, ou même un Alkali volatil en forme concréte, fi l'Alkali fixe qu'on a employé n'étoit point en liqueur, & fi l'urine étoit déphlegmée.

L'urine eft en cela femblable aux autres matieres animales, fur lefquelles les Alkalis fixes produifent le même effet. Cela fournit un motif affés bien fondé de croire, qu'il y a dans toutes les matieres animales un Sel neutre de nature ammoniacale, que l'Alkali fixe décompofe comme tous les autres Sels ammoniacaux. La Chaux vive dégage auffi de l'u-

Y vj

rine un Alkali volatil, encore plus vif &
plus pénétrant que celui qui est développé par l'Alkali fixe, & qui reste constamment en liqueur sans jamais prendre la
forme concréte : ce qui est encore une
preuve de l'existence du Sel ammoniacal
dont nous venons de parler ; car la Chaux
fait précisément le même effet avec le
Sel ammoniac, comme nous le verrons
dans son lieu. Les expériences de M.
Schlosser réunies avec celles dont on
vient de faire mention, semblent même
indiquer que l'urine contient singuliere-
ment différentes sortes de Sels ammoniacaux.

L'urine est de toutes les liqueurs tirées des animaux, celle qui se putréfie
le plus facilement, & dans laquelle la putréfaction dégage ou forme une plus
grande quantité d'Alkali volatil. Si on
la fait distiller lorsqu'elle est putréfiée,
il en sort d'abord un Esprit chargé d'une
grande quantité d'Alkali volatil ; ensuite
une liqueur aqueuse, que Vanhelmont
assure être un reméde merveilleux pour
fondre & dissoudre la pierre de la vessie.
Lorsque toute cette eau est montée, &
que la matiere restante est presque séche,
il sort, en augmentant le feu, une Huile

jaune accompagnée de Sel volatil.

Il reste après cela dans la cornue une matiere noire, charboneuse, terreuse, & chargée de beaucoup de Sel marin. Si on calcine cette matiere à feu ouvert, pour consumer le phlogistique qu'elle contient, & qu'on la lessive ensuite, on en séparera facilement par ce moyen tout le Sel marin qu'elle contient: il ne reste après cela que sa terre. Ce *caput mortuum* contient aussi les matériaux propres à former le Phosphore de Kunckel; & si au lieu de le calciner à l'air libre, on le poussoit à un très-grand feu dans des vaisseaux fermés, on en retireroit du Phosphore; mais il faudroit prendre toutes les précautions dont nous avons parlé à l'article du Phosphore, & en particulier lessiver ce *caput mortuum* pour en retirer, avant de le soumettre à la distillation, une partie du Sel marin qu'il contient, parceque la trop grande quantité de ce Sel, qui se fond pendant l'opération, & qui peut faire fondre avec lui le vaisseau dans lequel il est renfermé, feroit par-là manquer l'expérience.

CHAPITRE IV.

De l'Alkali volatil.

PREMIER PROCEDÉ.

*Rectification & purification des alkalis
volatils.*

MEslez ensemble l'Esprit, le Sel
volatil, le Phlegme & l'Huile que
vous aurez retirés ensemble de quelque
substance que ce soit. Mettez le tout
dans une cucurbite de verre qui soit large & évasée, & ajustez à cette cucurbite un chapiteau dont le bec soit large
& bien ouvert. Placez cet alembic au
bain-marie : luttez-y un recipient, &
distillez à une chaleur fort douce. Il
montera un Esprit très chargé d'Alkali
volatil, & un Sel volatil en forme concréte, que vous conserverez séparément. Augmentez ensuite la chaleur,
jusqu'au degré de celle de l'eau bouillante. Il montera alors un second Esprit
volatil moins léger que le premier,
sur lequel nagera une Huile légere, &

qui fera accompagné d'un peu de Sel volatil concret. Continuez jufqu'à ce qu'il ne monte plus rien à ce degré de chaleur. Confervez à part ce qui aura paffé dans le récipient. Vous trouverez au fond de la cucurbite une Huile épaif-fe & fœtide.

Remettez dans un femblable vaiffeau diftillatoire l'Efprit & le Sel qui auront monté les premiers dans cette diftilla-tion , & diftillez au bain-marie , à une chaleur encore plus douce que la pre-miere fois. Il montera un Sel volatil plus blanc & plus pur. Continuez à dif-tiller , jufqu'à ce qu'il monte de l'eau , laquelle commencera à diffoudre le Sel. Il reftera au fond du vaiffeau un Phleg-me fur lequel nagera un peu d'Huile. Confervez votre Sel dans une Bouteille bien bouchée.

REMARQUES.

Lorfqu'on fait l'analyfe de quelque fubftance qui fournit de l'Alkali volatil , ce Sel fe trouve ordinairement confon-du dans le récipient avec les autres principes du mixte , qui fortant de la cornue fous la forme de liqueurs & de vapeurs , diffolvent le Sel , ou du moins

le mouillent, & le rendent fort impur.
Si donc on veut l'avoir seul, & exempt
de tout mêlange, il faut avoir recours
à une seconde distillation, pour le séparer des matieres hétérogènes avec lesquelles il est confondu.

Il est essentiel, dans cette distillation,
de ne donner qu'un degré de chaleur
extrêmement foible, parceque c'est de-
là que dépend le succès de l'opération ;
& que moins la chaleur qui fait monter
le Sel est forte, plus il est pur : car comme il est infiniment plus volatil, qu'aucun des autres principes avec lesquels il
est mêlé, si on ne lui applique précisément que le degré de chaleur qui est
nécessaire pour le faire monter, il est
clair qu'il doit monter seul, cette chaleur étant beaucoup trop foible pour enlever l'Huile & l'eau avec lesquelles il
est mêlé.

Quelqu'attention qu'on ait cependant à ménager la chaleur, il n'est pas
possible d'empêcher que le Sel volatil
n'emporte avec lui plusieurs parties des
principes avec lesquels il étoit mêlé : ce
sont celles avec lesquelles il avoit une
union plus intime, & ausquelles il a
communiqué par-là une partie de sa vo-

latilité. C'est ce qui est cause qu'il a besoin d'une seconde rectification, qui se
fait de la même maniere que la premiere. Mais comme après la premiere
rectification, il est plus volatil & plus
léger qu'il n'étoit avant, parcequ'il est
débarrassé des matieres étrangeres qui
l'appesantissoient, il faut lui donner une
chaleur encore moindre dans cette seconde rectification.

L'Huile dont le Sel volatil est chargé, lorsqu'il n'a été encore distillé qu'u-
ne fois, n'est sensible que par la couleur
jaune & la pesanteur qu'elle lui communique, parcequ'elle est intimement unie
avec lui, & dans l'état parfaitement savoneux. Cela est prouvé par la facilité
avec laquelle les Sels volatils, même
les plus huileux, se dissolvent dans l'eau,
sans qu'on apperçoive dans cette dissolution aucune séparation de parties huileuses, sans qu'elle ait même de couleur laiteuse. Mais cette Huile devient
très-sensible dans la seconde rectification; car elle se sépare alors en grande
partie d'avec le Sel, & reste au fond de
la cucurbite nageant sur le Phlegme qui
a été aussi séparé d'avec le Sel.

Ce Sel est alors plus blanc, plus volatil & plus pur; mais il s'en faut bien qu'il foit encore, après la feconde rectification, au dernier degré de pureté. Il a befoin pour cela d'une troifiéme, d'une quatriéme, & même d'un plus grand nombre de rectifications, pour être parfaitement purifié: encore en fépare-t-on toujours quelques particules huileufes à chaque rectification; & fi on s'obftinoit à pouffer les rectifications jufqu'à ce que l'on n'en féparât plus du tout d'Huile, il y a lieu de croire qu'on décompoferoit enfin ce Sel entierement, parcequ'il entre dans fa compofition une certaine quantité d'Huile, fans laquelle il ne feroit point Alkali volatil. Il faut donc ceffer les rectifications, lorfqu'on le trouve bien blanc & bien léger, & l'enfermer dans des bouteilles bouchées hermétiquement.

Il arrive fouvent que le Sel volatil, quoique d'un très-beau blanc après avoir été rectifié, devient jaune au bout d'un certain temps, dans les bouteilles dans lefquelles on le conferve. Cela vient de ce que l'Huile qu'il contient fe dégage en partie, & fe développe avec le temps. M. Boerhaave propofe, pour remédier à cet inconvénient, de mêler le Sel volatil qu'on veut purifier, avec le quadruple de son poids de craye pulvérisée, bien séche, & même chaude ; de mettre le mélange dans un alembic de verre, & de distiller à une douce chaleur. Le Sel monte alors extrêmement pur, & très-blanc, parceque la craye a absorbé la plus grande partie de son Huile, dont elle l'a débarrassé. M. Boerhaave ajoute, que le Sel volatil ainsi purifié, peut se garder très-long-temps ; en conservant toute sa blancheur.

Si on combine jusqu'au point de saturation avec un Acide, celui du Sel marin, par exemple, de l'Alkali volatil ainsi purifié, il résultera de cette union, comme nous le verrons dans la suite, un Sel ammoniac dont on peut séparer l'Alkali volatil par l'interméde d'un Alkali fixe. L'Alkali volatil qui a passé par toutes ces épreuves, est alors au plus grand degré de pureté que la Chymie puisse lui donner ; & de quelque substance qu'il ait été originairement tiré, il paroît toujours le même ; ce qui prouve que si les Alkalis volatils qu'on retire des différentes substances végétales & animales, paroissent différer à quelques égards les uns des autres, ce n'est qu'à raison des matieres étrangeres avec lesquelles ils font mêlés ; mais que dans le fond ils ne font qu'un feul principe toujours le même, & toujours exactement femblable à lui-même.

Il eft d'une extrême conféquence, dans toutes les occafions où il s'agit de diftiller de l'Alkali volatil en forme concréte, de fe fervir de vaiffeaux dont les cols foient extrêmement larges, afin de lui donner la liberté de s'introduire dans le récipient, fans quoi il boucheroit le paffage, & occafionneroit la rupture des vaiffeaux.

II. PROCÉDÉ.

Combiner l'Alkali volatil avec les Acides. Différens Sels ammoniacaux. Sel ammoniac.

VERSEZ peu à peu fur de l'Efprit ou du Sel volatil, un Acide quelconque. Il s'excitera une effervefcence, plus ou moins violente, fuivant la nature de l'Acide. Continuez à verfer ainfi de l'Acide, jufqu'à ce qu'il ne s'excite plus d'effervefcence, ou du moins qu'elle foit beaucoup diminuée. La liqueur con-

tiendra, après cela, un Sel neutre demi-
volatil, nommé *Ammoniacal*, qu'on
peut avoir en forme féche par la criftalifation à l'ordinaire, ou en le faifant fublimer dans des vaiffeaux fermés, après
en avoir retiré l'humidité fuperflue.

REMARQUES.

L'Alkali volatil a, à la fixité près,
les mêmes propriétés que les Alkalis fixes; ainfi il doit faire effervefcence
quand on le mêle avec des Acides, &
former avec eux des Sels neutres, qui ne
différeront les uns des autres que par la
nature de l'Acide qui fera entré dans
leur combinaifon.

Il eft à remarquer, que le point de
faturation eft fort difficile à faifir dans
cette occafion; apparemment à caufe de
la volatilité de l'Alkali, qui étant infiniment plus léger que l'Acide, tend toujours à occuper la partie fupérieure du
mêlange, tandis que l'Acide fe précipite au fond : d'où il arrive, que la partie
inférieure de la liqueur eft quelquefois
furchargée d'Acide, tandis que la fupérieure eft encore fort alkaline. Mais il
vaut mieux que le mêlange péche par
excès d'Alkali, parceque ce principe ex-

cédant se dissipe facilement, lorsqu'on fait évaporer l'humidité du mêlange pour en retirer, par cristalisation ou sublimation, le Sel ammoniacal, qui n'étant que demi-volatil, résiste davantage, & reste parfaitement neutre.

Si c'est l'Acide vitriolique qu'on a combiné avec l'Alkali volatil, & qu'on distille le mêlange dans une cornue, pour en retirer l'humidité superflue, il passe dans le récipient une liqueur qui a une très-vive odeur d'Acide sulphureux. Or l'Acide vitriolique ne devenant jamais sulphureux, que quand il se combine avec une matiere inflammable, cette expérience est une de celles qui démontrent que les Alkalis volatils contiennent une quantité très-sensible de matiere inflammable. Cette même liqueur passée dans le récipient, a une saveur salée ammoniacale; ce qui prouve qu'elle enleve avec elle une partie du Sel neutre contenu dans le mêlange. Le reste de ce Sel, qu'on nomme *Sel ammoniacal secret de Glauber*, ou *Sel ammoniacal vitriolique*, se sublime dans le col de la cornue. Il est fort piquant sur la langue; il pétille un peu quand on le met sur une pêle rouge au feu,

& se dissipe ensuite en vapeurs.

Le Sel ammoniacal formé par l'Acide nitreux, présente à peu près les mêmes phénomènes ; mais il exige encore plus de précautions pour sa désiccation & sa sublimation, parcequ'il a la propriété de détonner tout seul, & sans le mêlange d'une matiere inflammable étrangere : ce qui arrive infailliblement, si sur la fin de l'opération, lorsqu'il commence à être bien sec, on pousse le feu un peu trop fort. Cette propriété de détonner tout seul, lui vient de la matiere inflammable que contient l'Alkali volatil, qui lui sert de bâse, & est encore une preuve démonstrative de l'existence de cette matiere inflammable dans l'Alkali volatil. On nomme ce Sel, *Sel ammoniacal nitreux*.

On forme avec les Acides végétaux, celui du Vinaigre, par exemple, un Sel ammoniacal d'une nature singuliere, & qu'on a peine à réduire sous la forme concréte.

L'Alkali volatil combiné au point de saturation avec l'Acide du Sel marin, forme aussi un Sel neutre qui prend la forme concréte, soit par sublimation, soit par cristalisation. Les cristaux de ce

Sel font fi fins & fi déliés, que lorfqu'ils font amoncelés enfemble, ils ont l'apparence de laine ou de coton. Ce Sel eft celui qu'on nomme proprement *Sel ammoniac*. Il eft d'un grand ufage dans la Chymie & dans les Arts ; mais celui dont on fait tous les jours une fi grande confommation, n'eft pas fait comme nous venons de le dire : il feroit extrêmement cher, fi nous n'avions pas d'autre moyen de nous le procurer, qu'en le formant ainfi avec l'Acide du Sel marin & de l'Alkali volatil. Ce Sel, ou du moins les matériaux dont il eft formé, exiftent dans la plupart des fuliginofités & des fuyes des fubftances animales, & de certaines fubftances végétales. La plus grande partie de celui que l'on confume ici, nous vient d'Egypte, où on en fabrique une grande quantité.

On a ignoré ici la maniere dont on fabrique le Sel ammoniac en Egypte, jufqu'à ce que MM. Lemaire & Granger, Correfpondans de l'Académie, ayent donné fucceffivement des Mémoires, dans lefquels ce travail eft décrit avec beaucoup d'exactitude, d'après ce qu'ils en avoient vu eux-mêmes. Les

Mémoires

Mémoires de ces Messieurs nous ont appris que la suie des cheminées seule, & sans aucun mélange, est la matiere dont on retire le Sel ammoniac ; que les cheminées où l'on ne brûle que de la bouse de Vache, donnent la meilleure suie. Vingt-six livres de cette suie fournissent ordinairement six livres de Sel ammoniac.

« On emploie cinquante ou cinquante-deux heures à cette opération. Les vaisseaux dans lesquels on met la suie, sont des ballons d'un verre très-mince : ils se terminent par un col de quinze à seize lignes de long, sur un pouce de diametre ; mais ils ne sont pas tous de la même grandeur. Les plus petits contiennent douze livres de suie, & les plus grands cinquante livres, n'étant pleins qu'aux trois quarts ; ce qu'on observe pour laisser un espace pour la sublimation.

» Le fourneau sur lequel on met ces ballons, est composé d'abord de quatre murailles, qui se joignant en équiere, forment un fourneau quarré. Celles des faces ont dix pieds de large ; celles des côtés en ont neuf. La hauteur, qui est par-tout égale, est de cinq

» pieds sur dix pouces d'épaisseur. Il y
» a dans le quarré que forment ces qua-
» tre murailles, trois arcades de la lon-
» gueur de ce quarré, distantes les unes
» des autres, de dix pouces. La bouche
» de ce fourneau est faite en ovale, &
» a deux pieds quatre pouces de haut,
» sur seize pouces de large, & est située
» au milieu d'une des faces du four-
» neau.

» On place les ballons dans l'entre-
» deux des arcades du fourneau, qui
» tiennent lieu de gril pour les soute-
» nir. On en place ordinairement qua-
» tre dans l'entre-deux de chaque arca-
» de ; ce qui fait le nombre de seize
» pour un fourneau. Ils sont distans les
» uns des autres d'environ un demi-
» pied, où on les assujétit avec des mor-
» ceaux de brique, & de la terre, &
» on a soin de laisser à découvert envi-
» ron quatre pouces de la partie supé-
» rieure des ballons, pour faciliter la su-
» blimation, aussi bien que six de la
» partie inférieure, pour que le feu
» puisse mieux agir sur les matieres. Les
» choses étant ainsi disposées, on donne
» d'abord un feu de paille, qu'on con-
» tinue pendant une heure. Ensuite on

» y jette de la boufe de vache réduite
» en mottes quarrées. (La difette de bois
» eft caufe qu'on fe fert communément
» de cette matiere pour faire du feu
» dans ce pays.) Ces mottes augmen-
» tent la violence du feu. On le conti-
» nue en cet état pendant dix-neuf heu-
» res. Enfin, on l'augmente confidéra-
» blement pendant quinze autres heu-
» res, après quoi on le diminue petit à
» petit.

   » Quand les matieres contenues
» dans les vaiffeaux commencent à être
» échauffées, c'eft-à-dire, après fix ou
» fept heures de cuite, il en fort des
» fumées très-épaiffes, & de fort mau-
» vaife odeur ; ce qui continue pendant
» quinze heures. On apperçoit quatre
» heures après, le Sel ammoniac qui
» s'éleve en fleurs blanches, qui s'at-
» tachent à l'intérieur du col des vaif-
» feaux ; & ceux qui font chargés de
» cette opération, ont foin de paffer
» de temps en temps une verge de fer
» dans le col des ballons, pour entrete-
» nir une ouverture à la voute faline,
» afin de laiffer une libre iffue à des
» matieres bleuâtres, qui ne ceffent de
» fortir des vaiffeaux, que quand l'opé-
» ration eft finie. »   Z ij

On voit, par cette histoire de la fabrique du Sel ammoniac, que la suie, & sur-tout celle des matieres animales, ou contient abondamment ce Sel tout formé, & qui n'a besoin que d'être sublimé pour en être séparé, ou renferme tout au moins des matériaux propres à le former, lesquels se combinent ensemble pendant l'opération, qui est une espece de distillation de la suie, & se subliment ensuite.

Nous avons vu, en parlant de l'analyse de la suie, que cette substance fournit dans la distillation une grande quantité d'Alkali volatil. C'est déja un des matériaux qui entre, au moins pour moitié, dans la composition du Sel ammoniac. A l'égard de l'autre principe de ce Sel, je veux dire de l'Acide du Sel marin, il faut bien qu'il se trouve aussi dans la suie; mais il n'est pas si facile de concevoir comment cela se peut faire.

Il est bien vrai que les substances végétales & animales, les seules qui puissent fournir de la suie par la combustion, contiennent une certaine quantité de Sel marin; mais ce Sel est très-fixe, & ne paroît pas propre à se sublimer avec l'Acide, l'Huile & la terre

subtile dont est formé l'Alkali volatil.
Il faut donc, ou que l'action du feu,
jointe à la volatilité des matieres qui
s'exhalent pendant la combustion, favo-
rise son élévation, ou qu'étant décomposé par le mouvement de l'ignition, il
n'y ait que son Acide qui monte avec
les autres principes dont nous avons parlé. Ce qui paroît assez vraisemblable ;
car quoique dans les opérations ordinaires de la Chymie, la violence du feu
seule ne paroisse pas suffisante pour décomposer le Sel marin, l'exemple des
plantes maritimes qui contiennent ce Sel
en abondance avant leur combustion,
& dont les cendres n'en contiennent
presque plus, mais sont chargées de sa
partie fixe, c'est-à-dire, de sa base alkaline, semble prouver que quand ce Sel
est intimement mêlé avec des matieres
inflammables, il peut être détruit par la
combustion, de maniere que son Acide
quitte sa base, & s'envole avec les fuliginosités.

On croyoit communément, avant
qu'on sçût au juste la maniere dont se fabrique le Sel ammoniac, qu'on mêloit
du Sel marin avec la suie, & même de
l'urine, parceque ces deux substances

contiennent les principes dont est composé ce Sel. Mais outre la certitude
qu'on a eue du contraire, depuis la publication des Mémoires de MM. Lemaire & Granger, M. Duhamel qui a donné
sur la composition & la décomposition
du Sel ammoniac plusieurs Mémoires
d'expériences dont nous avons déja tiré
en partie ce que nous avons dit sur cette matiere, & qui vont nous fournir encore beaucoup de remarques intéressantes, a fait voir dans le premier de ces
Mémoires, imprimé avec ceux de l'A-
cadémie en 1735. que le Sel marin
ajouté à la suie dont on retire le Sel ammoniac, ne contribue point à sa formation, & ne peut·en augmenter la quantité. C'est donc uniquement celui qui
étoit contenu originairement dans les
matieres qui ont fourni la suie, qui entre comme principe dans la composition
du Sel ammoniac. Nous avons vû aussi,
en parlant de l'analyse de la suie, que
M. Boerhaave en a retiré une quantité
assez considérable d'un Sel ammoniacal,
sans aucune addition.

On trouve quelquefois du Sel ammoniac tout formé dans le voisinage des
volcans. Ce Sel vient, vraisemblable-

ment, des fuliginosités produites par des matieres végétales ou animales que le feu du volcan a embrasées.

Lorfque le Sel ammoniac eft impur, ce qui lui arrive fouvent, parceque pendant fa fublimation il enleve avec lui un peu de la matiere noire & charboneufe qui doit demeurer au fond du vaiffeau, il eft facile de le purifier. Il faut, pour cela, le diffoudre dans l'eau ; filtrer la diffolution, puis la faire évaporer & criftalifer. On a, par ce moyen, un Sel ammoniac très-blanc & très-pur. On peut, fi on veut, le faire fublimer enfuite dans une cucurbite furmontée d'un chapiteau aveugle, & en ne pouffant pas le feu trop vivement. Il y en a une partie qui monte fous la forme d'une poudre légere & blanche, qu'on nomme *Fleurs de Sel ammoniac*. Ces Fleurs ne font autre chofe qu'un vrai Sel ammoniac, qui n'a fouffert aucune décompofition, parceque la feule action du feu n'eft pas capable de féparer l'Acide & l'Alkali volatil dont ce Sel neutre eft compofé. Il faut, lorfqu'on veut le décompofer, fe fervir des moyens dont nous parlerons ci-après.

Quoique le Sel ammoniac ne foit que

demi-volatil, & qu'il ait besoin d'une chaleur considérable pour se sublimer, il a cependant la propriété d'enlever avec lui des matieres très-pesantes & très-fixes, telles que des substances métalliques, & certaines especes de terres. On fait sublimer avec lui, pour l'usage de la Médecine, du Fer, de la Pierre hématite, le Cuivre qui sert de base au Vitriol bleu, &c. & il prend alors différens noms, comme ceux de *Fleurs de Sel ammonial martial*, de *Ens Veneris*, & d'autres semblables dénominations, qu'il emprunte des matieres qu'il enleve avec lui dans sa sublimation.

III. PROCÉDÉ.

Décomposition du Sel ammoniac par les Acides.

METTEZ dans une grande cornue de verre tubulée une petite quantité de Sel ammoniac réduit en poudre : placez votre cornue dans un fourneau, & luttez-y un grand balon, comme dans la distillation des Acides nitreux & marin fumans. Versez par le trou de la cornue, autant d'Huile de vitriol ou d'Esprit de Nitre, que vous aurez mis de Sel ammoniac. Il s'excitera aussitôt une effervescence. Le mêlange se gonflera , & il s'élevera des vapeurs blanches qui passeront dans le récipient. Bouchez promptement le trou de la cornue , & laissez passer les premieres vapeurs avec quelques gouttes de liqueur , qui distilleront d'abord sans feu. Mettez ensuite quelques charbons dans le fourneau , & continuez la distillation à une chaleur très-douce , en l'augmentant cependant peu à peu , jusqu'à ce qu'il ne distille plus rien. Vous trouverez dans le récipient , après que l'opération sera achevée , un Esprit de Sel , si vous avez employé l'Huile de Vitriol ; ou une Eau-régale , si c'est l'Esprit de Nitre qui vous a servi d'intermede : & il restera dans la cornue une masse saline , qui sera ou un Sel ammoniac secret de Glauber , ou un Sel ammoniacal nitreux , suivant la nature de l'Acide qui aura servi à la décomposition du Sel ammoniac.

REMARQUES.

Le Sel ammoniac, composé de l'Acide marin uni avec un Alkali volatil, est , par rapport aux Acides vitriolique

& nitreux, ce qu'est le Sel marin par rapport à ces mêmes Acides ; c'est-à-dire, que les Acides vitriolique & nitreux ayant plus d'affinité que l'Acide marin avec l'Alkali volatil, de même qu'avec l'Alkali fixe, doivent décomposer le Sel ammoniac, en séparant son Acide de sa base, & se substituant à sa place, de la même maniere que cela se passe à l'égard du Sel marin. La plus grande partie de ce que nous avons dit sur la décomposition du Sel marin, & la distillation de son Acide par les deux autres Acides, doit donc avoir lieu ici.

Nous remarquerons seulement, que lorsqu'on veut retirer par la distillation l'Acide du Sel ammoniac, par l'intermede des Acides vitriolique & nitreux, il est essentiel de ne mettre qu'une fort petite quantité de ce Sel dans la cornue, sur-tout si les Acides qui doivent servir d'intermede sont concentrés ; parce qu'aussitôt qu'ils se mêlent avec le Sel ammoniac, il se fait une grande effervescence, & que le mélange se gonfle tellement, qu'à moins qu'il n'y en ait qu'une très-petite quantité dans la cornue, on court risque de le voir passer tout entier par le col. Il est bon d'observer aussi qu'il ne faut que très-peu de chaleur pour cette opération, pour deux raisons ; la premiere, c'est que l'Acide du Sel ammoniac, dégagé avec beaucoup de facilité par les Acides plus forts que lui, s'éleve aussi avec beaucoup de facilité ; & la seconde, c'est que comme le Sel ammoniac qu'on décompose, aussi bien que les Sels ammoniacaux qui résultent de sa décomposition, sont demi-volatils, ils se sublimeroient eux-mêmes, pour le peu qu'ils éprouvassent un degré de chaleur trop fort. D'ailleurs, il y auroit danger d'inflammation & d'explosion de la part du Sel ammoniacal nitreux, par la raison que nous en avons déja dite plusieurs fois.

Le Sel ammoniacal nitreux peut être décomposé, de même que le Sel ammoniac, par l'Acide vitriolique. Mais comme l'Acide nitreux que ce Sel contient, est le plus fort de tous les Acides après le vitriolique, il ne peut céder sa base qu'à ce seul Acide : il suit à cet égard la condition du Nitre.

On pourroit, au lieu d'employer les Acides vitriolique & nitreux pour la décomposition du Sel ammoniac, se servir des Sels neutres composés de ces

Acides unis à des bases métalliques ou terreuses ; mais comme il faudroit alors une plus grande chaleur pour procurer cette décomposition , il seroit à craindre qu'elle ne fît sublimer une partie du Sel ammoniac avant qu'il fût décomposé.

IV. PROCÉDÉ.

Décomposition du Sel ammoniac par les Alkalis fixes. Sel volatil. Sel fébrifuge de Sylvius.

METTEZ dans un alembic ou une cornue de verre , un mélange de parties égales de Sel ammoniac & de Sel de Tartre pulvérisé. Placez votre vaisseau dans un fourneau convenable , & luttez-y promptement un grand récipient. Il montera un peu d'Esprit volatil ; & il se sublimera au chapiteau , & passera dans le récipient , à peu près les deux tiers , ou les trois quarts , de ce que vous aurez employé de Sel ammoniac , d'Alkali volatil en forme concrete , fort blanc & fort beau. Continuez la distillation , en augmentant le feu par degrés , jusqu'à ce qu'il ne se sublime plus rien. Déluttez alors les vaisseaux. Enfermez promptement votre Sel volatil dans un flaccon à large ouverture, exactement bouché avec un bouchon de cristal. Vous trouverez au fond de la cornue, ou de la cucurbite, une masse saline qui, dissoute & cristalisée, formera un Sel à peu près cubique, & qui aura la saveur & les autres propriétés du Sel marin : c'est le Sel fébrifuge de Sylvius.

REMARQUES.

Cette décomposition du Sel ammoniac est l'inverse de celle du procédé précédent. Nous avons vu dans la premiere opération, qu'on peut séparer l'Acide du Sel ammoniac de sa base, en présentant à cette base un Acide plus puissant : dans l'opération présente, au contraire, on sépare la base de ce Sel d'avec son Acide, en présentant à cet Acide un Alkali fixe, avec lequel il a plus d'affinité qu'avec l'Alkali volatil qui lui sert de base.

L'action des Sels alkalis sur le Sel ammoniac est si vive & si prompte, qu'aussitôt que ces deux matieres sont mêlées ensemble, le volatil urineux se développe avec beaucoup de vivacité, même sans le secours de la chaleur, & qu'il s'en perdroit beaucoup, si on n'avoit l'atten-

tion de renfermer promptement le mélange dans les vaisseaux qui doivent servir à la distillation.

Le Sel volatil qu'on retire par cette
opération est blanc, pur & très-actif, parcequ'il a été débarrassé de la plus grande partie de sa matiere grasse surabondante, tant par l'union qu'il avoit contractée avec l'Acide du Sel marin, que
par le Sel alkali qui a servi à l'en séparer.
Ce Sel est si vif & si volatil, que si lorsqu'on le retire du récipient, on le laisse
un peu trop long-temps exposé à l'air,
avant de l'enfermer dans le flaccon où il
doit être conservé, il s'en exhale & s'en
dissipe une grande partie. On doit, par
la même raison, prendre garde, lorsqu'on
délutte les vaisseaux, que la vapeur de ce
Sel ne frappe l'odorat, & ne soit attirée
dans le poumon par la respiration ; car
il agit si puissamment sur ces organes, &
il fait une si vive impression, qu'on est
menacé de suffocation. On s'en sert cependant avantageusement, en en faisant
respirer avec précaution, pour exciter
d'utiles irritations sur le genre nerveux
des personnes attaquées d'apoplexie, de
syncope, ou d'affections histériques. Mais
il faut toujours l'administrer avec ména-

gement ; car ce Sel a une qualité corrosi-
ve , & une caufticité comparable à celle
des Alkalis fixes. On a la preuve de cela , en en appliquant fur la peau nue , &
l'y retenant, par le moyen d'un emplâtre
de poix , de maniere qu'il ne puiffe pas
fe diffiper en vapeurs : car auffi-tôt qu'il
commence à s'échauffer, il fait fur la peau
une vive impreffion femblable à celle d'u-
ne brulure , accompagnée de beaucoup
de douleur, & il y produit en très-peu de
temps une efcarre comme un cauftique.

L'Efprit volatil qu'on retire dans la
décompofition du Sel ammoniac par
l'Alkali fixe, doit fon origine à du Phlegme contenu dans les matieres falines
qu'on mêle enfemble. Moins ces matieres font deffechées , & plus on retire de
cet Efprit. Il eft auffi très-actif & très-
pénétrant. Mais comme il ne doit ces
qualités qu'à du Sel volatil qu'il tient
en diffolution, plus on retire de cet Efprit , & moins on retire de Sel.

Si l'on veut avoir beaucoup d'Efprit
volatil, il faut mêler avec les Sels une
quantité d'eau proportionnée à celle de
l'Efprit qu'on veut retirer. La diftillation commence dans ce cas, par une vapeur humide , qui fe coagule fur les pa-

rois du récipient, presqu'aussitôt qu'elle est sortie, en un Sel concret. Il passe ensuite une vapeur aqueuse, moins saline & moins volatile que la premiere. Cette liqueur dissout le Sel qui s'étoit d'abord coagulé ; & si on a mis assez d'eau pour cela, elle le dissout en entier, sinon elle n'en dissout qu'une partie, & alors on est assuré que ce qui reste en liqueur est un Esprit volatil aussi chargé de Sel qu'il puisse l'être. La raison pour laquelle la liqueur qui monte la premiere est beaucoup plus chargée de Sel volatil que l'autre, & si chargée de ce Sel, qu'elle se coagule & devient solide, c'est que le Sel volatil s'éleve dans la distillation beaucoup plus facilement que l'eau.

De quelque maniere qu'on fasse la distillation de l'Esprit ou du Sel volatil ammoniac, par l'intermede d'un Alkali fixe, on trouve toujours au fond de la cornue, ou de la cucurbite, quand l'opération est achevée, un nouveau Sel neutre composé de l'Acide du Sel ammoniac & de l'Alkali qu'on a employé pour la distillation. Si c'est le Sel de Tartre, ce nouveau Sel neutre est parfaitement semblable à celui qu'on formeroit exprès, en combinant enfemble, jufqu'au point de faturation , l'Acide du Sel marin avec cet Alkali. La figure des criftaux de ce Sel , quoiqu'approchante de celle des criftaux du Sel marin , en diffe-re cependant un peu. Ce Sel, au refte , a les principales propriétés du Sel marin. Il porte le nom de *Sel fébrifuge de Sylvius* , parceque ce Médecin lui a attribué la vertu de guérir les fiévres intermittentes. Cette vertu cependant eft fort équivoque , au moins dans ce pays-ci.

Si au lieu de Sel de Tartre on emploie pour la décompofition du Sel ammoniac, le Sel de Soude , on en retirera de même un Efprit & un Sel volatil ; & le Sel neutre refté dans la cornue après la diftillation, eft un vrai Sel marin régénéré, parfaitement femblable au Sel marin naturel , parceque le Sel de Soude eft, comme nous l'avons dit ailleurs, de même efpece que la bafe naturelle du Sel marin ; les petites différences qu'on peut remarquer entre le Sel fébrifuge & le Sel marin , ne devant être attribuées qu'à celles qu'il y a entre les bafes alkalines de ces deux Sels.

V. PROCÉDÉ.

Décomposition du Sel ammoniac par les Terres absorbantes & la Chaux. Esprit volatil de Sel ammoniac. Sel ammoniac fixe. Huile de Chaux.

PULVÉRISEZ séparément, & mêlez promptement ensemble, une partie de Sel ammoniac, & trois parties de Chaux éteinte à l'air. Entonnez aussi très-promptement ce mêlange dans une grande cornue de verre, dont la moitié demeure vuide. Adaptez-y un grand récipient percé d'un petit trou, pour donner issue aux vapeurs, en cas que cela soit nécessaire. Laissez la cornue dans le fourneau environ pendant un quart-d'heure, sans mettre du feu dessous. Il sortira à froid une grande quantité de vapeurs invisibles, qui se condenseront en gouttes, & formeront une liqueur dans le récipient. Mettez, après ce temps, deux ou trois charbons allumés dans votre fourneau, & augmentez le feu par degrés, jusqu'à ce qu'il ne sorte plus aucune liqueur de la cornue. Déluttez alors les vaisseaux, en prenant toutes les précautions poffibles pour ne vous point expofer aux vapeurs qui en fortiront, & verfez promptement la liqueur du récipient dans une bouteille, que vous boucherez avec un bouchon de criftal ufé à l'émeri. Il reftera au fond de la cornue une maffe blanche, compofée de la Chaux qui aura fervi à la diftillation, & de l'Acide du Sel ammoniac : c'eft ce qu'on appelle *Sel ammoniac fixe*.

REMARQUES.

Nous avons expliqué, dans nos Elémens de Chymie-Théorique, comment nous concevons que la Chaux, & d'autres fubftances qui, fuivant la table des rapports, ont moins d'affinité avec les Acides que l'Alkali volatil, peuvent cependant décompofer le Sel ammoniac, en s'uniffant avec fon Acide, après en avoir féparé la bafe, qui eft un Alkali volatil. Nous croyons, pour le rappeller en deux mots, que cela dépend de la fixité de ces intermedes terreux & métalliques, qui les rend capables de réfifter à la violence du feu, & de la volatilité de la bafe du Sel ammoniac, qui lui donne beaucoup de defavantage, lorfqu'il s'agit de lutter, pour ainſi dire, contre ces intermedes fixes, aidés d'un degré de chaleur conſidérable. Nous avertiſſons ſeulement ici, que ce ſentiment, que nous n'avons pas donné comme neuf, ne nous eſt pas particulier; qu'il eſt auſſi celui de pluſieurs Chymiſtes modernes, & ſingulierement de M. Baron, dont nous avons déja parlé pluſieurs fois à l'occaſion du Borax, lequel nous paroît même être le premier qui en ait parlé d'une maniere préciſe dans un Ouvrage imprimé. C'eſt dans ſes Mémoires ſur le Borax, qu'il avoit communiqués à l'Académie avant que nos Elémens fuſſent publics. Ainſi nous renvoyons, pour l'explication de ce phénomène, à ce que M. Baron en a dit dans ſes Mémoires, qui ſont actuellement imprimés, & à ce que nous en avons dit nous-mêmes dans le Livre déja cité.

Un autre phénomène qui n'eſt pas moins ſingulier & intéreſſant, va nous fournir matiere à quelques réflexions, & nous donner occaſion de rapporter en peu de mots le précis des expériences & des recherches pleines de ſagacité, que M. Duhamel a faites pour en découvrir la cauſe. Il s'agit de la forme

& des propriétés différentes qu'a l'Alkali volatil féparé du Sel ammoniac par
l'intermede d'un Sel alkali fixe, ou par
celui de la Chaux. On fçait que celui-là
eft toujours fous une forme concrete, à
moins qu'on ne noie abfolument dans
l'eau le mélange dont on le retire ; &
que celui-ci, au contraire, eft toujours
fous une forme fluide & conftamment
en liqueur, de quelque maniere qu'on
s'y prenne pour le diftiller.

Quelques Chymiftes ont cru que le
Sel volatil du Sel ammoniac n'eft en
forme concrete, que parcequ'il contient
encore des Acides ; d'où ils concluent
qu'on ne peut avoir de Sel volatil ammoniac avec la Chaux, parcequ'elle abforbe tout l'Acide du Sel ammoniac ; ce
que ne font pas les Sels alkalis fixes.
D'autres ont attribué la fluidité conftan-
te de l'Efprit volatil ammoniac retiré
par la Chaux, aux parties du feu qu'ils
fuppofent que cette fubftance lui communique. M. Duhamel réfute également bien l'un & l'autre de ces fenti-
mens, en prouvant par des expériences,
que les Alkalis fixes font capables d'abforber une auffi grande, & même une
plus grande quantité d'Acide que la

Chaux ; & qu'ayant été calcinés auſſi long-temps & auſſi fortement que la Chaux, ils devroient contenir & pouvoir communiquer une auſſi grande quantité de parties de feu, ſi tant eſt que les parties de feu puiſſent effectivement ſe nicher & demeurer enfermées dans les ſubſtances calcinées, comme le ſoupçonnent ces Meſſieurs. C'eſt cependant ce qui n'arrive pas, puiſque le Sel volatil diſtillé par le moyen du Sel alkali fixe le plus long-temps & le plus fortement calciné, eſt en forme concrete, & ne reſſemble point à l'Eſprit volatil de Sel ammoniac fait par la Chaux.

M. Duhamel, pour ſe procurer des connoiſſances ſur cette queſtion qu'il deſiroit d'approfondir, a eu recours au ſeul moyen ſur lequel on puiſſe compter en Phyſique; je veux dire, à l'expérience. Il en a donc fait pluſieurs, dont voici les principales.

Premierement, il a diſtillé du Sel volatil, en ſe ſervant des Sels de Tartre & de Soude bien deſſéchés; & en pouſſant le feu fortement ſur la fin de l'opération, il a eu par ce moyen une quantité de Sel volatil égale, & même excédente à celle du Sel ammoniac qu'il avoit employé : d'où il conclut, avec raison, que le Sel volatil avoit dans cette occasion enlevé & volatilisé avec lui une partie du Sel fixe qu'on avoit employé.

Secondement, il s'est assuré par l'expérience, que l'Esprit volatil qu'on retire du Sel ammoniac par le moyen de la Chaux, n'est sous la forme d'une liqueur, que parcequ'il est mêlé avec de l'eau qui étoit d'abord contenue dans cette Chaux. La preuve décisive qu'il a eue de cette vérité, c'est qu'ayant voulu faire de l'Esprit volatil de Sel ammoniac, en employant pour intermede de la Chaux qui n'étoit point éteinte, & à laquelle il n'avoit point mêlé d'eau, il n'a point retiré d'Esprit volatil, ou n'en a retiré qu'une si petite quantité, qu'elle pouvoit être comptée pour rien, & n'étoit dûe d'ailleurs qu'à l'humidité que renferme nécessairement le Sel ammoniac, & à celle dont la Chaux se charge à l'air, quoiqu'elle n'y soit exposée que fort peu de temps.

M. Duhamel tire de ces deux expériences les conséquences suivantes: sçavoir, que le Sel volatil ne peut être séparé du Sel ammoniac & se sublimer, sans emporter avec lui une partie de l'interméde même qui sert à le dégager, ou à son défaut, quelqu'autre corps avec lequel il puisse s'unir: que les Sels alkalis fixes ont la propriété d'être ainsi enlevés par l'Alkali volatil, & sublimés avec lui; que la même chose n'a pas lieu à l'égard de la Chaux, qui ne peut par cette raison dégager & sublimer l'Alkali volatil du Sel ammoniac, lorsqu'elle est seule; mais qui en devient capable lorsqu'elle est chargée d'une humidité qui se joint avec ce Sel, & s'éleve avec lui dans la distillation. D'où on doit conclure, que puisque le Sel volatil enleve avec lui une partie de l'Alkali fixe qui sert d'interméde pour le dégager, il doit être sous une forme concréte, ce qu'il enleve avec lui étant sec & solide : au lieu que lorsqu'on le distille avec la Chaux, il ne peut être qu'en liqueur, puisqu'il est nécessairement dissous par l'humidité que lui fournit la Chaux, & sans laquelle il ne pourroit point s'élever.

Mais à quoi attribuer ces effets que produit la Chaux, si différens de ceux des Alkalis fixes? sont-ils dus à sa qualité

lité de Chaux, ou bien les produiroit-
elle également quand elle ne seroit qu'u-
ne simple Terre absorbante ? M. Duhamel a décidé cette question par une
troisiéme espéce d'expérience. Il a essayé de décomposer le Sel ammoniac,
& d'en dégager l'Alkali volatil par une
Terre absorbante pure, à laquelle il n'a-
voit point mêlé d'eau, & qui n'avoit
point été calcinée : c'est la Craye qu'il a
employée pour cela. L'expérience lui a
réussi. Il a décomposé le Sel ammoniac
par cet interméde, & il a tiré de cette
expérience les éclaircissemens qu'il vouloit avoir. L'Alkali volatil, dégagé par
la Craye séche, mais non calcinée, s'est
élevé en forme concréte comme avec les
Alkalis fixes, & a pareillement emporté avec lui une partie de l'interméde
terreux. La même Craye calcinée & réduite en Chaux n'a plus produit avec le
Sel ammoniac que les effets de la Chaux.
C'est donc à la seule calcination que les
Terres absorbantes doivent la propriété
de retenir opiniâtrément l'Alkali volatil, & de l'empêcher de se sublimer, en
refusant de s'élever avec lui comme les
Alkalis fixes.

Ces ingénieuses expériences qui four-

niſſent, comme on le voit, de grandes
lumieres pour trouver la cauſe de la ſo-
lidité ou fluidité de l'Alkali volatil dégagé du Sel ammoniac par différens intermédes, en décidant pleinement pluſieurs queſtions préliminaires qui y ont
un rapport immédiat, laiſſent cependant encore quelques recherches à faire ſur l'objet principal. Car il reſte encore à ſçavoir, pourquoi les Alkalis fixes & les Terres abſorbantes, qui dans
toutes les épreuves chymiques donnent
des marques d'une fixité certainement
égale à celle de la Chaux, ſe laiſſent enlever par l'Akali volatil, tandis que la
Chaux réſiſte au lieu de s'élever avec
lui comme ces autres ſubſtances, le retient opiniâtrément, & le fixe en quelque ſorte lui-même, de maniere qu'il
lui eſt impoſſible de ſe ſublimer. C'eſt
une queſtion qui tient, je crois, à la
théorie de la Chaux, & qu'on ne peut
eſpérer de réſoudre dans toute ſon étendue, que lorſqu'on aura ſur la nature
de cette ſubſtance ſinguliere beaucoup
plus de connoiſſances que nous n'en
avons.

M. Duhamel n'a pas laiſſé cependant
que de propoſer là-deſſus des conjectu-

res fondées fur des propriétés connues de la Chaux, & appuyées fur des expériences. « La Chaux, dit M. Duha-
» mel, eft une terre à laquelle la calci-
» nation a enlevé prefque toute fon hu-
» midité, prefque tous fes Acides, &
» tout ce qu'elle contenoit de gras, foit
» que ce gras appartînt à quelques par-
» ties animales, comme cela arrive dans
» les pierres qui font compofées de co-
» quillages; foit que ce gras foit bitu-
» mineux, comme cela peut arriver en
» d'autres occafions; cette fubftance,
» avec cela, a de l'âcreté, & eft brulan-
» te : elle eft très-avide de l'humidité, &
» s'en charge quand on l'y expofe; elle
» abforbe les Acides, & les retient puif-
» famment; enfin, elle s'unit avec les
» matieres graffes, & fait avec elles une
» efpece de favon. »

L'expérience juftifie toutes ces propriétés, c'eft pourquoi M. Duhamel fe croit en droit de dire, que la Chaux n'agit pas feulement fur l'Acide du Sel ammoniac, mais encore fur la matiere graffe qui accompagne toujours les Alkalis volatils, & qui eft de leur effence; ce qui les décompofe par conféquent. Voici la preuve convaincante que M.

Duhamel apporte de cette vérité : elle eft fondée fur l'expérience. Il a pris de l'Efprit volatil diftillé avec la Chaux : il l'a repaffé plufieurs fois fur de nouvelle Chaux vive. La quantité de cet Efprit a toujours diminué fenfiblement à chaque fois ; & la Chaux reftoit fi chargée de graiffe, que non-feulement l'Acide vitriolique, qu'on verfoit deffus, devenoit très-fulphureux ; mais que quand on la calcinoit dans un creufet, il étoit facile de la reconnoître à l'odeur de graiffe brûlée qui s'en échappoit.

Les Sels alkalis fixes font auffi, à la vérité, capables d'abforber & de retenir les matieres graffes ; mais beaucoup moins fortement que la Chaux, parceque ces Sels ne font jamais dépouillés exactement de celle qu'ils contenoient originairement, & que la Chaux paroît beaucoup plus maigre, & abfolument privée de toute matiere huileufe.

Sur ces principes, M. Duhamel a voulu voir fi en diftillant de l'Efprit volatil fur de la Chaux rapprochée de l'état d'Alkali fixe, par une portion de matiere graffe qu'elle contenoit, il ne pourroit pas en retirer d'Alkali volatil en forme concréte. Il a, dans cette intention, diftillé beaucoup d'Efprit volatil fur peu de Chaux, & il a retiré effectivement un peu de Sel volatil, parceque la grande quantité d'Efprit volatil avoit en quelque forte faoulé la Chaux de matiere graffe.

M. Duhamel a effayé auffi de réduire la Chaux à l'état de pure terre abforbante, de la *décalciner*, s'il eft permis de fe fervir de ce terme, pour voir s'il ne pourroit pas, par ce moyen, lui faire produire les mêmes effets qu'à la Craye. Il a, dans cette intention, leffivé pendant quatre mois de la Chaux, paffant tous les jours de l'eau deffus, & emportant celle qui furnageoit avec la croûte criftaline qui ne manque pas de s'y former : après avoir laiffé pendant deux ans cette Chaux à l'ombre, il l'a employée avec le Sel ammoniac. Elle a donné affés raifonnablement de Sel volatil très-tranfparent, & qui paroiffoit criftalifé en cubes. Voilà donc de la Chaux prefque redevenue femblable à la Craye. Elle avoit cependant confervé encore beaucoup d'âcreté fur la langue, & le Sel volatil tiré par fon moyen, avoit plus de difpofition à fe réduire en liqueur, que celui qui eft dégagé par la

A a iij

Craye : ce qui marque que cette Chaux
avoit encore conſervé quelque choſe de
ſon ancien caractère, & que ſa métamorphoſe n'étoit pas complete.

Il ne nous reſte plus pour achever ce
qui concerne l'Alkali volatil du Sel ammoniac, qu'à dire un mot de la portion
de l'intermède terreux ou ſalin, qui,
quoique fixe de ſa nature, ſe ſublime cependant avec cet Alkali volatil, & lui
donne la forme concréte.

M. Duhamel, qui dans toutes les matieres qu'il traite, ne néglige rien de ce
qui peut mériter attention, a fait auſſi
pluſieurs expériences, dont le but étoit
de découvrir ſi le Sel de Tartre & la
Craye enlevés par l'Alkali volatil, ſont
véritablement volatiliſés, & s'il s'eſt fait
une telle union entre l'urineux & ces
ſubſtances fixes, qu'il en réſulte un tout
qui faſſe ce qu'on appelle le *Sel volatil
concret ;* ou ſi ces ſubſtances fixes ne
ſont jointes que ſuperficiellement avec
l'urineux qui les a emportées dans la
ſublimation, comme le Sel ammoniac
emporte pluſieurs matieres métalliques
très-fixes.

Le réſultat des expériences qu'a faites
M. Duhamel ſur cette matiere, eſt que

les substances fixes enlevées par l'Alkali
volatil du Sel ammoniac, sont effectivement volatilisées; qu'elles sont comme un seul tout avec lui, & lui sont
unies à un tel point, que presque tous
les moyens les plus efficaces pour séparer les matieres fixes d'avec les volatiles, ne réussissent point dans l'occasion
présente. Rien n'est plus propre, par
exemple, à séparer une substance volatile d'avec une fixe, que d'étendre dans
beaucoup d'eau le composé qui en résulte, & de distiller le tout à une chaleur telle, qu'il n'y en ait précisément
que ce qui est nécessaire pour élever la
partie volatile. M. Duhamel a traité de
la sorte de l'Alkali volatil chargé de
Sel fixe ou de Craye : mais quoiqu'il
n'ait employé que le degré de chaleur
le plus doux, qu'appréhendant même
de l'avoir donné très-fort en se servant
du feu, il n'ait exposé son mélange qu'à
la simple chaleur de l'air, ce que ce Sel
volatil avoit enlevé de fixe, a néanmoins continué de demeurer uni avec
lui, & le tout a passé dans la distillation
ou s'est dissipé par l'évaporation, sans
qu'il soit rien resté de fixe au fond du
vaisseau.

A a iv

Les Acides lui ont paru auſſi, avec raiſon, un moyen efficace de parvenir à la ſéparation ou décompoſition qu'il cherchoit à faire. On ſçait qu'ils forment avec l'Alkali volatil des Sels ammoniacaux, qui ſans avoir toute la légéreté de l'Alkali volatil, ne laiſſent point de ſe ſublimer à une chaleur modérée: & que ces mêmes Acides forment au contraire avec les Alkalis fixes, ou avec les terres abſorbantes, des Sels neutres, qui réſiſtent à la violence du feu. Sur ce principe, M. Duhamel a verſé juſqu'au point de ſaturation des Acides ſur des Alkalis volatils chargés d'Alkali fixe ou de Craye. Mais cette expérience n'a pas mieux réuſſi que les précédentes; car le nouveau mélange ayant été mis en diſtillation; s'eſt ſublimé en entier en Sel ammoniacal. Il a cependant reſté au fond de la cornue un peu de matiere fixe; mais en trop petite quantité pour mériter attention.

Enfin, le ſeul moyen que M. Duhamel ait trouvé de ſéparer d'avec l'Alkali volatil concret les parties fixes que ce Sel avoit volatiliſées avec lui, a été de l'expoſer à l'air couvert d'une ſimple gaſe; mais ſans l'avoir diſſout dans l'eau,

& dans son état de siccité. Le volatil urineux s'est dissipé par cette méthode, en quittant la partie fixe, qui est demeurée au fond de la capsule, & qui, exposée au feu, a conservé sa fixité ; mais il a fallu plus d'une année pour procurer cette séparation, encore ne peut-on pas assurer qu'elle ait été complete, parcequ'il n'est pas certain que toute la partie fixe soit ainsi demeurée, & qu'il n'y en ait pas une portion qui se soit dissipée avec le volatil urineux.

Cette volatilisation, cette espece de métamorphose d'Alkali fixe & de Terre absorbante en Alkali volatil, est un phénomène fort intéressant, & digne des recherches des plus habiles Chymistes.

Il ne nous reste plus, pour terminer nos remarques sur la décomposition du Sel ammoniac par la Chaux, qu'à faire quelques réflexions sur la nature du *caput mortuum* qui reste après cette distillation.

Ce résidu n'est autre chose que de la Chaux imprégnée, mais non pas saoulée d'Acide du Sel marin. Si on a poussé la distillation sur la fin à un feu violent, on trouve le *caput mortuum* formant une seule masse, qui paroît avoir été à moitié fondue. Cette matiere est une espece de Phosphore, & jette de la lumiere dans les ténébres lorsqu'on la frappe avec quelque corps dur. C'est M. Homberg qui lui a reconnu le premier cette propriété. En faisant calciner & fondre ensemble dans un creuset une partie de Sel ammoniac sur deux parties de Chaux, dans le dessein de fixer ce Sel, il s'est apperçu que la masse qui lui restoit après la fusion avoit la propriété dont nous venons de parler.

On donne assés improprement à cette Chaux, chargée de l'Acide du Sel ammoniac, le nom de *Sel ammoniac fixe*. Ce composé attire l'humidité de l'air très-puissamment, & se résout même tout-à-fait en liqueur, s'il est impregné de beaucoup d'Acide. Il a presque toutes les propriétés des Alkalis fixes. Ce *deliquium* porte le nom d'*Huile de Chaux*, par la même raison que le *deliquium* du Sel de Tartre se nomme *Huile de Tartre*.

VI. PROCÉDÉ.

*Combinaison de l'Alkali volatil avec les
matieres huileuses. Sel volatil
aromatique huileux.*

PULVÉRISEZ & mêlez ensemble parties égales de Sel ammoniac, & de Sel de Tartre. Mettez le mélange dans une cucurbite de verre ou de grais. Versez dessus de bon Esprit-de-vin, jusqu'à ce qu'il surpasse la matiere à la hauteur d'un demi doigt. Mêlez le tout avec une espatule de bois, & après avoir adapté un chapiteau & un récipient, distillez au bain de sable, à une chaleur très-douce, pendant trois ou quatre heures. Il s'élevera au chapiteau un Sel volatil, puis l'Esprit-de-vin distillera dans le récipient, en entraînant avec lui une portion du Sel volatil.

Quand il ne montera plus rien, laissez refroidir les vaisseaux; déluttez-les; séparez le Sel volatil, & le pesez promptement. Remettez-le dans une cucurbite de verre, & y versez sur chaque once un gros & demi d'Huile essentielle d'une ou de plusieurs sortes de plantes aromatiques. Remuez le tout avec une espatule de bois, afin que l'essence s'incorpore bien avec le Sel volatil. Couvrez la cucurbite d'un chapiteau; & après avoir adapté & lutté exactement un récipient, distillez comme la premiere fois au bain de sable, en ne donnant qu'une très-douce chaleur. Tout le Sel volatil s'élevera & s'attachera au chapiteau. Laissez éteindre le feu, & refroidir les vaisseaux. Séparez votre Sel du chapiteau. Il aura une odeur composée de celle qui lui est propre, & de celle de l'essence avec laquelle il aura été uni. C'est le Sel aromatique huileux. Mettez-le dans un flacon bouché exactement avec un bouchon de cristal.

REMARQUES.

Le but de cette opération est d'incorporer & d'unir de l'Huile avec l'Alkali volatil. C'est pour le préparer à recevoir l'Huile, & à s'y unir plus facilement, qu'on ajoûte de l'Esprit-de-vin dans la distillation du Sel volatil qu'on destine à cet usage. Ce Sel a la propriété, comme nous l'avons vu dans l'opération précédente, d'enlever avec lui une partie

des fubftances avec lefquelles on le diftille. Il fe charge donc d'un peu d'Efprit-
de-vin dans l'occafion préfente ; & cet
Efprit qui contient lui-même une matiere
huileufe, & qui eft le diffolvant des Huiles, ne peut manquer de faciliter l'union
de l'Huile avec le Sel volatil, en fervant
comme d'interméde. Il ne faut pas cependant le regarder comme néceffaire. Du
Sel volatil diftillé avec du Sel de Tartre
feul, fe chargeroit auffi très-facilement
d'une Huile quelconque avec laquelle
on le diftilleroit. Nous avons vu que les
Alkalis volatils font originairement chargés de beaucoup d'Huile qu'ils tiennent
radicalement diffoute : ils ont, par conféquent, beaucoup d'affinité avec cette
fubftance. Ainfi, fi on les diftille d'abord
avec l'Efprit-de-vin, dans l'opération
dont il s'agit à préfent, ce n'eft pas par
néceffité, mais feulement dans l'intention d'accélérer ou de faciliter l'union
qu'on veut faire.

L'Alkali volatil monte toujours le
premier, & avant l'Efprit-de-vin, dans
la diftillation : ce qui prouve qu'il eft
beaucoup plus volatil, quoique plus pefant que cet Efprit.

Si l'Efprit-de-vin dont on fe fert pour

la diſtillation eſt fort aqueux, il diſſoudra le Sel à meſure qu'il montera, & le réduira en Eſprit: mais s'il eſt au contraire bien déphlegmé, l'Alkali volatil demeurera en forme concréte, & ne ſe diſſoudra pas à cette premiere diſtillation.

Dans le cas où l'on voudroit que le Sel volatil fût diſſout abſolument dans l'Eſprit-de-vin, même très-déphlegmé, il faudroit le rediſtiller avec ce même Eſprit-de-vin un grand nombre de fois, parceque quoique la petite quantité d'Eſprit-de-vin avec lequel il s'unit dans la premiere diſtillation, ne ſoit pas capable de le réduire en liqueur, comme il s'en charge à chaque diſtillation d'une nouvelle quantité, il ſe réſout enfin, & ne forme plus avec l'Eſprit-de-vin qu'un fluide qui paroît homogène. L'Alkali volatil eſt alors conſidérablement adouci par l'union qu'il a contractée, & ſe nomme auſſi *Eſprit volatil de Sel ammoniac dulcifié.*

Lorſqu'on mêle enſemble de l'Eſprit-de-vin bien déphlegmé, & de l'Eſprit volatil de Sel ammoniac auſſi chargé de Sel volatil qu'il puiſſe l'être, ces deux liqueurs forment auſſitôt enſemble un *coagulum* blanc opaque. Mais il faut que l'Esprit volatil qu'on employe pour cela n'ait point été distillé par l'interméde de la Chaux, sans quoi l'expérience ne réussiroit point.

Ce *coagulum* ne paroît pas être l'effet d'une union intime des deux substances qu'on mêle ensemble, comme celui qui résulte de l'union d'un Alkali fixe avec une Huile. Nous venons de voir que l'Esprit-de-vin & l'Alkali volatil ne s'unissent point facilement ensemble. Je crois que cela dépend plutôt de ce que l'Esprit-de-vin a plus d'affinité avec l'eau, que le Sel volatil ; d'où il arrive que cet Esprit qui doit être très-déphlegmé, s'empare de l'eau qui tenoit en dissolution le Sel volatil, lequel reprend sa forme concréte : & comme il est mêlé avec l'Esprit-de-vin lorsque cela arrive, il retient l'Esprit-de-vin qui est interposé entre ses parties, & l'empêche de paroître avec sa fluidité naturelle.

Ce qui confirme cette idée, c'est que ce *coagulum*, qui paroît d'abord ne faire qu'un seul tout, se sépare bientôt en deux parties, dont l'une, qui est solide & qui n'est autre chose que le Sel volatil concret, occupe le fond du vaisseau ;

& l'autre, qui eſt fluide, ne peut être
méconnue pour l'Eſprit-de-vin, qui dégagé d'entre les parties du Sel, reprend
la forme d'une liqueur, qui comme plus
légere ſurnage le Sel. Ces deux ſubſtances, quoique bien diſtinctes alors l'une
de l'autre, ne ſont cependant point auſſi
pures qu'elles l'étoient avant d'avoir été
mêlées enſemble. L'Eſprit-de-vin a diſſout un peu du Sel volatil; & le Sel volatil, de ſon côté, a retenu un peu d'Eſprit-de-vin. On pourroit même achever
de les unir & de les confondre entierement, en ſe ſervant du moyen que nous
avons indiqué; c'eſt-à-dire, en les diſtillant & cohobant pluſieurs fois enſemble,
juſqu'à ce qu'elles ne formaſſent plus
qu'un ſeul tout; mais alors elles ſeroient
ſous la forme d'une liqueur.

La premiere fois qu'on diſtille ce mêlange, il ſe ſublime d'abord beaucoup
de Sel volatil, qui eſt très-propre à s'u-
nir avec une Huile eſſentielle, & à devenir Sel volatil aromatique huileux.

F I N.

TABLE

DES MATIERES

Contenues dans ce Volume.

A

B

C

Fin de la Table des Matieres.